Sebastian Lehnhoff

Dezentrales vernetztes Energiemanagement

VIEWEG+TEUBNER RESEARCH

Sebastian Lehnhoff

Dezentrales vernetztes Energiemanagement

Ein Ansatz auf Basis eines verteilten
adaptiven Realzeit-Multiagentensystems

VIEWEG+TEUBNER RESEARCH

Bibliografische Information der Deutschen Nationalbibliothek
Die Deutsche Nationalbibliothek verzeichnet diese Publikation in der
Deutschen Nationalbibliografie; detaillierte bibliografische Daten sind im Internet über
<http://dnb.d-nb.de> abrufbar.

Dissertation der Technischen Universität Dortmund, 2009,
u.d.T. „Sebastian Lehnhoff: Dezentrale vernetzte Energiebewirtschaftung
auf Basis eines verteilten adaptiven Realzeit-Multiagentensystems (DEZENT)"

1. Auflage 2010

Alle Rechte vorbehalten
© Vieweg+Teubner Verlag | Springer Fachmedien Wiesbaden GmbH 2010

Lektorat: Ute Wrasmann | Britta Göhrisch-Radmacher

Vieweg+Teubner Verlag ist ist eine Marke von Springer Fachmedien.
Springer Fachmedien ist Teil der Fachverlagsgruppe Springer Science+Business Media.
www.viewegteubner.de

Das Werk einschließlich aller seiner Teile ist urheberrechtlich geschützt. Jede Verwertung außerhalb der engen Grenzen des Urheberrechtsgesetzes ist ohne Zustimmung des Verlags unzulässig und strafbar. Das gilt insbesondere für Vervielfältigungen, Übersetzungen, Mikroverfilmungen und die Einspeicherung und Verarbeitung in elektronischen Systemen.

Die Wiedergabe von Gebrauchsnamen, Handelsnamen, Warenbezeichnungen usw. in diesem Werk berechtigt auch ohne besondere Kennzeichnung nicht zu der Annahme, dass solche Namen im Sinne der Warenzeichen- und Markenschutz-Gesetzgebung als frei zu betrachten wären und daher von jedermann benutzt werden dürften.

Umschlaggestaltung: KünkelLopka Medienentwicklung, Heidelberg

Gedruckt auf säurefreiem und chlorfrei gebleichtem Papier.

ISBN 978-3-8348-1270-4

Danksagung

Die vorliegende Arbeit entstand während meiner Tätigkeit als wissenschaftlicher Mitarbeiter am Lehrstuhl für Betriebssysteme und Rechnerarchitektur der Fakultät für Informatik an der Technischen Universität Dortmund in enger Zusammenarbeit mit dem Lehrstuhl für Energiesysteme und Energiewirtschaft der Fakultät für Elektrotechnik und Informationstechnik.

Mein besonderer Dank gilt Prof. Dr. rer. nat. Horst F. Wedde für seine Unterstützung und wertvollen Anregungen während der Entstehung dieser Arbeit. Ich danke ihm an dieser Stelle besonders herzlich für die Möglichkeit, mich an seinem Lehrstuhl mit interessanten und anspruchsvollen wissenschaftlichen Projekten – ganz besonders auf dem Gebiet der vorliegenden Arbeit – befassen zu können.

Bei Prof. Dr.-Ing. Christian Rehtanz bedanke ich mich sehr herzlich für die Kooperation und wertvolle Zusammenarbeit seines Lehrstuhls mit dem Lehrstuhl für Betriebssysteme und Rechnerarchitektur im DEZENT-Projekt und darüber hinaus. Für die die Erstellung des Zweitgutachtens bedanke ich mich herzlich.

Den Mitgliedern der Prüfungskommission Prof. Dr. Heiko Krumm und Dr. Ingo Battenfeld danke ich für ihre Bereitschaft zur Mitwirkung in der Kommission und dem damit verbundenen persönlichen Einsatz.

Meinen ehemaligen und derzeitigen Kollegen sowie den Studierenden und Projektpartnern bin ich tief verbunden für die Unterstützung und wertvollen kritischen Kommentare.

Im Besonderen danke ich meinem Kollegen und Projektpartner Olav Krause für seine unschätzbaren Beiträge aus der Perspektive eines hervorragenden Elektrotechnikers, der in der Lage war, einem Informatiker die theoretischen Hintergründe der elektrischen Energieversorgung anschaulich zu vermitteln. Ohne ihn wäre die Arbeit in der vorliegenden Form nicht möglich gewesen.

Meiner Familie und meinen Freunden danke ich für ihre Geduld und ihre Unterstützung. Besonders möchte ich meinem Onkel Reinhard Schippkus danken, der diese Arbeit in unterschiedlichen Phasen als fachfremder Leser mit unendlicher Geduld lektoriert hat. Meinen Mitbewohnern Angelika, Sarah und Eddie möchte ich danken für ihre Geduld, besonders während der Schlussphase dieser Arbeit. Bei Jürgen, Ute und Lina bedanke ich mich für ihre Unterstützung und den großen Zuspruch. Meinen Freunden Stefan, Claudia, Ubald, Michael und Silke danke ich für ihre Geduld, Rücksichtnahme und aufmunternden Worte in den letzten drei Jahren und darüber hinaus.

Sebastian Lehnhoff

Zusammenfassung

Ziel von DEZENT, einem interdisziplinären F&E-Gemeinschaftsprojekt der Fakultät für Informatik und der Fakultät für Elektrotechnik und Informationstechnik an der Technischen Universität Dortmund, ist die Entwicklung eines verteilten Energiemanagementsystems, mit dem sich eine Vielzahl dezentraler und teilweise regenerativer (stochastischer) Energieumwandlungsanlagen unter Berücksichtigung technischer, wirtschaftlicher und ökologischer Randbedingungen zu regionalen Bilanzkreisen zusammenschließen und in das europäische Versorgungs- und Verbundnetz integrieren lassen. Die auf diese Art und Weise dezentral verwaltete Leistung soll sowohl der allgemeinen Versorgung als auch Verstetigung stochastischer Einspeiser durch ihren koordinierten Einsatz zur Verfügung stehen. Das Management des dezentral organisierten elektrischen Energieversorgungssystems wird durch ein verteiltes adaptives sicherheitskritisches Realzeit-Multiagentensystem realisiert. Dabei werden die konfligierenden Zielanforderungen der unterschiedlichen Akteure in einem liberalisierten Energieversorgungssystem je nach Erzeugungs- bzw. Bedarfsprofilen (sowohl Regel- als auch Versorgungsleistung) angepasst und in ein stabiles Gesamtsystem integriert. Die integrierten Verhandlungen unterschiedlicher Verbraucher- und Erzeugerbedürfnisse unter Berücksichtigung technischer Randbedingungen erfolgen dabei in Betriebszyklen von 500 ms. Das Ziel ist eine bedarfsorientierte Energieversorgung, in der Leitungsverluste minimiert und vorhandene Effizienzpotentiale durch eine dezentrale Organisation stärker genutzt werden. Es wird gezeigt, dass die verteilte Kontrolle einer Vielzahl kooperierender heterogener Systeme für einen stabilen Betrieb hinsichtlich der Befriedigung aller beteiligten Akteure sowie der Bereitstellung notwendiger Reserveleistung unter Einhaltung der strikten Zeitanforderungen möglich ist und günstiger sein kann als bei derzeitiger zentral geführter Versorgung.

Inhaltsverzeichnis

Abkürzungen	XI
Tabellenverzeichnis	XIII
Abbildungsverzeichnis	XV

1 Einleitung   **1**
    1.1   Motivation 1
    1.2   Zielsetzung 3
    1.3   Verwandte Arbeiten 8
    1.4   Aufbau und Gliederung der Arbeit 13

2 Das europäische Energieversorgungssystem   **17**
    2.1   Stand der Technik 17
    2.2   Energiewirtschaftliche Entwicklung 30
    2.3   Herausforderungen an eine verteilte Regelung dezentraler Energieumwandlungsanlagen 34

3 Verteilte Verhandlungen in einem dezentralen Agentensystem   **37**
    3.1   Agentenmodell 38
    3.2   Verhandlungsarchitektur 41
    3.3   Preisbildung 45
    3.4   Anpassen von Geboten und Angeboten 49
    3.5   Modellsimulationen zum Einfluss der *similarity* und der Preisrahmengröße 67
    3.6   Kommunikation über Ticket Distributoren 71
    3.7   Komplexität und Skalierbarkeit des Verhandlungsalgorithmus . . . 73

4 Dezentrales Netzmanagement   **87**
    4.1   Bedingte Konsumenten/Produzenten 88
    4.2   Peak Demand and Supply Management in DEZENT 97
    4.3   Virtuelle Konsumenten/Produzenten 111

4.4	Komplexität und Skalierbarkeit des erweiterten Verhandlungsalgorithmus	123

5 Verteiltes Lernen — 129
- 5.1 Reinforcement Learning — 130
- 5.2 Kooperatives Lernen in DEZENT — 131
- 5.3 Modellsimulation des DECOLEARN-Algorithmus — 137
- 5.4 Komplexität und Skalierbarkeit von DECOLEARN — 143

6 Experimentelle Untersuchungen — 145
- 6.1 Qualitätsmerkmale und Systemparameter in DEZENT — 148
- 6.2 Experimentelle Vorgehensweise — 149
- 6.3 Erzeugen einer Klasse realitätsnaher Konfigurationen — 153
- 6.4 Aufbau des experimentellen Beispielnetzes — 159
- 6.5 Experimentelle Untersuchung von DEZENT ohne Peak Management — 166
- 6.6 Experimentelle Untersuchung von DEZENT mit Peak Management — 185
- 6.7 Zusammenfassung der fallstudienhaften Untersuchung — 199

7 Dezentrale Betriebsführung — 205
- 7.1 Leitungsüberlastungen durch veränderte Versorgungskonfigurationen — 207
- 7.2 Spannungsprofil in einem strahlenförmigen Netz — 210
- 7.3 Herkömmliche Verfahren zur Bewertung von Betriebszuständen — 213
- 7.4 Stable State Recognition — 216

8 Fazit und Ausblick — 241
- 8.1 Fazit — 241
- 8.2 Ausblick — 244

A Anhang — 249
- A.1 Lastgangkurven Einzelhaushalte — 249
- A.2 Lastgangkurve Photovoltaik — 252
- A.3 Lastgangkurve Windkraft — 253

Literaturverzeichnis — **255**

Abkürzungen

AGT	Allgemeine Gleichgewichtstheorie
AS	Ancillary Services
BGM	Balancing Group Manager
BHKW	Blockheizkraftwerk
BMWi	Bundesministerium für Wirtschaft und Energie
DEA	Dezentrale Energieumwandlungsanlage
DFG	Deutsche Forschungsgemeinschaft
DECOLEARN	**DEZENT Co**llaborative **Learn**ing
DSM	Demand Side Management
EEG	Erneuerbare Energien Gesetz
EnWG	Energiewirtschaftsgesetz
EV	Energieversorger
EVU	Energieversorgungsunternehmen
HGÜ	Hochspannungs-Gleichstrom-Übertragung
KWK	Kraft-Wärme-Kopplung
LP	Lineares Programm
MAS	Multiagentensystem
NR	Newton-Raphson (-Verfahren)
PV	Photovoltaik
PFSP	Permutation Flow-Shop Scheduling Problem
REA	Regenerative Energieumwandlungsanlage
SSR	Stable State Recognition
TD	Ticket Distributor
UCTE	Union for the Coordination of Transmission of Electricity
ÜNB	Übertragungsnetzbetreiber
V2G	Vehicle 2 Grid
VK	Virtuelles Kraftwerk
VDN	Verband der Netzbetreiber
WEA	Windenergieanlage

Tabellenverzeichnis

2.1	5-Stufen-Plan zum frequenzabhängigen Lastabwurf in Deutschland	28
3.1	Beispielhafte Preisentwicklung mit Preisauf- und -abschlägen	58
3.2	Experimentelles Setup für die Laufzeitanalyse	67
3.3	Experimentelles Setup für preisbasierte Experimente	69
3.4	Das Informationsticket	72
3.5	Das Informationsticket	84
4.1	Batterieeigenschaften von Elektrofahrzeugen (Herstellerangaben)	95
4.2	Parameterbelegungen für Bedingte Konsumenten/Produzenten	97
4.3	Setup der Modellsimulationen zum allgemeinen Einfluss der identifizierten Parameter	102
4.4	Parametrierung und Gerätemengen des realistischen Szenarios	109
4.5	Ergebnisse des realistischen Szenarios für unterschiedliche Gerätekombinationen	110
4.6	Beispielverlauf des Newton-Raphson-Verfahrens	114
4.7	Gegebene und gesuchte Werte der einzelnen Knotenarten	116
4.8	Beispielwerte für eine Anwendung des Newton-Raphson-Verfahrens	119
4.9	Errechnete Werte für eine Lastflussberechnung	123
5.1	Experimentelles Setup für die Modellsimulationen	138
6.1	Modellparameter und beeinflusste Qualitätsmerkmale	149
6.2	Parameterbereiche der internen Modellparameter (Preisbildung)	154
6.3	Parameterbereiche der internen Modellparameter (Peak Management)	154
6.4	Parameterbereiche der internen Modellparameter (DECOLEARN)	155
6.5	Untere Schranken für s_{1C}, t_{1P} zur Vermeidung von Excessive Bargaining	158
6.6	Eckdaten der verwendeten Lastgangkurven	162
6.7	Betrachtete Simulationszeiträume und Konfigurationen von DECOLEARN	168

6.8	Zusammengefasste Ergebnisse für den Beobachtungszeitraum T_1 ohne Peak Management	169
6.9	Zusammengefasste Ergebnisse für den Beobachtungszeitraum T_2 ohne Peak Management	172
6.10	Zusammengefasste Ergebnisse für den Beobachtungszeitraum T_3 ohne Peak Management	176
6.11	Zusammengefasste Ergebnisse für den Beobachtungszeitraum T_4 ohne Peak Management	179
6.12	Zusammengefasste Ergebnisse für den Beobachtungszeitraum T_5 ohne Peak Management	182
6.13	Zusammengefasste Ergebnisse für den Beobachtungszeitraum T_1 mit Peak Management im Vergleich zu T_1 ohne Peak Management	188
6.14	Zusammengefasste Ergebnisse für den Beobachtungszeitraum T_2 mit Peak Management im Vergleich zu T_2 ohne Peak Management	191
6.15	Zusammengefasste Ergebnisse für den Beobachtungszeitraum T_3 mit Peak Management im Vergleich zu T_3 ohne Peak Management	193
6.16	Zusammengefasste Ergebnisse für den Beobachtungszeitraum T_4 mit Peak Management im Vergleich zu T_4 ohne Peak Management	195
6.17	Zusammengefasste Ergebnisse für den Beobachtungszeitraum T_5 mit Peak Management im Vergleich zu T_5 ohne Peak Management	197
6.18	Zusammengefasste Ergebnisse für den Beobachtungszeitraum T_6 mit Peak Management im Vergleich zu T_6 ohne Peak Management	199
6.19	Hochrechnung für bilanzierte Energiepreise bei unterschiedlichen Überdeckungsraten	204
7.1	Obere Schranke für die Anzahl an Facetten	231
7.2	Gefundene Anzahl an Facetten	231
7.3	Koeffizienten für die durchschnittliche Anzahl an Facetten	231
7.4	Gefundene und erwartete Anzahl an Facetten	232
7.5	Rechenzeit für die Hüllenberechnung	232
7.6	Aufwandsabschätzung für die Parallelisierung des Verfahrens	239

Abbildungsverzeichnis

1.1	Lebenszyklen und Verbrauch von Energieträgern	1
1.2	Entwicklung bei der Förderung von fossilen Energieträgern	2
1.3	Virtuelles Kraftwerk	9
1.4	Notwendige Prozesse innerhalb eines Betriebsintervalls	15
2.1	Aufbau des elektrischen Energieversorgungsnetzes	19
2.2	Regelzonen deutscher Übertragungsnetzbetreiber	21
2.3	Idealisierter Transformator mit eingezeichnetem magnetischen Fluss durch den Eisenkern	22
2.4	Einordnung von Grund-, Mittel- und Spitzenlast in die Netzbelastung	25
2.5	Regelenergiephasen	30
2.6	Stochastische Last- und Versorgungsprofile	33
3.1	Kommunikationsprozess innerhalb des DEZENT-Betriebsintervalls	37
3.2	Orientierung des Agentenmodells an der vorhandenen elektrischen Versorgungsstruktur	38
3.3	Versorgungsstruktur des elektrischen Netzes	39
3.4	Agententopologie in DEZENT	40
3.5	Unterschiedliche Aufgabenbereiche des Agentensystems	42
3.6	Ablauf der Betriebsführung in DEZENT	42
3.7	Verhandlungsperioden, -zyklen, -runden	43
3.8	Aufgaben eines regionalen BGM-Agenten	45
3.9	Gestehungskosten für Strom aus Windenergie	46
3.10	Anpassung von Preisrahmen innerhalb einer Verhandlungsperiode	48
3.11	Diskrete Verhandlungsstrategien für Konsumenten bzw. Produzenten	50
3.12	Verhandlungskurvenverlauf in Abhängigkeit der Strategie-Parameter	52
3.13	Verhandlungen innerhalb eines Zyklus	55
3.14	Verhandlungsmonitor eines Beispielzyklus mit 150 Agenten	56
3.15	Entwicklung der Verhandlungskurven über drei Zyklen hinweg	58
3.16	Verhandlungskurvenschar	61
3.17	Verlauf steilster Verhandlungskurven für unterschiedliche *similarity*-Werte	64

3.18 Rechenzeit für einen Verhandlungszyklus 68
3.19 Anzahl unbefriedigter Agenten bei verschiedenen *similarity*-Werten 69
3.20 Anzahl unbefriedigter Agenten bei verschiedenen Preisrahmengrößen 70
3.21 Schematische Darstellung des um Ticket Distributoren erweiterten DEZENT-Verhandlungsbaums 71
3.22 Kommunikationspfade ohne und mit Ticket Distributor 73
3.23 Schematische Darstellung des Algorithmus entlang eines Verhandlungspfades 75

4.1 Integrierte Kommunikations- und Koordinationsprozesse innerhalb des DEZENT-Betriebsintervalls 87
4.2 Netzfrequenz und Innenraumtemperaturen eines Kühlschranks unter indirektem Demand Side Management 90
4.3 Schematische Darstellung eines Blockheizkraftwerks 93
4.4 Schematisches Modell für Bedingte Konsumenten und Produzenten in DEZENT 96
4.5 Entwicklung des gewichteten Mittelwertes von $P_{p,n}$ für $\alpha = 0,1$. 98
4.6 Entwicklung des gewichteten Mittelwertes von $P_{p,n}$ für $\alpha = 0,3$. 99
4.7 Bestimmung der absoluten notwendigen Regelenergie 102
4.8 Eingesparte elektrische Arbeit für $t_{max} = 5$ Perioden und verschiedene t_{min} und t_{duty} Konfigurationen 103
4.9 Eingesparte elektrische Arbeit für $t_{max} = 25$ Perioden und verschiedene t_{min} und t_{duty} Konfigurationen 104
4.10 Eingesparte elektrische Arbeit für $t_{max} = 150$ Perioden und verschiedene t_{min} und t_{duty} Konfigurationen 105
4.11 Minimale absolute notwendige elektrische Arbeit in Abhängigkeit des Step-Size-Parameters α 106
4.12 Verstetigung des stochastischen Lastprofils 107
4.13 0,4kV/10kV-Feeder Lastprofil für einen Durchschnittstag in der Übergangsjahreszeit (Frühling/Herbst) 108
4.14 Erweiterte Aufgaben des BGM in DEZENT 112
4.15 Kurvenschar $f(x;a)$ für $a = 2, a = 3, a = 4$ und $a = 5$ 113
4.16 Vorgehensweise beim Newton-Raphson-Verfahren 114
4.17 Beispielnetz für eine Anwendung des Newton-Raphson-Verfahrens 119
4.18 Schematische Darstellung des erweiterten Algorithmus entlang eines Verhandlungspfades 124

Abbildungsverzeichnis

5.1	Integrierte Kommunikations-, Koordinations- und Adaptionsprozesse innerhalb des DEZENT-Betriebsintervalls	129
5.2	Interaktion zwischen Agent und Umwelt unter Reinforcement Learning	130
5.3	Preisentwicklung über einen statischen (Konsumenten-)Strategieraum	132
5.4	Anpassung von Produzentenstrategien in Unterversorgungssituationen	136
5.5	Verlauf der Gesamtlast über die Simulationszeit	139
5.6	Innerhalb von 3 Verhandlungsebenen verhandelte Energie	140
5.7	Experimente in Abhängigkeit von der Größe der k-Nachbarschaft .	141
5.8	Verhandelte Energie auf den Verhandlungsebenen 1-3	142
5.9	Aktionen eines Agenten unter Verwendung von DECOLEARN . . .	143
6.1	Jobkorrelierte und maschinenkorrelierte Ausführungszeiten (Makespan) mit 3 Jobs auf 3 Maschinen	151
6.2	Aufbau des experimentellen Netzes	160
6.3	Systemweite Leistungsbilanz im Testszenario über den Simulationszeitraum von 24 h	163
6.4	Betrachtete Zeitintervalle innerhalb des 24 h-Testszenarios	167
6.5	Lastprofil des betrachteten Zeitraums T_1	170
6.6	Gemittelte Verbraucher- und Erzeugerpreise im Zeitraum T_1 ohne Peak Management.	171
6.7	Durchschnittliche Verhandlungshöhe im Zeitraum T_1 ohne Peak Management	172
6.8	Lastprofil des betrachteten Zeitraums T_2	173
6.9	Gemittelte Verbraucher- und Erzeugerpreise im Zeitraum T_2 ohne Peak Management.	174
6.10	Durchschnittliche Verhandlungshöhe im Zeitraum T_2 ohne Peak Management	175
6.11	Lastprofil des betrachteten Zeitraums T_3	177
6.12	Gemittelte Verbraucher- und Erzeugerpreise im Zeitraum T_3 ohne Peak Management.	178
6.13	Durchschnittliche Verhandlungshöhe im Zeitraum T_3 ohne Peak Management	178
6.14	Lastprofil des betrachteten Zeitraums T_4	180
6.15	Gemittelte Verbraucher- und Erzeugerpreise im Zeitraum T_4 ohne Peak Management.	181
6.16	Durchschnittliche Verhandlungshöhe im Zeitraum T_4 ohne Peak Management	181

6.17 Lastprofil des betrachteten Zeitraums T_5 183
6.18 Gemittelte Verbraucher- und Erzeugerpreise im Zeitraum T_5 ohne Peak Management 184
6.19 Durchschnittliche Verhandlungshöhe im Zeitraum T_5 ohne Peak Management 184
6.20 Auswirkungen des Peak Demand and Supply Managements unter BGM 4 187
6.21 Gemittelte Verbraucher- und Erzeugerpreise im Zeitraum T_1 mit Peak Management 189
6.22 Durchschnittliche Verhandlungshöhe im Zeitraum T_1 mit Peak Management 189
6.23 Gemittelte Verbraucher- und Erzeugerpreise im Zeitraum T_2 mit Peak Management 192
6.24 Durchschnittliche Verhandlungshöhe im Zeitraum T_2 mit Peak Management 192
6.25 Gemittelte Verbraucher- und Erzeugerpreise im Zeitraum T_3 mit Peak Management 194
6.26 Durchschnittliche Verhandlungshöhe im Zeitraum T_3 mit Peak Management 194
6.27 Gemittelte Verbraucher- und Erzeugerpreise im Zeitraum T_4 mit Peak Management 196
6.28 Durchschnittliche Verhandlungshöhe im Zeitraum T_4 mit Peak Management 196
6.29 Gemittelte Verbraucher- und Erzeugerpreise im Zeitraum T_5 mit Peak Management 198
6.30 Durchschnittliche Verhandlungshöhe im Zeitraum T_5 mit Peak Management 198
6.31 Gemittelte Verbraucher- und Erzeugerpreise im Zeitraum T_6 ohne Peak Management 200
6.32 Gemittelte Verbraucher- und Erzeugerpreise im Zeitraum T_6 mit Peak Management 201
6.33 Durchschnittliche Verhandlungshöhe im Zeitraum T_6 ohne Peak Management 201
6.34 Durchschnittliche Verhandlungshöhe im Zeitraum T_6 mit Peak Management 202
6.35 Prozentuale eingesparte elektrische Regelarbeit pro BGM auf Ebene 1 (gemittelt) 203

Abbildungsverzeichnis

7.1	Integrierte Kommunikations-, Koordinations-, Adaptions- und Stabilitätsprozesse innerhalb des DEZENT-Betriebsintervalls	205
7.2	Überwachung des Energieversorgungsnetzes	208
7.3	Veränderungen der Leistungsflüsse in einer Netzmasche	209
7.4	Abfall des Spannungsniveaus entlang eines Leitungsstrangs	211
7.5	Anstieg des Spannungsniveaus entlang eines Leitungsstrangs ...	211
7.6	Spannungsprofil entlang des Leitungsstrangs bei wechselnden Einspeisekonfigurationen	212
7.7	Keine Konvergenz beim Newton-Raphson-Verfahren	215
7.8	Zulässiges Spannungsband eines Knotens in der komplexen Ebene	218
7.9	Zulässiges Spannungsband eines Knotens im Raum komplexer Knotenleistungen	219
7.10	Zulässige Maximalströme einer Leitung in der komplexen Ebene .	220
7.11	Teilmenge zulässiger Maximalströme als zulässige Spannungsvektoren im Raum komplexer Knotenleistungen	221
7.12	Kombinierte Teilmengen innerhalb des zulässigen Spannungsbandes bei unterschiedlichen Maximalströmen im Raum komplexer Knotenleistungen	223
7.13	Ein $\mathcal{H}$-Polyhedron und ein $\mathcal{V}$-Polytop	226
7.14	QuickHull: von p aus sichtbare Facetten	229
7.15	QuickHull: gemeinsamer Rand der sichtbaren Facetten	229
7.16	QuickHull: neu konstruierte Facetten	230
7.17	Abstand und Identifikation der nächsten Facette	234
7.18	Ein zweidimensionaler k-d-Baum für eine effiziente Suche des nächsten Nachbarn	235
7.19	Ein Extrempunkt des $\mathcal{V}$-Polytops als nächster Punkt der Hülle ..	236
A.1	Lastgangkurve Haushalt 1	249
A.2	Lastgangkurve Haushalt 2	250
A.3	Lastgangkurve Haushalt 3	250
A.4	Lastgangkurve Haushalt 4	251
A.5	Lastgangkurve Haushalt 5	251
A.6	Lastgangkurve Photovoltaik	252
A.7	Normierte Lastgangkurve Windkraft	253

1 Einleitung

1.1 Motivation

In den letzten drei Jahrzehnten sind die Preise für fossile Energieträger (Erdöl, Erdgas etc.) insgesamt gestiegen (dramatisch in Krisenzeiten 1974 und ab 2003) mit einer nur kurzfristigen Entspannung zwischen 1980 und 2003 [BMW04]. Gründe hierfür sind einerseits der steigende Weltenergieverbrauch (siehe Abbildung 1.1) [Vah01] und andererseits der Rückgang in der Verfügbarkeit fossiler Energieträger bei gleichzeitig wachsenden Fördermengen (siehe Abbildung 1.2). Mit dem steigenden Energieverbrauch in Schwellenländern der Kontinente Afrika, Asien und Lateinamerika (konservative Studien gehen von einer Verdopplung des Energiebedarfs bis 2050 aus [WEC07]) wächst die allgemeine Besorgnis in Europa, auch in Zukunft eine kostengünstige Energieversorgung für den privaten, industriellen und öffentlichen Bedarf sicherstellen zu können.

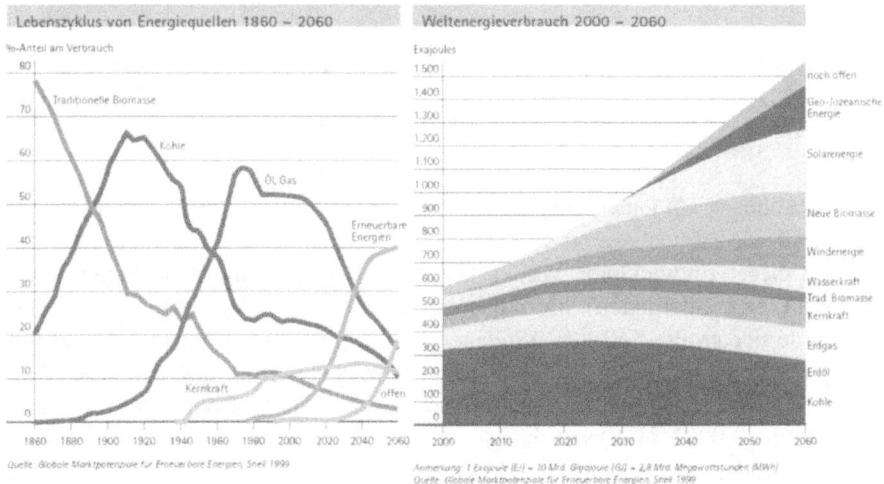

Abbildung 1.1: Lebenszyklen und Verbrauch von Energieträgern (Quelle: [Vah01])

Aus diesem Grund wird seit einigen Jahren die Energiebasis um regenerative Energieträger, wie etwa Wind, Sonne und Biomasse, erweitert. Hinzu kommt ein stärker werdendes öffentliches Umweltbewusstsein und angepasstes Verbraucherverhalten, das einen Wechsel in den Nutzungszyklen (siehe Abbildung 1.1) verfügbarer Energieträger hin zu erneuerbaren Energien mit breiter Unterstützung möglich macht. Diese Entwicklung findet sowohl europaweit mit der Liberalisierung der Energiemärkte [EG97] als auch in Deutschland selbst mit der Verabschiedung des Erneuerbare Energien Gesetzes (EEG) im Jahr 2000 (derzeit in seiner zweiten novellierten Fassung vorliegend) [BGB08] statt.

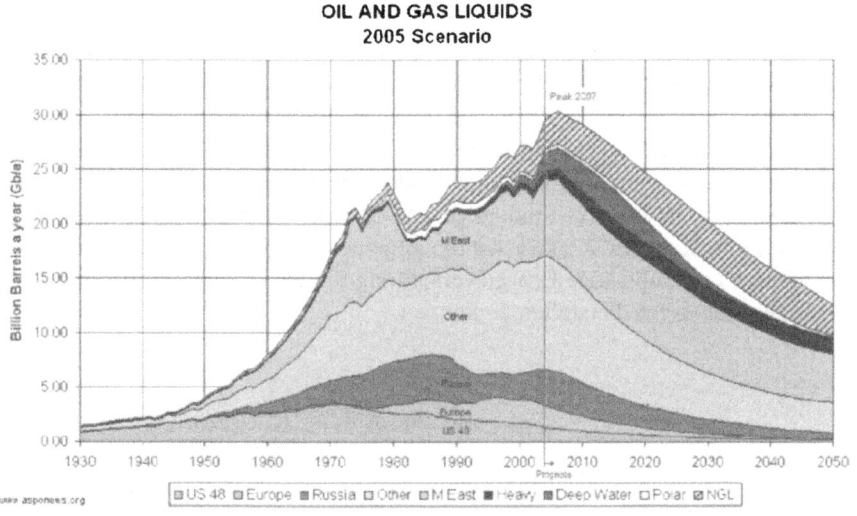

Abbildung 1.2: Entwicklung bei der Förderung von fossilen Energieträgern

Dank dieser Entwicklung wurden im Jahr 2005 in Deutschland bereits etwa 62 TWh (Terrawattstunden) Strom aus regenerativen Energiequellen erzeugt. Dabei wurde der größte Teil aus Windenergie mit etwa 26,5 TWh (43 %) gefolgt von der Wasserkraft mit 21,5 TWh (35 %) erzeugt. Strom aus Biomasse trug mit 13,1 TWh (21 %) bei. Der Beitrag der Photovoltaik (1 TWh, 1,6 %) und der Geothermie (0,0002 TWh) war dagegen noch gering. Der Anteil der erneuerbaren Energien an der zur Deckung des Gesamtstromverbrauchs erzeugten elektrischen Energie betrug in Deutschland im Jahr 2005 damit etwa 10,4 % gegenüber 9,4 % im Vorjahr. Im Jahr 2005 trugen erneuerbare Energien damit zu 5,3 % zur Deckung des Energiebedarfs (Strom und Wärme) in Deutschland bei [VDI08]. Im Jahr 2007

1.2 Zielsetzung

lag der regenerative Anteil am Gesamtstromverbrauch bereits bei 14,2 % und der Anteil an der Deckung des Gesamtenergiebedarfs (Strom und Wärme) bei 6,7 %. Für das Jahr 2008 wurde bereits mit einem Anteil von 9 % gerechnet [BMU08]. Das ursprünglich mit Verabschiedung des EEG von der Regierung für das Jahr 2010 gesetzte Ziel eines 4,2 %-Anteils regenerativer Erzeugung am Gesamtenergieverbrauch ist damit bereits übertroffen worden. Mit der erneuten Novellierung des EEG hat die Bundesregierung für 2020 das Ziel formuliert, den Bereich der erneuerbaren Energieversorgung auf einen Anteil zwischen 25 % und 30 % zu erhöhen [BGB08, BMU06].

Das bestehende Energieversorgungssystem mit seinen historisch gewachsenen zentralen Kontrollkonzepten stößt allerdings schon heute an seine Grenzen, was eine stabile und effiziente Integration einer großen Zahl weiträumig verteilter Energieumwandlungsanlagen niedriger und mittlerer Anschlussleistungen betrifft. Aufgrund der fehlenden Vorhersagbarkeit erneuerbarer Energieerzeugung ist ein stabiler Betrieb des elektrischen Netzes nur möglich, wenn die auf diese Weise entstehenden kurzfristigen und unvorhersehbaren Schwankungen in der Energieversorgung durch eine große Menge vorgehaltener Reserveleistung ausgeglichen werden können. Diese Art der Regelung macht einen weiteren Ausbau erneuerbarer Energieversorgung nicht nur teurer, sondern auch weniger umweltfreundlich, da Reserveleistung derzeit nur auf Basis planbarer konventioneller (fossiler) Energieträger bereitgestellt werden kann. Die dezentrale Einspeisung in ein Stromnetz, das ursprünglich für eine unidirektionale Versorgungs- und Lastflussrichtung – von den Großkraftwerken hin zu den Verbrauchern – geplant und installiert wurde, wirft darüber hinaus eine Vielzahl neuer Koordinationsprobleme auf, die ohne neuartige dezentrale und verteilt organisierte Koordinationsmechanismen zwischen allen beteiligten Akteuren nicht zu lösen sind.

1.2 Zielsetzung

Mit DEZENT wird in der vorliegenden Arbeit eine verteilte Koordination und Regelung eines Energieversorgungssystems vorgestellt, das den zuvor vorgestellten Problemen begegnen soll.

Als Vorbild für die Entwicklung verteilter Systeme dienen häufig biologische Systeme, deren Arbeitsweise auf der massiven Interaktion individueller Komponenten beruht, die einzeln betrachtet ein vergleichsweise einfaches Verhalten aufweisen. Mit dieser Entwicklung wächst der Bedarf an theoretischen und formalen Methoden, um derartige Systeme zu konstruieren und zu analysieren. Methoden, die auf klassischer Automatentheorie aufbauen, werden mit zunehmender Größe der betrachteten System unbrauchbar, da sie unterstellen, dass beliebig große Systeme von einem einzigen globalen Taktgeber kontrolliert und synchronisiert werden können [Smi89]. Die Verallgemeinerung dieses sequentiellen Ansatzes hin zu dem Paradigma der kommunizierenden sequentiellen Prozesse [Hoa78], das auf Systemen mit vielen leistungsstarken Prozessoren beruht, die über einfache aber wohl definierte Verbindungen untereinander verfügen, ist ebenfalls nicht auf verteilte Systeme anwendbar. Die Leistungsfähigkeit eines verteilten Systems resultiert gerade aus der Verlagerung der Komplexität weg von einzelnen Prozessoren und hinein in die Kommunikation und Koordination der (verteilten) Prozesse untereinander [Smi89].

Der erste programmatische Ansatz, der Verteiltheit und Nebenläufigkeit als elementares Grundphänomen behandelt, ist die von Carl Adam Petri Anfang der 1960er Jahre gegründete Systemtheorie [Pet62]. Teile dieser Theorie sind unter dem Namen Netztheorie bekannt. Die Grundlage bildet die von Petri entwickelte Concurrency-Theorie [BF88, Pet80, Pet87, PS87], die aus den Phänomenen Verteiltheit und Unabhängigkeit eine allgemeine Theorie verteilter Systeme entwickelt.

Heutzutage werden Systeme unter verteilter Kontrolle unter dem Namen *Selbstorganisierende Systeme* zusammengefasst [BSKN05]. Dabei zeichnet sich das selbstorganisierende verteilte System dadurch aus, dass seine Komponenten unabhängige lokale Entscheidungsprozesse durchführen (lokale Autonomie) auf Basis beschränkter und nur lokal verfügbarer Informationen. Die Kommunikation und Koordination mit der Umgebung oder anderen Komponenten (Agenten) findet ebenfalls nur innerhalb eines lokalen Aktivitätsbereichs statt. Selbstorganisierenden verteilten Systemen ist gemein, dass sie nach dem *bottom-up-Paradigma* arbeiten: Lokale Teilprobleme werden verteilt und nebenläufig behandelt, lokale Verbünde werden nach und nach zu größeren organisatorischen Einheiten zusammengefasst. Auf diese Weise passen sich selbstorganisierende Systeme flexibel Veränderungen in hochdynamischen Systemen an. Das komplexe Verhalten (sog. *Self-* Properties* [BJM$^+$05]) auf höheren Ebenen ergibt sich allein aus der lokalen Interaktion der Agenten der untersten Ebene und wird als emergentes Verhalten bezeichnet.

DEZENT ist ein Verteiltes System, in dem Softwareagenten, stellvertretend für unterschiedliche Akteure eines Energieversorgungssystems, kooperativ zusammenarbeiten, um ihre individuell stark voneinander abweichenden und zum Teil sogar konfligierenden Anforderungen effizient in einem stabilen Gesamtbetrieb zu erfüllen. Dieser verteilte kooperative und koordinierte Betrieb soll dabei systemweit sowie für jeden einzelnen beteiligten Akteur (ökonomisch wie ökologisch) effizienter sein als unter klassischer zentraler Führung (siehe Kapitel 2.1).

1.2 Zielsetzung

Projekte, wie das vom Bundesministerium für Wirtschaft und Energie (BMWi) geförderte E-Energy Projekt [BMW08] oder die von der Europäischen Union (EU) geförderte SmartGrid-Initiative [EUR05], die eine umfassende digitale Vernetzung sowie computerbasierte Kontrolle und Steuerung des Energieversorgungssystems zum Ziel haben, formulieren ebenfalls die Optimierung von Wirtschaftlichkeit, Versorgungssicherheit und Versorgungsstabilität als Projektziele. In diesen und vergleichbaren wirtschaftlich motivierten Projekten sollen die formulierten Ziele dabei jedoch ausschließlich über eine Erweiterung des Energie- und Dienstleistungsangebots und eine Vergrößerung des Wettbewerbs entlang der Wertschöpfungskette (Kraftwerks- und Netzbetreiber, Händler, Verbraucher) erreicht werden. Verteilungsprobleme und die erhöhte Komplexität von Versorgungskonfigurationen werden nicht betrachtet und sollen durch eine erhöhte Reaktionszeit und Beobachtbarkeit mit konventionellen Mitteln zentral beherrschbar werden.

Im Gegensatz dazu sollen die mit einer Erweiterung der Energiebasis um erneuerbare Energieträger verstärkten Koordinations- und Kommunikationsprobleme in DEZENT (integriert) verteilt gelöst werden. Auch in DEZENT wird der „Markt" für Verhandlungen geöffnet, so dass Verträge zwischen Netzteilnehmern systemweit für kurze Zeitintervalle geschlossen werden können. Darüber hinaus sollen mit dem aufgebauten verteilten Agentensystem die hoch komplexen Verteilungsprobleme dezentral analysiert und verteilt gelöst werden. Eine systemweite Effizienzsteigerung durch Optimierung und autonome Koordination lokaler Teilprobleme soll erreicht werden.

Das Ziel dieser Arbeit ist die Entwicklung von DEZENT, einem verteilten Energiemanagementsystem, mit dem sich eine Vielzahl dezentraler regenerativer Energieumwandlungsanlagen unter Berücksichtigung technischer, wirtschaftlicher und ökologischer Randbedingungen zu regionalen Bilanzkreisen zusammenschließen und in das europäische Versorgungs- und Verbundnetz integrieren lassen. Die unter DEZENT betriebenen regenerativen Energieumwandlungsanlagen (REA) sollen an der Reserveleistungsbereitstellung teilnehmen und zugleich die für die Übertragungsnetzbetreiber sichtbaren und unkontrollierbaren stochastischen Einspeiseprofile vergleichmäßigen (verstetigen). Es soll der Nachweis geführt werden, dass diese dezentrale Führung einer Vielzahl kooperierender, heterogener Systeme im stabilen Betrieb hinsichtlich der notwendigen Reserveleistung und Preisgestaltung günstiger sein kann als bei derzeitiger zentral geführter Versorgung.

Mit der Tatsache, dass in dezentralen Energieversorgungssystemen – mit einer Vielzahl erneuerbarer Energieerzeugung – Kunden gleichzeitig Verbraucher und Erzeuger sind, erhöht sich die Unvorhersehbarkeit des Gesamtsystems durch dieses zunehmend stochastische Verhalten der Einzelprozesse. Aus diesem Grund soll in DEZENT vollständig auf Lastprognosen und langfristige Vorhersagen über

Versorgungssituationen verzichtet werden (in Energieversorgungssystemen haben Lastprognosen üblicherweise eine Länge von 15 min). Stattdessen soll in DEZENT durch ein Betriebsintervall, das selbst in der Größenordnung eines solchen Schaltvorganges liegt, eine flexible Reaktion auf unvorhersehbare und hochdynamische Schwankungen *on-line* erfolgen. Bei der Einführung eines solchen begrenzten Betriebsintervalls müssen alle Prozesse, die für den Betrieb des dezentralen Energieversorgungssystems in DEZENT notwendig sind, innerhalb dieses engen Betriebsintervalls abgeschlossen werden. Hierzu zählen neben der Kommunikation und Preisbildung, die Verstetigung der stochastischen Lastprofile (innerhalb eines Betriebsintervalls), die Anpassung an hochdynamische Versorgungssituationen, das Überprüfen zulässiger Betriebsgrenzen und ggf. die notwendige Reaktion auf das Verletzen solcher Grenzen. Das Erfüllen dieser Echtzeitanforderung an die notwendigen Teilprozesse ist eine der Hauptaufgaben der vorliegenden Arbeit.

Um die konfligierenden Anforderungen aller beteiligten Akteure (Marktteilnehmer) in Einklang zu bringen, müssen bestimmte Randbedingungen beachtet werden, die sich aus der Anwendung – dem stabilen und zuverlässigen Betrieb eines Energieversorgungssystems unter verteilter Kontrolle und bei Verzicht auf global verfügbare Lastprognosen – ergeben. In [NR06] werden für einen Lösungsansatz zum Umgang mit den vorgestellten Problemen die folgenden Eckpunkte genannt, an denen sich ein System wie DEZENT messen lassen muss:

Gewährleistung der Systemstabilität. Die Verteilnetzbetreiber sind üblicherweise verantwortlich für die Systemstabilität im Übertragungsnetz. Dies geschieht nicht zum Selbstzweck, sondern im Interesse aller beteiligten Akteure, so auch der Bilanzkreisteilnehmer. DEZENT muss sich an der Frage messen lassen, ob auch unter einem verteilten Energiemanagementsystem, bei Verzicht auf globale Beobachtbarkeit und zentrale Kontrolle, die Systemstabilität gewährleistet werden kann. Dabei soll mindestens das heutige Niveau der Systemstabilität und Versorgungssicherheit erhalten bleiben. Fragen nach der Einhaltung von Betriebsgrenzen des elektrischen Energieversorgungsnetzes, wie stabilen Spannungsgrenzen und einer festen Frequenz, müssen zufriedenstellend mit einem verteilten Ansatz in DEZENT begegnet werden.

Effiziente Lösung des Regel- und Ausgleichsenergieproblems. Die Preise für benötigte Reserveleistung betreffen alle Marktteilnehmer in einem Verteilnetz, da diese sich direkt in den Netznutzungsentgelten für alle Akteure niederschlagen. Unter heutigen energiewirtschaftlichen Bedingungen ist für Netzbetreiber ein Anreiz zur Effizienzsteigerung bei der Regelenergiebereitstellung nicht vorhanden. Teure Regelenergie führt nicht zu einem wirt-

1.2 Zielsetzung

schaftlichen Nachteil für Übertragungsnetzbetreiber. Im Gegenteil: Wirtschaftliche Verbindungen zwischen den Übertragungsnetzbetreibern und den Kraftwerksbetreibern (meistens ein und derselbe Konzern) bewirken eine Marktverzerrung, die dazu führt, dass teure Regelenergie zu größeren Gewinnen für die am Regelenergiemarkt teilnehmenden Kraftwerksbetreiber führt. Durch eine direkte Rückkopplung der Bedürfnisse an Reserveleistung und Ausgleichsenergie an die verursachenden Bilanzkreise auf der einen Seite, aber auch eine direkte Erzeugung und Bereitstellung von Regelenergie zur kostengünstigen Kompensation verursachter und auszugleichender Lastschwankungen auf der anderen Seite, können derartige profitorientierte und -motivierte Marktverzerrungen verhindert werden. Zu diesem Zweck müssen problematische stochastische Lastschwankungen in DEZENT dezentral und verursacherspezifisch (auf kleinste Bilanzkreise genau) identifiziert und verteilt – unter Berücksichtigung regenerativer Quellen und auf Basis effizienter Mechanismen – ausgeregelt werden können.

Transparenz und Sicherheit gegenüber Missbrauch. Absprachen und Quersubventionierungen kann durch die Vereinfachung der zugrunde liegenden Verhandlungsalgorithmen sowie der absoluten Transparenz der zugrunde liegenden Algorithmen begegnet werden. Ist der Zusammenhang zwischen Ursache (Energiebedarf) und Wirkung (Versorgungssicherheit, Preisgestaltung) im Detail und unmittelbar nachzuvollziehen, kann ein profitorientierter Missbrauch des Systems verhindert werden, da die Verursacher sofort bekannt wären. Darüber hinaus kann einer Vielzahl von missbräuchlichen oder sogar bösartigen Verhaltensweisen mit dem Ziel einer einseitigen Profitmaximierung bei gleichzeitiger Benachteiligung bzw. Schädigung benachbarter Marktteilnehmer begegnet werden, indem gerade auf zentralistische Kontrollstrukturen verzichtet wird. Ohne globale Informationen sind langfristige riskante Spekulationen oder künstlich verursachte Verknappungen der Versorgungsleistung kaum möglich. Akteure in DEZENT, die nur über lokale Informationen verfügen und sich sicher sein können, dass auch alle anderen Teilnehmer in DEZENT den gleichen beschränkten Informationshorizont besitzen, sind vor einer Vielzahl bösartiger Angriffe sicher.

Verhältnismäßigkeit und Verursachungsgerechtigkeit. Wie bereits angedeutet, können die Bedürfnisse innerhalb einzelner Bilanzkreise grundverschieden sein. Dezentrale REA werden im Allgemeinen von Verbrauchern für die eigene Versorgung und damit zur Deckung individueller Bedürfnisse installiert (z.B. auf dem eigenen Hausdach, im eigenen Garten etc.). Die Bedürfnisse zweier Verbraucher können aber sehr weit auseinander liegen (ein Agent möchte Energie möglichst gewinnbringend verkaufen, während ein zweiter Agent benötigte Energie möglichst günstig erwerben will). Diese Unterschiede müssen in jeder getroffenen Regelung individuell berücksichtigt werden, um nicht z.B. kleinere Marktteilnehmer gegenüber größeren schlechter zu stellen. Gleiches gilt für die Betrachtung regionaler Gruppen von Versorgungsteilnehmern (Erzeuger und Verbraucher) in ganzen Bilanzkreisen. Einzelne Bilanzkreise können ebenfalls in ihrem Verhalten und ihren Bedürfnissen weit auseinander liegen, die individuell berücksichtigt werden müssen. Umgekehrt muss die Verursachungsgerechtigkeit gelten, d.h. das Verursachen eines Ungleichgewichts im Versorgungssystem (kurzfristig/stochastisch oder als lang andauernder Trend) muss sich in der Abrechnung der jeweils notwendigen Ausgleichsenergie entsprechend widerspiegeln. Verursacher eines großen Ungleichgewichts dürfen nicht besser gestellt werden als Akteure, die sich neutral verhalten oder sogar aktiv zur Bereitstellung von notwendiger (zur Gewährleistung der Systemstabilität besonders kurzfristig verfügbarer) Regelenergie beitragen.

Das in dieser Arbeit vorgestellte DEZENT-System soll nach diesen Kriterien bewertet werden.

1.3 Verwandte Arbeiten

Es existiert eine Vielzahl von Arbeiten, die versuchen, den in den vorherigen Abschnitten identifizierten Problemen zu begegnen. Darunter finden sich zentrale Ansätze, die dezentral verfügbare Energieumwandlungsanlagen unter zentraler Kontrolle als sog. virtuelle Kraftwerke (1.3.1) zusammenfassen. Auch der Ansatz, komplexes Marktverhalten auf Basis verteilter Softwareagenten zu modellieren und so auf hochdynamische Veränderungen in den Kosten und der Verfügbarkeit gehandelter Ressourcen in Echtzeit reagieren zu können, hat sich in der allgemeinen Gleichgewichtstheorie in der Mikroökonomie fest etabliert (1.3.2). Als Konsequenz hieraus haben sich Multiagentensysteme als verteilter Lösungsansatz für viele reale und komplexe Anwendungen durchgesetzt, so u.a. auch in der Energieversorgung (1.3.3). In diesem Zusammenhang existieren auch Arbeiten und Untersuchungen zur Betriebssicherheit in dezentralen Energieversorgungssystemen (1.3.4). Diese Ansätze sollen im Folgenden kurz diskutiert und in Bezug auf die vorliegende Arbeit bewertet werden.

1.3 Verwandte Arbeiten

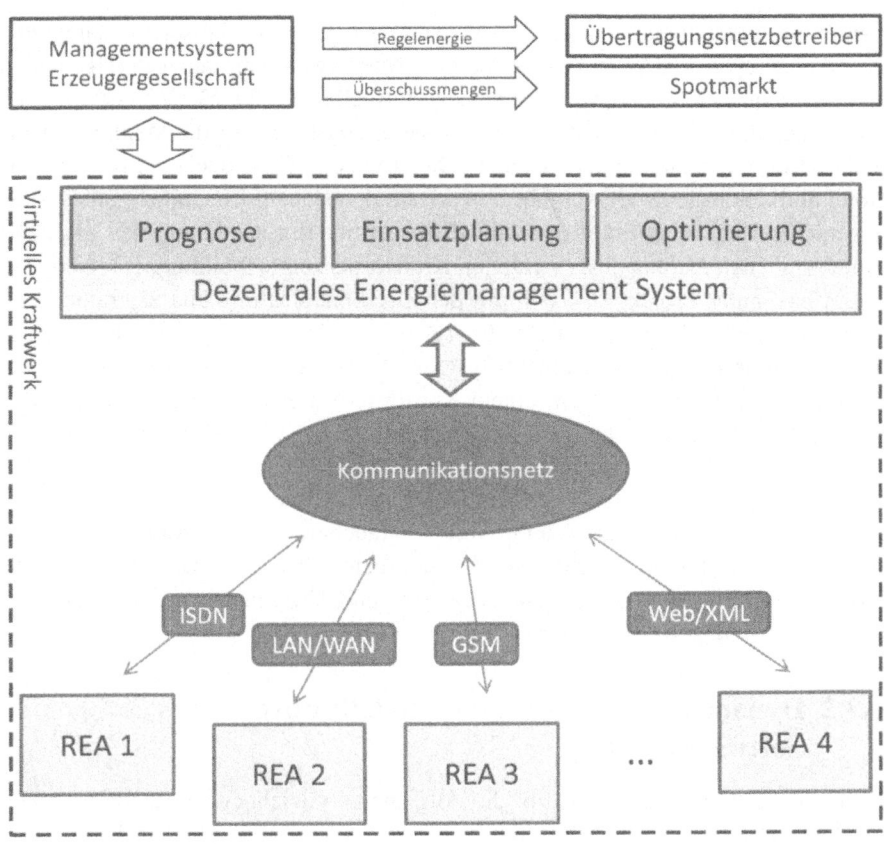

Abbildung 1.3: Virtuelles Kraftwerk

1.3.1 Virtuelle Kraftwerke

Einzelne dezentrale REA können bislang keinen nennenswerten Beitrag zur Bereitstellung von Reserveleistung und Regelenergie leisten. Da sie zur direkten Versorgung einzelner Verbraucher von denselben errichtet werden, wird die installierte und zur Verfügung stehende Leistung an Einzelbedürfnisse angepasst. Um Reserveleistung anbieten zu können, muss überschüssige Leistung verfügbar sein, die dem Verbraucher nicht zur eigenen Lastdeckung zur Verfügung steht. Für eine bewusste Überdimensionierung von REA zum Zweck der Reserveleistungsbereitstellung fehlen bislang, neben der durch das EEG geregelten festen degressiven

Vergütung, individuelle finanzielle Anreize. Das regelungstechnische Zusammenfassen einer größeren Anzahl dezentraler Energieumwandlungsanlagen (DEA) unter einer zentralen Steuerung zu einem sog. virtuellen Kraftwerk (VK) ist ein Ansatz, neben der Verstetigung der Summenerzeugerleistung auch die Möglichkeit zu bieten, Reserveleistung bereitzustellen. Dabei werden die Einzelanlagen über ein Kommunikationsnetzwerk verknüpft und zentral gesteuert. Ein „intelligentes Managementsystem" übernimmt dabei die Prognose und Einsatzplanung des VK. Den grundsätzlichen Aufbau eines virtuellen Kraftwerks zeigt Abbildung 1.3 [Neu07].

Ein bekanntes Projekt, das sich mit der Zusammenfassung und zentralen Verwaltung einer Vielzahl dezentraler Energieumwandlungsanlagen beschäftigt, ist das dezentrale Energiemanagement-System DEMS [ASU05, WSA07], das durch die EWE AG finanziert und in einem Konsortium niedersächsischer Hochschulen und Forschungseinrichtungen gemeinsam mit der EWE AG und der BTC AG entwickelt wird. Der Herangehensweise des Zusammenfassens von vielen DEA zu einem virtuellen Kraftwerk ist gemein, dass es dezentrale Verbraucher nicht berücksichtigt. Unter Einbeziehung von Verbrauchern ist das Problem aufgrund seiner Komplexität nicht mehr zentral zusammenzufassen und zu verwalten. Für einen optimalen Betrieb sämtlicher Erzeuger und Verbraucher muss daher eine verteilte Lösung gefunden werden.

1.3.2 Dynamische Energiemarktmodelle durch Softwareagenten

In der Mikroökonomie beschreibt die Allgemeine Gleichgewichtstheorie (AGT) ein Marktmodell, das auf reiner Tauschwirtschaft basiert (Edgeworth-Box). Eine feste Zahl von Marktteilnehmern (Verbraucher/Erzeuger) ist mit einer bestimmten Anfangskonfiguration an Ressourcen ausgestattet. Falls jede Ressource zu einem gegebenen relativen Preis angeboten wird (abhängig von der momentanen Verfügbarkeit, des aktuellen Bedarfs und nicht beeinflusst durch langfristige Spekulationen), dann wird jeder Marktteilnehmer genauso viel anbieten bzw. verlangen, dass er seinen individuellen Nutzen optimiert.

In Systemen mit dynamischer Verfügbarkeit von gehandelten Ressourcen ergeben sich regionale/überregionale Über- oder Unterangebote (regenerativ geprägte Energiemärkte werden durch Umwelteinflüsse geprägt). In der AGT wird nun versucht, zu einer gegebenen Angebots- und Nachfragesituation ein allgemeines Gleichgewicht (ökonomisches Equilibrium) zu finden. Bei einem solchen Equilibrium wird von einer Ressource entweder exakt so viel angeboten/produziert, wie verlangt wird. Ein Gleichgewicht von Angebot und Nachfrage ist für alle Marktteilnehmer kostenoptimal. Kein Marktteilnehmer kann für sich einen Vorteil erzie-

1.3 Verwandte Arbeiten

len, indem er einseitig von seiner Strategie abweicht. In Energiemärkten wäre eine solche Situation darüber hinaus auch verlustminimal, da einerseits Unterversorgung verhindert und Überproduktion vermieden wird. Bei einem Ungleichgewicht von Angebot und Nachfrage verschiebt sich der Preis der angebotenen Ressource. Bei einer Überversorgung sinkt der Wert der produzierten Ressource und damit der Anreiz für Erzeuger, die betroffene Ressource zu produzieren. Besteht eine Unterversorgung, findet die Preisregulierung in die andere Richtung statt. Das Erreichen eines ökonomischen Equilibriums wird in Marktsystemen auf diese Weise über den Preis motiviert.

In der Mikroökonomie ist der Lösungsansatz für dieses Problem von unten nach oben gerichtet (bottom-up): Man beginnt mit sämtlichen Marktteilnehmern, deren Bedürfnissen und Produktionskapazitäten und betrachtet die sich ergebenden Interaktionen bei (u.U. nur eingeschränkt) verfügbaren Informationen und rationalem Verhalten. In der Wirtschaftsinformatik wird das Problem folgendermaßen beschrieben: n Agenten interagieren auf m Märkten miteinander. Gesucht ist das ökonomische Equilibrium, also die Verhandlungskonfiguration (Gebote und Angebote von Konsumenten bzw. Produzenten), bei der – unter gegebenen Ressourcenverhältnissen (Über-/Unterschuss bzw. Gleichgewicht von Angebot und Nachfrage) – der Nutzen für alle Beteiligten optimal ist (ggf. die Korrektur des Marktwertes von über- bzw. unterangebotenen Ressourcen). Mit steigender Anzahl an Märkten und Agenten wächst die Komplexität des Problems exponentiell in $n \cdot m$. In [Rus96] wird anschaulich dargelegt, dass das Problem selbst für Systeme moderater Größe statisch kaum lösbar ist (und unmöglich in hochdynamischen Systemen). Die statische Berechnung von ökonomischen Problemen stößt hier an ihre Grenzen (in den Wirtschaftswissenschaften werden diese Grenzen der Berechenbarkeit mit sog. *Impossibility Theorems* beschrieben [Rus96]).

Eine häufig gewählte Lösungsstrategie ist der Einsatz von verteilten Agentensystemen. Hier wird das rationale Verhalten durch Agenten simuliert, die modelliert werden, um sich wie Marktteilnehmer in einem realen Marktsystem zu verhalten. Anstatt das Problem statisch zu berechnen, werden natürliche Marktmechanismen eingesetzt und die Kommunikation zwischen Marktteilnehmern simuliert, um das Problem zu lösen. In einem verteilten Agentensystem wächst die Komplexität des Problems nunmehr nur noch mit der Anzahl der Märkte m. Beispiele für eine derartige Vorgehensweise mit verteilten Agentensystemen werden in [CM99, Wel93, CDGM97, AW99, KWK05] gegeben.

1.3.3 Multiagentensysteme in praktischen Anwendungen

Multiagentensysteme sind in den letzten Jahren ausgiebig erforscht und für praktische Anwendungen in vielen Einsatzbereichen vorgeschlagen worden [AHDJ01, DFWN+01, GK99], darunter auch dem der elektrischen Energieversorgung [CCFG01]. Alle letzteren Ansätze basieren jedoch auf zentraler Führung und Koordination und leiden unter den gleichen Nachteilen wie die bereits vorgestellten Arbeiten. [CCFG01] sieht darüber hinaus vor, Verhandlungen über Energiepreise in einer systemweiten Auktionsplattform durchzuführen. Auf diese Weise wird das System allerdings anfällig für börsenartige Risiken, die ihrerseits die Versorgungssicherheit in Frage stellen. Allgemein wird angenommen, dass die Sicherheit gegen bösartige Angriffe auf Versorgungsnetze nur durch global gesteuerte Authentifizierungs-/Sicherheitskonzepte zu gewährleisten ist. In [WLHK07b] konnte aber bereits gezeigt werden, dass sich DEZENT immun gegenüber risikobelasteten Marktstrategien und einem repräsentativen Spektrum von Attacken verhält. In [AW99, Inc99, KWK05] werden zwar verteilte softwareagentenbasierte Marktmodelle vorgestellt, die Energieverhandlungen finden dabei aber entweder auf Basis von 24h-Prognosen statt [AW99] oder aber auf Basis eines systemweiten ökonomischen Equilibriums, das für die Preisbildung zugrunde gelegt wird. Lokale oder regionale Versorgungsunterschiede können auf diese Weise jedoch nicht verursachergerecht bei der Preisbildung berücksichtigt werden. Das Heranziehen von 24 h-Prognosen bei der Einsatzplanung in Energieversorgungssystemen bringt gerade keine Abhilfe für die im vorherigen Kapitel angesprochenen Regelenergieprobleme, die in DEZENT integriert mitbehandelt werden sollen. In [MDC+07a] werden Konzepte, Anwendungen und Herausforderungen für einen Einsatz von Multiagentensystemen in Energieversorgungssystemen vorgestellt und vor dem Hintergrund eines dezentralen elektrischen Netzmanagements diskutiert. Mit [MDC+07b] werden Techniken und Agentenparadigmen sowie Softwareentwicklungsumgebungen für Multiagentensysteme auf ihre Einsetzbarkeit in Energieversorgungssystemen untersucht.

1.3.4 Betriebssicherheit in Energienetzen

Seit den Stromausfällen in den USA und Kanada im Jahr 2003 sind zahlreiche Anstrengungen der Ursachenforschung und der Verhinderung derartiger Katastrophen in der Zukunft gewidmet worden. In [WMB05] wird eine Vielzahl von Konzepten und Ansätzen vorgestellt, die eine Entkopplung unterschiedlicher Sicherheits- und Reaktionsmechanismen bei der Netzführung vorsehen, um flexibler auf unvorhersehbare Störungen während des Versorgungsbetriebs reagieren zu können.

1.3 Verwandte Arbeiten

In [IAC⁺05] werden komplexe Algorithmen und Mechanismen vorgeschlagen, um große Versorgungsnetze sicher aus kritischen Zuständen herauszuführen. Die Ansätze werden von [MRSV05, GBAR05] aufgegriffen und auf chaotische Grenzfälle erweitert. Diese Arbeiten verfolgen sämtlich einen zentralen Lösungsansatz unter einer globalen Kontrollinstanz. Solche Systeme sind jedoch bereits an sich hochgradig unflexibel und lassen sich mit steigender Komplexität immer schwerer analysieren und kontrollieren. Im direkten Vergleich hierzu passt sich der verteilte Multi-Agentenansatz in DEZENT problemlos unvorhersehbaren und extremen Versorgungssituationen an und bewältigt diese im „normalen" Betrieb.

1.3.5 Eigene Vorarbeiten

Das Agentenmodell für verteilte Verhandlungen in DEZENT ist bereits mit [WLHK06a, WLHK06b] veröffentlicht worden. In [WLHK07a] werden mathematische Schranken bei der Wahl geeigneter Verhandlungsparameter eingeführt, die verhindern, dass die Wahl extremer Verhandlungsstrategien zu einem ungültigen Verhalten bei den Verhandlungen führt. In [WLHK07b] wird gezeigt, dass das Verhandlungsmodell in DEZENT einer Vielzahl von bösartigen Angriffen gegenüber immun ist. Die dynamische Anpassung von Verhandlungsstrategien auf Basis von Reinforcement Learning wird in [WLM⁺08] vorgestellt. Das Konzept der Verstetigung unvorhersehbarer kurzfristiger Lastschwankungen auf Basis dezentral verfügbarer zeitflexibler Ressourcen wird in [WLRK08a] vorgestellt. In [WLRK08b] wird dieses Verfahren explizit für den Einsatz von Elektrobatterien in Elektrofahrzeugen diskutiert und in [WLRK08c] im Kontext von Cyber-Physical Systems betrachtet. In [KZR⁺08] werden Probleme beim Betrieb von Netzen mit einer Vielzahl dezentraler Erzeuger diskutiert und Herausforderungen für einen stabilen Betrieb herausgearbeitet. Ein Verfahren für eine echtzeitfähige Erkennung von Betriebsmittelüberlastungen in DEZENT wird in [KRL⁺07] vorgestellt und in [KLR⁺08] beispielhaft für einige Szenarien durchgerechnet. In [KLH⁺09] werden die Eigenschaften der so konstruierten hochdimensionalen (stabilen) Zustandsräume ausführlich untersucht.

Weitere Literaturquellen zu den in dieser Arbeit behandelten Themengebieten (z.B. *Reinforcement Learning*, *Demand Side Management*, *Experimental Computer Science*) werden themenbezogen in den betreffenden Kapiteln genannt.

1.4 Aufbau und Gliederung der Arbeit

Das Hauptziel dieser Arbeit ist die inkrementelle Entwicklung eines verteilten Energiemanagementsystems bei dem die Preisverhandlungen (Kommunikation), die Verstetigung stochastischer Lastkurven und Kompensation von Verlustleistungen (Koordination), die intelligente Anpassung an hochdynamische Versorgungssituationen (Adaption) und die Vermeidung von Betriebsmittelüberlastungen (Stabilität) integriert betrachtet werden soll. Die Hauptneuerung, die DEZENT von bisherigen Energiemanagementsystemen unterscheidet, ist der vollständige Verzicht auf Vorhersagemodelle wie Lastprognosen, da die zunehmende Ungenauigkeit dieser Modelle (aufgrund der zunehmenden stochastischen Einzelprozesse des Gesamtsystems) ineffizient und kostenintensiv mit vorzuhaltender Regelenergie auszugleichen ist. Stattdessen arbeitet DEZENT mit Betriebsintervallen *im Halbsekundentakt* und erhöht so die Reaktivität des Gesamtsystems um sich on-line flexibel und adaptiv auf unvorhersehbare hochdynamische Änderungen in den Versorgungssituationen anzupassen. Die integrierte Durchführung der zuvor genannten notwendigen Prozesse (Kommunikation, Koordination, Adaption und Stabilität) soll innerhalb jedes dieser 500 ms-Intervalle abgeschlossen werden. Diese Echtzeitanforderung ist eine Hauptschwierigkeit des vorliegenden Problems. Das DEZENT-Modell ist dabei so zu entwickeln, dass die jeweiligen funktionalen Erweiterungen immer durch Evaluation des so weit vorhandenen Modells abgesichert werden. Zu guter Letzt erfolgt dann die Evaluation des vervollständigten Modells. Dabei geht der Stabilitätsansatz auf die Kooperation mit der Elektrotechnik zurück [Kra09]. Der dort gewählte Ansatz zur dezentralen Stabilitätsprüfung ist in der Elektrotechnik ohne Beispiel, ob nun zentral oder dezentral betrachtet. Das außerordentliche Koordinationsproblem der Stabilitätsprüfung im laufenden Betrieb ist in diesem Zusammenhang ein Hauptanliegen eines DFG-Projektes, das das derzeitige Zeitverhalten noch zufriedenstellend verbessern soll.

Der Aufbau der folgenden Kapitel entspricht dabei diesem Vorgehen (Abbildung 1.4).

Zunächst wird in Kapitel 2 jedoch auf den Stand der Technik im europäischen Energieversorgungssystem eingegangen. Hieran werden die Probleme, die ein weiterer Ausbau dezentraler Energieerzeugung und -einspeisung unter bestehenden Kontrollmechanismen mit sich bringt, erläutert (Kapitel 2.1-2.2) und die Herausforderungen an ein verteiltes Energiemanagementsystem – DEZENT – herausgearbeitet (Kapitel 2.3). Die Eigenschaften des bestehenden elektrischen Energieversorgungssystems müssen an vielen Stellen der vorliegenden Arbeit berücksichtigt werden. An den entscheidenden Stellen wird auf Kapitel 2 zurückverwiesen.

Der Prozess der verteilten **Kommunikation** wird in Kapitel 3 diskutiert. Dabei

1.4 Aufbau und Gliederung der Arbeit

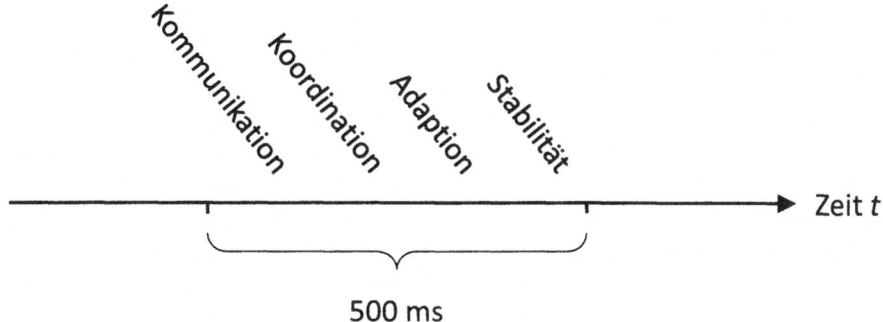

Abbildung 1.4: Notwendige Prozesse innerhalb eines Betriebsintervalls

werden zuerst die unterschiedlichen an den dezentralen Verhandlungen beteiligten Agenten und die verwendeten Kommunikations- und Koordinationsmechanismen eingeführt: *Consumer, Producer, Balancing Group Manager* und sog. Netzmanagementagenten (Kapitel 3.1). In 3.2 wird der in dieser Arbeit entwickelte verteilte Verhandlungsalgorithmus beschrieben und in Kapitel 3.3 werden grundlegende Überlegungen zur Aufstellung einer geeigneten Preisbasis für Verhandlungen in DEZENT angestellt. In Kapitel 3.4 wird der marktbasierte Verhandlungsalgorithmus entwickelt (die 500 ms-Betriebsperiode wird motiviert) und auf sein Verhalten in Extremsituationen (*Excessive Bargaining* in Kapitel 3.4.2) sowie auf seine Sicherheit gegenüber bösartigen Angriffen (*Security Against Malicious Behavior* in Kapitel 3.4.3) untersucht. In Kapitel 3.5 werden Modellsimulationen zum Einfluss der Verhandlungsparameter auf das Verhalten des Verhandlungsalgorithmus durchgeführt. Die Kommunikation zwischen den beteiligten Konsumenten, Produzenten und Balancing Group Managern wird über sog. *Ticket Distributoren* gebündelt (Kapitel 3.6). In Kapitel 3.7 wird der bis zu dieser Stelle der Arbeit entwickelte Algorithmus mit der Notation in Pseudocode operationalisiert und dessen Komplexität und Skalierbarkeit abgeschätzt.

Der Prozess der verteilten **Koordination** wird in Kapitel 4 diskutiert. Hierzu wird das DEZENT-System um den Aspekt des Netzmanagements erweitert. In Kapitel 4.1 werden sog. *Bedingte Konsumenten und Produzenten* eingeführt, die kurzfristigen Lastschwankungen mit dem Mechanismus des *Peak Demand and Supply Management* begegnen sollen (Kapitel 4.2). Die Effizienz dieses Verfahrens wird mit Modellsimulationen in Kapitel 4.2.1 vorläufig abgeschätzt. In Kapitel 4.3 werden die sog. *Virtuellen Konsumenten und Produzenten* vorgestellt, die Leitungsverluste in Bilanzkreisen (*Newton-Raphson-Verfahren* in Kapitel 4.3.1) kompensieren sollen. In Kapitel 4.4 wird das integrierte Netzmanagement in DEZENT weiter operationalisiert und die Komplexität und Skalierbarkeit des um das verteilte Netzmanagement erweiterten DEZENT-Algorithmus untersucht.

Die **Adaptivität** des Systems wird in Kapitel 5 untersucht. Hier wird DEZENT um verteilte Lernmechanismen unter Verwendung von *Reinforcement Learning* (Kapitel 5.1) erweitert, die es jedem (Consumer/Producer) Agenten erlauben, auf Basis ausschließlich lokaler Informationen vergangene Verhandlungsergebnisse zu bewerten und zur Berechnung geeigneter Verhandlungsparameter für das jeweils nächste Betriebsintervall heranzuziehen (Kapitel 5.2). Die hohe Dynamik des Verfahrens wird in Modellsimulationen in Kapitel 5.3 gezeigt. In Kapitel 5.4 wird die Komplexität und Skalierbarkeit das verteilten Lernens untersucht.

In Kapitel 6 folgen umfangreiche integrierte Experimente an einem realistischen Modellszenario zur Analyse des bis hier entwickelten DEZENT-Systems. Zu diesem Zweck werden in Kapitel 6.1 zunächst die Qualitätsmerkmale in DEZENT für die Durchführung und Bewertung der Experimente identifiziert. In Kapitel 6.2 werden allgemeine Probleme, Herausforderungen und Vorgehensweisen bei der Analyse Verteilter Systeme vorgestellt und im DEZENT-Kontext diskutiert. Mit Kapitel 6.2 wird der experimentelle Aufbau der nachfolgenden Simulationen beschrieben, bevor dann in Kapitel 6.5 umfangreiche Experimente am DEZENT-System durchgeführt und diskutiert werden.

Die **Stabilität** des DEZENT-Systems wird in Kapitel 7 diskutiert. Es wird der Aspekt der Betriebsmittelsicherheit, also der Gewährleistung, dass verhandelte Versorgungskonfigurationen zulässige Strom- und Spannungsgrenzwerte (Kapitel 7.1 bzw. 7.2) nicht verletzen, betrachtet. In Kapitel 7.3 werden die Grenzen gängiger Verfahren hierzu aufgezeigt und in Kapitel 7.4 mit dem Verfahren der raumbasierten Zustandslokalisation der Algorithmus der *Stable State Recognition* (SSR) vorgestellt, der in DEZENT zum Einsatz kommt. Mit Hilfe der Stable State Recognition kann das Überschreiten von Betriebsmittelgrenzen zuverlässig und in Echtzeit erkannt werden und ggf. können integriert (minimale) Korrekturmaßnahmen in eine stabile Versorgungskonfigurationen vorgeschlagen werden.

Kapitel 8 zieht ein gemeinsames Fazit (Kapitel 8.1) aus den einzelnen Kapiteln und schließt die Arbeit mit einem Ausblick (Kapitel 8.2) auf zukünftige Arbeitspakete im Rahmen des fortgesetzten DEZENT-Projektes ab.

2 Das europäische Energieversorgungssystem

Der politischen und öffentlichen Unterstützung, die einen starken Ausbau erneuerbarer Energieerzeugung in Europa und vor allem in Deutschland möglich gemacht haben (siehe Kapitel 1.1), wirken technische Schwierigkeiten und energiewirtschaftliche Entwicklungen entgegen, die eine zukünftige Nutzung und einen weiteren Ausbau des regenerativen Energieangebots in Deutschland und Europa erschweren bzw. behindern können.

Auf die technischen Gegebenheiten und damit verbundenen Schwierigkeiten soll im Folgenden (Kapitel 2.1.1) eingegangen werden, bevor dann in Kapitel 2.2 die betreffenden energiewirtschaftlichen Entwicklungen und ihr Einfluss auf den Betrieb des Energieversorgungssystems diskutiert werden. Hieran werden in Kapitel 2.3 die Herausforderungen erläutert, die für einen fortgesetzten Ausbau und eine umfassende Integration dezentraler (regenerativer) Energieumwandlungsanlagen mit informatischen Methoden bewältigt werden müssen und das Ziel von DEZENT und der vorliegenden Arbeit sind.

2.1 Stand der Technik

Nachfolgend soll der Stand der Technik des europäischen Energieversorgungssystems beschrieben werden. Zuerst wird die historisch gewachsene Struktur des Energieversorgungsnetzes dokumentiert (Kapitel 2.1.1). Im Anschluss daran werden die Schwierigkeiten eines stabilen Netzbetriebs diskutiert und insbesondere auf die Probleme der Frequenzregelung (Kapitel 2.1.2) und der Bereitstellung unterschiedlicher, notwendiger Regelenergiearten (Kapitel 2.3) eingegangen. Die Beherrschbarkeit dieser beiden schwierigen Probleme ist gerade für die formulierten Ziele in DEZENT von besonderer Bedeutung.

2.1.1 Das Energieversorgungssystem

Das europäische Verbundnetz ist ein europaweites engmaschiges Netz aus Hoch- und Höchstspannungsleitungen zur Stromverteilung über Landesgrenzen hinweg.

Der Vorteil eines solchen Netzes ist, dass Störungen und Schwankungen in der Versorgungssituation erheblich besser ausgeglichen werden können als von einem Land allein. Die Übertragungsnetzbetreiber sind Mitglieder der „Union for the Coordination of Transmission of Electricity" (UCTE) [UCP98, UCT05]. Die UCTE ist für die Koordinierung des Netzbetriebs und für die gemeinsame Erweiterung und den Ausbau der Transportnetze zuständig. Nicht dem europäischen Verbundsystem zugehörig sind die Stromnetze der Inselstaaten Irland, Großbritannien, Malta und Zypern. Die Stromnetze der nordeuropäischen Staaten Finnland, Schweden, Norwegen, Island und der dänischen Inseln Seeland, Falster, Lolland und Bornholm (ohne Jütland und Fünen) gehören dem Stromverbund NORDEL an [NOR09]. Ein eigenständiges Verbundnetz kleinerer Größenordnung existiert zwischen den Bahnstromnetzen Deutschlands, Österreichs und der Schweiz.

In Energieversorgungssystemen findet die Verbindung zwischen Erzeugern und Verbrauchern elektrischer Leistung über elektrische Leitungen statt. Das weit verzweigte Versorgungsnetz setzt sich zusammen aus Höchst-, Hoch-, Mittel und Niederspannungsleitungen und muss von den Netzbetreibern ständig wachsenden und sich ändernden Anforderungen angepasst werden, um die Versorgungssicherheit gewährleisten zu können. Alle elektrischen Leitungen, die leitend untereinander verbunden sind, bilden das elektrische Energieversorgungsnetz. Mit diesem Netz wird einem Verbraucher die benötigte elektrische Leistung zu jeder Zeit in der gewünschten Menge zur Verfügung gestellt. Nach Angaben des Verbandes der Netzbetreiber (VDN) unterhalten Netzbetreiber in Deutschland insgesamt Stromnetze von 1,65 Millionen Kilometer Leitungslänge. Die Transport- und Verteilnetze sind dabei für unterschiedliche Zwecke in vier Spannungsebenen gegliedert.

In den überregionalen Übertragungsnetzen wird mit Höchstspannung von 220 kV und 380 kV gearbeitet. Diese Höchstspannungsnetze transportieren die elektrische Energie von den Großkraftwerken über weite Entfernungen zu Umspannanlagen in der Nähe der Verbrauchsschwerpunkte. Kunden in diesem Bereich sind regionale Stromversorger und sehr große Industriebetriebe. Über diese Höchstspannungsebene wird auch der grenzüberschreitende Stromhandel physikalisch abgewickelt.

Regionale und große städtische Verteilnetze werden mit Hochspannung (110 kV) und Mittelspannung (6 kV bis 60 kV) betrieben. Die Hochspannungsleitungen übertragen elektrische Energie zu den Verbrauchszentren, wie z.B. Industriebetriebe, lokale Stromversorger oder Umspannanlagen. In solchen Umspannanlagen wird die Spannung auf Mittelspannungsniveau abgesenkt (transformiert). Die Mittelspannungsleitungen in den Stadtgebieten werden meist mit 10 kV betrieben. Betriebsspannungen von bis zu 20 kV findet man dagegen häufig in ländlichen Gebieten, da hier größere Entfernungen als im Stadtgebiet zu überbrücken sind. An die Mittelspannung sind Industrie- und größere Gewerbebetriebe angeschlossen. Da

2.1 Stand der Technik

Haushalte, kleinere Gewerbebetriebe und die Landwirtschaft jedoch ausschließlich über Geräte verfügen, die mit Niederspannungen von 230 Volt bzw. 400 Volt betrieben werden, muss aus diesem Grund die Mittelspannung zur Einspeisung ins örtliche Niederspannungsnetz erneut transformiert werden. Der Aufbau des Versorgungsnetzes ist in Abbildung 2.1 dargestellt.

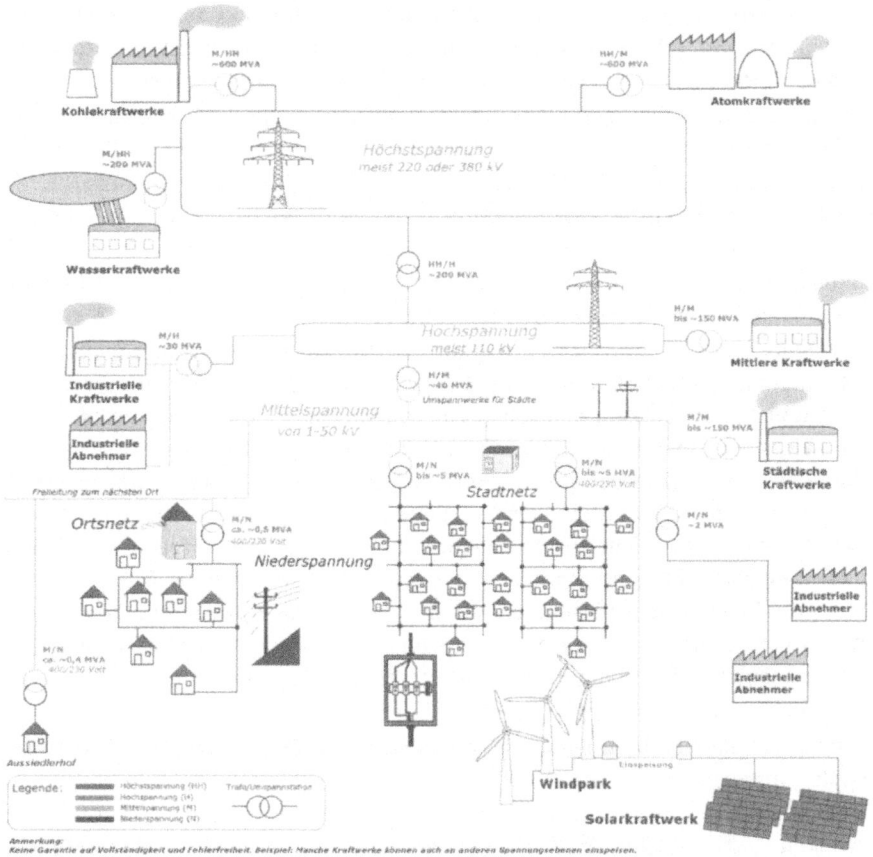

Abbildung 2.1: Das elektrische Energieversorgungsnetz (Quelle: Stephan Riepl, Wikimedia Commons)

Das beschriebene Energieversorgungsnetz ist historisch gewachsen. Vor über 100 Jahren entstanden, vorwiegend in Stadtgebieten und Ballungsgebieten, die ersten regional begrenzten Versorgungsgebiete in Deutschland. Einzelne Kraftwerke versorgten Verbraucher über Stromleitungen mit elektrischem Strom. Zumeist speiste jeweils nur ein Kraftwerk in ein solches Teilnetz ein. Der Ausfall dieses Kraftwerks bedeutete den sofortigen Zusammenbruch und Versorgungsausfall für alle angeschlossenen Verbraucher. Mit steigendem Bedarf an Elektrizität und der damit verbundenen Forderung nach Verbesserung der Versorgungssicherheit schalteten nach und nach alle bestehenden deutschen Energieversorgungsunternehmen ihre Höchstspannungsteilnetze zusammen und es entstand im Laufe der Jahrzehnte das heutige „Deutsche Verbundnetz". Diese Zusammenschaltung führte zu signifikanten Verbesserungen gegenüber dem isolierten regionalen Betrieb.

Mehrere parallel fahrende Kraftwerke können sich gegenseitig bei einem Kraftwerksausfall Reserveleistung bereitstellen. Des Weiteren wurde durch die Zusammenschaltung der Netze die Möglichkeit geschaffen, Kraftwerke wirtschaftlicher einzusetzen. Im Höchstspannungsnetz erreicht die Parallelschaltung der Teilnetze an mehreren Kuppelstellen erhöhte Sicherheit. So entstanden Leitungsringe bzw. Leitungsmaschen (redundante Netztopologien), über die bei Ausfall einer Leitung die Leistung zu den Verbrauchern fließen kann.

In Deutschland gibt es vier Übertragungsnetzbetreiber (RWE, transpower, EnBW und Vattenfall, siehe Abbildung 2.2), die ihr 380 kV- und 220 kV-Netz über nationale Kuppelleitungen zum deutschen Übertragungsnetz zusammengeschaltet haben. Wie später in Kapitel 2.2 noch ausführlich besprochen wird, müssen laut Energiewirtschaftsgesetz (EnWG, 1999) die Stromerzeugung und der Netzbetrieb voneinander getrennt werden. Der Netzbetreiber darf mit der Erzeugung elektrischen Stroms nichts mehr zu tun haben. Die verbleibenden Aufgaben der Übertragungsnetzbetreiber sind die Instandhaltung und der Ausbau der Netze, das Erfassen von Leistungseinspeisung und -entnahme und das Aufrechterhalten der gesetzlich vorgeschriebenen Normen für Spannung und Frequenz (Absolutwerte und Schwankungen). Diese Aufgaben werden unter dem Begriff *Ancillary Services* zusammengefasst.

Die Netze der Übertragungsnetzbetreiber sind über Transformatoren, sog. Netzkuppler, miteinander elektrisch verbunden. Ein Transformator besteht aus einem Eisenkern, um den zwei elektrisch voneinander getrennte Spulen aus Kupferdraht gewickelt sind, die unterschiedlich viele Windungen aufweisen (siehe Abbildung 2.3). Legt man an die Spule mit der höheren Windungszahl eine hohe Spannung, dann entsteht zwischen den Anschlussklemmen der Spule mit der niedrigeren Windungszahl eine niedrigere Spannung. Dieses Prinzip des Umspannens funktioniert auch in entgegengesetzter Richtung: Durch das Anlegen einer niedrigeren Spannung an der kleineren Spule kann an den Klemmen der größeren Spule eine höhere Spannung abgegriffen werden. Hinter dem Transformatorprinzip steckt das wechselnde Magnetfeld, das von der angelegten Wechselspannung erzeugt wird

2.1 Stand der Technik

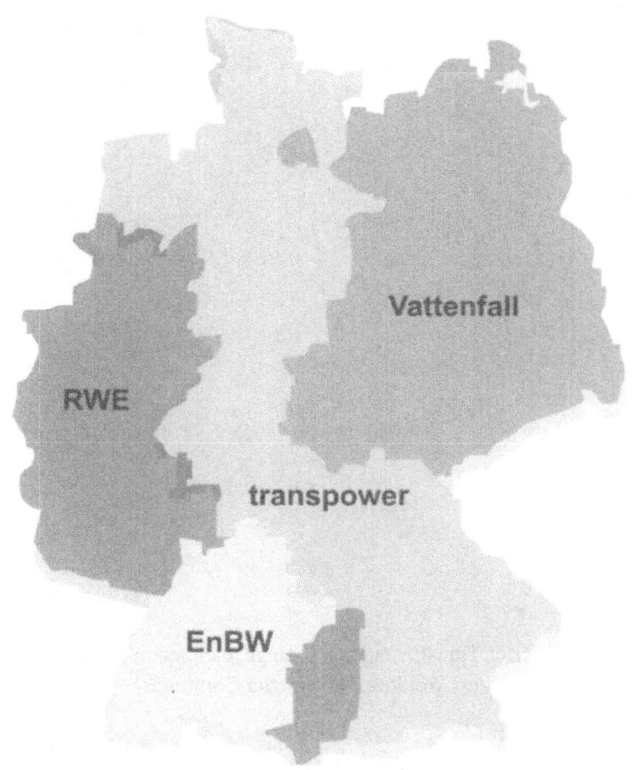

Abbildung 2.2: Regelzonen deutscher Übertragungsnetzbetreiber

und über den Eisenkern in der anderen Spule wiederum eine Wechselspannung erzeugt. Dabei entspricht das Verhältnis der Spannungen dem Verhältnis der Windungszahlen.

Dieses Prinzip funktioniert nur mit ständig wechselnden Magnetfeldern, sog. Wechselfeldern, wie sie vom Wechselstrom erzeugt werden. Die Übertragung über weite Strecken wäre mit Gleichstrom zwar effizienter, da für Wechselstrom bei gleicher Leistung wesentlich stärkere Leitungen benötigt werden. Gleichstrom lässt sich jedoch nicht mit Transformatoren umspannen. Seit einiger Zeit wird allerdings Hochspannungs-Gleichstrom-Übertragung (HGÜ) für die Überwindung langer Strecken eingesetzt. Möglich wurde diese Entwicklung durch sog. Gleich- bzw. Wechselrichter. Diese sind in der Lage, Wechselspannung nach der Trans-

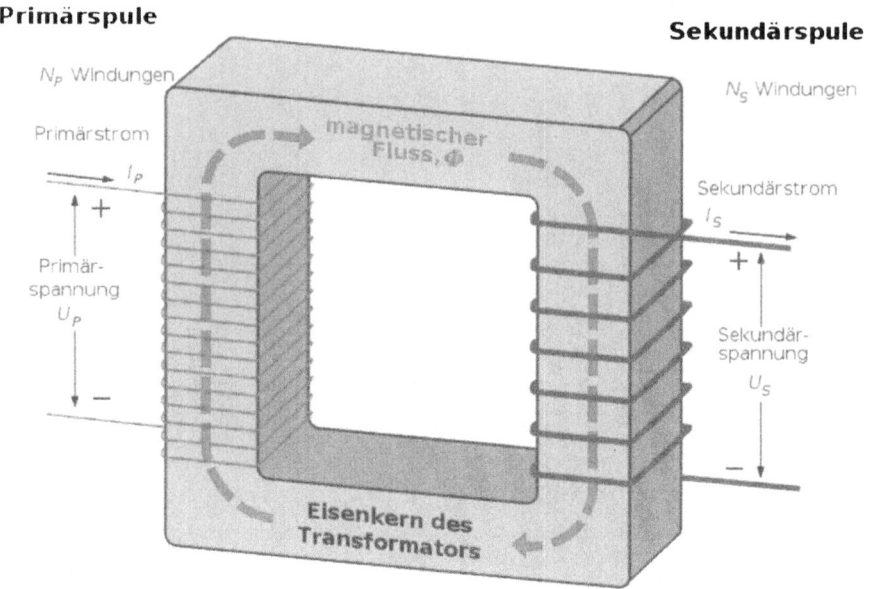

Abbildung 2.3: Idealisierter Transformator mit eingezeichnetem magnetischen Fluss durch den Eisenkern (Quelle: Herbert Weidner, Wikimedia Commons)

formation auf die höchste Spannungsebene in Gleichspannung und am Ende der Strecke wieder zurück in Wechselspannung umzuwandeln.

Obwohl Spannungen von 110–380 kV für die meisten Verbraucher zu hoch und vollkommen ungeeignet sind, ist die Transformation über diese Spannungsbereiche hinweg sinnvoll um Leitungsverluste bei der Energieübertragung gering zu halten (Wärmeverluste durch Leitungswiderstände). Wird die Spannung erhöht, nimmt – bei gleich bleibender Leistung – die Stromstärke ab. Da die Verlustleistung über eine Leitung linear vom Leitungswiderstand und quadratisch von der Stromstärke abhängt, bedeutet eine Erhöhung der Spannung eine Verringerung der Stromstärke und damit eine Verringerung des Leitungsverlusts[1]. Darüber hinaus

---

[1] Der beschriebene Zusammenhang wird anschaulich an der Leistungsübertragung in einem einphasigen Netz (tatsächlich erfolgt die Stromversorgung durch dreiphasige Wechselstromnetze, in denen neben Wirk- auch Blindleistungseffekte auftreten). Mit der Formel $P = U \cdot I$ wird deutlich, dass bei konstanter Leistung P die Stromstärke I abnimmt, wenn die Spannung U erhöht wird. Die Verlustleistung über eine Leitung im auf diese Weise beschriebenen System errechnet sich nach: $P_{Verlust} = I^2 \cdot R$. Der elektrische Widerstand ist materialabhängig und unbeeinflusst von Spannung

2.1 Stand der Technik

macht eine Erhöhung der Stromstärke auch eine Vergrößerung des Leitungsquerschnitts notwendig. Dies wirft zwei Probleme auf: höhere Kosten für stärkeres Leitungsmaterial und höheres Gewicht der zu verbauenden Freileitungen, was enorme statische Probleme erzeugt, die nur mit großem technischen und finanziellen Aufwand zu bewältigen wären. Die Voraussetzung für den Betrieb unterschiedlicher Spannungsebenen ist die technische Möglichkeit, einfach und nach Bedarf Leistung umzuspannen, was den Einsatz von Transformatoren und Wechselstrom unverzichtbar macht.

Das bereits beschriebene Höchstspannungsnetz ist vielfach vermascht. Die Leistung fließt nach physikalischen Gesetzmäßigkeiten im Netz (Kirchhoffsches bzw. Ohmsches Gesetz). Der aktuelle Schaltzustand des Netzes – auch Topologie genannt – (zu- bzw. abgeschaltete Leitungen, Transformatorstufenstellungen etc.), die örtliche Stromabgabe an unterlagerte Verteilnetze, der Verbrauch durch Großindustriekunden sowie der aktuelle Einsatz von Kraftwerken bestimmen, wie viel Strom über einzelne Leitungen fließt. Der Übertragungsnetzbetreiber hat demnach nur durch Änderung von Kraftwerksanschlussleistungen und durch Schalthandlungen im Netz bedingten Einfluss auf den physikalischen Lastfluss. Aus diesem Grund müssen der Leistungsfluss sowie die Belastungen sämtlicher Betriebsmittel überwacht werden, um rechtzeitig Überlastungen und Engpässe im Netz zu erkennen und Gegenmaßnahmen einleiten zu können. Die Netze jedes Energieversorgungsunternehmens werden in der Ausbauplanung so ausgelegt, dass die Last im eigenen Regelbereich durch eigene Kraftwerksleistung gedeckt werden kann, ohne dass es zu Engpässen im Netz kommt.

Das Energieversorgungsnetz wird Spannungsebenen übergreifend mit einer Frequenz von 50 Hz betrieben. Auf Erzeugerseite drehen sich die Generatoren in allen Kraftwerken synchron, um diese Frequenz zu erzeugen. Dabei existiert eine dynamische Kopplung zwischen der Generatorenfrequenz und dem Strombedarf der Verbraucher, die so aussieht, dass bei einem plötzlich erhöhten Energiebedarf die Generatoren für kurze Zeit geringfügig langsamer laufen, da diese plötzlich stärker belastet werden. Eine geringere Drehzahl ist jedoch gleichbedeutend mit geringerer Frequenz. Messgeräte in den Leitzentralen der Netzbetreiber registrieren diese Veränderung, worauf hin automatisch mehr Leistung in das Netz gespeist wird. Bei Bedarf werden so weitere Generatoren hinzugeschaltet bis die Frequenz wieder stimmt. Nimmt die Belastung wieder ab, werden nach und nach Turbinen und Generatoren auf geringere Leistungen eingestellt oder wieder vom Netz genommen. Diese Belastungsveränderungen erfolgen in der Regel ohne Ankündigung und weitgehend unvorhersehbar.

---

und Stromstärke. Steigt die Stromstärke I, nimmt die Verlustleistung quadratisch mit I zu.

Ändert sich die Netzfrequenz plötzlich (etwa durch den Ausfall eines großen Kraftwerks oder eine Änderung in der Belastungssituation) muss schnell reagiert werden. Die Zusammensetzung und Leistungsfähigkeit des europäischen Kraftwerksparks und Verbundnetzes ist so ausgelegt, dass die tatsächliche Netzfrequenz niemals um mehr als 0,05 Hz von der Sollfrequenz (50 Hz) abweicht. Dies gilt selbst unter extremen Bedingungen wie beim Ausfall einzelner Kraftwerke, zu Zeiten außergewöhnlich hoher Netzbelastung oder nach Unterbrechungen in den Versorgungsleitungen. Sollte die Netzbelastung die Leistungsfähigkeit sämtlicher Kraftwerke eines Versorgungsnetzes dennoch übersteigen (bzw. fallen gleich mehrere große Kraftwerke aus oder werden vom Netz getrennt), so droht der (teilweise) Zusammenbruch der Stromversorgung.

Aus dem Zusammenhang zwischen Frequenz und Versorgungsgleichgewicht folgt, dass Stromerzeugung und -verbrauch immer im Gleichgewicht sein müssen. Strom lässt sich derzeit nicht in nennenswertem Umfang direkt speichern. Die Verwendung von elektrischen Batterien ist in Anbetracht der in der Energieversorgung benötigten Energiemengen noch völlig unerheblich[2]. Zu jedem beliebigen Zeitpunkt muss exakt die Menge an Energie in das Netz eingespeist werden, die alle angeschlossenen Verbraucher beziehen.

Das Hauptproblem im Falle von plötzlich auftretenden starken Belastungsveränderungen ist, zusätzliche Kraftwerke zu mobilisieren, schnell Ersatz für die ausgefallene Erzeugungsleistung zu finden oder Ersatzverbindungen zu schalten. Die Aufgabe von Energieversorgern ist dabei, den Verbrauchern jederzeit ausreichend Strom sicher zur Verfügung zu stellen. Für die Energieversorger ist besonders interessant zu wissen, wie sich der Energiebedarf voraussichtlich entwickelt. Auf Basis dieser Prognosen können langfristig Kraftwerke gebaut und/oder leistungsfähigere bzw. neue Versorgungsleitungen geplant und installiert werden.

In der Netzbelastungskurve eines Tages fällt auf, dass eine bestimmte Mindestleistung ständig verbraucht wird (siehe Abbildung 2.4). Diese Leistung wird als Grundlast bezeichnet. Die dafür eingesetzten Kraftwerke, sog. Grundlastkraftwerke, sind ständig in Betrieb. Die Nutzungsdauer solcher Grundlastkraftwerke ist sehr hoch. Sie laufen fast ununterbrochen (Stillstand wegen Reparatur oder Revision ist eine seltene Ausnahme). Darüber hinaus existieren, beispielsweise zur Mittagszeit oder am frühen Abend, Phasen besonders hoher Netzbelastung, die meist nur kurze Zeit andauern. Die zur Deckung dieser Spitzenlast eingesetzten Spitzenlastkraftwerke sind nur kurze Zeit in Betrieb und haben deshalb eine wesentlich geringere Nutzungsdauer als die Grundlastkraftwerke.

---

[2]Eine Möglichkeit der indirekten Speicherung stellen dagegen beispielsweise Pumpspeicherwasserkraftwerke dar, die elektrische Energie durch die Umwandlung in potentielle Energie von Wasser speichern.

2.1 Stand der Technik

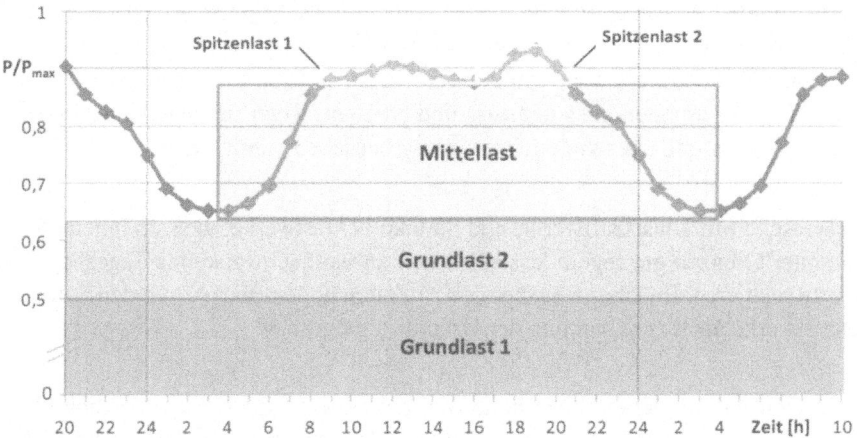

Abbildung 2.4: Einordnung von Grund-, Mittel- und Spitzenlast in die Netzbelastung

Zwischen der kurzzeitig auftretenden Spitzenlast und der andauernden Grundlast gibt es den Bereich der Mittellast. Die für diesen Bedarf produzierenden Mittellastkraftwerke werden in Zeiten besonders geringer Belastung (also in der Regel nachts) abgeschaltet oder zumindest auf eine deutlich geringere Leistungsabgabe heruntergefahren. In Zeiten höchsten Energiebedarfs müssen auch Mittellastkraftwerke rund um die Uhr produzieren. Die drei Last- und Leistungsbereiche lassen sich nicht scharf voneinander abgrenzen.

Die notwendige Voraussetzung, dass Erzeugung und Verbrauch immer im Gleichgewicht sein müssen, hat somit unmittelbar Auswirkungen auf die Zusammenstellung des Kraftwerkparks. Denn nicht jedes Kraftwerk ist innerhalb von Minuten oder gar Sekunden auf seine Höchstleistung zu bringen. Je nach Typ kann es mehrere Stunden dauern, bis Strom ins Netz eingespeist wird. Der Betrieb von Spitzenlastkraftwerken, die innerhalb kürzester Zeiträume auf Spitzenleistungen gebracht werden können, ist jedoch extrem ineffizient[3] und teuer. Für einen möglichst effizienten (und damit günstigen) Einsatzplan geeigneter Kraftwerkstypen ist es notwendig, die zu erwartende Belastung möglichst genau vorhersagen zu können.

Im Grundlastbereich laufen die Kraftwerke immer. Zu typischen Grundlastkraft-

---
[3]Diese Art des Betriebs von Kraftwerken ist ökologisch bedenklich, da die Kraftwerke ständig im Teillastbetrieb gefahren werden müssen, um bei Bedarf die hohen Leistungsgradienten bereitstellen zu können. Kraftwerke im „Standby"-Teillastbetrieb verbrennen jedoch kontinuierlich große Mengen fossiler Rohstoffe bei extrem niedrigen Wirkungsgraden von bis zu 20 %.

werken zählen Wasserkraftwerke, Braunkohle- und Kernkraftwerke. Diesen Kraftwerkstypen gemein sind allgemein hohe Bau- und geringe Brennstoffkosten (im Fall von Wasserkraftwerken entfallen die Brennstoffkosten sogar ganz). Grundlastkraftwerke arbeiten kostengünstig und effizient, wenn sie ohne Unterbrechung mit voller Leistung über viele Jahre hinweg betrieben werden können.

Typische Mittellastkraftwerke sind Steinkohlekraftwerke, die sich innerhalb bestimmter Grenzen gut regeln lassen können, um auf schwankende Tagesbelastungen zu reagieren. Im Übergangsbereich zu Zeiten hohen Bedarfs werden Steinkohlekraftwerke auch zur Deckung der Grundlast eingesetzt.

Spitzenlastkraftwerke haben hohe Betriebskosten. Sie müssen über hohe Leistungsgradienten verfügen, damit sie bei plötzlich erhöhtem Bedarf im Sekundenbereich ihre volle Leistung bringen können. Teuer ist die erzeugte Leistung vor allem deshalb, weil die Spitzenlastkraftwerke einen besonders niedrigen Wirkungsgrad haben. Das heißt: Sie stehen die meiste Zeit still oder werden ständig bei nahezu voller Leistung gefahren, um dann nur bei Bedarf auf das Netz geschaltet zu werden. Stromerzeuger für die Spitzenlast sind in erster Linie Speicher- und Pumpspeicher-Wasserkraftwerke sowie Gasturbinenkraftwerke. Die beiden Erstgenannten laufen wegen des begrenzten Wasservorrats in ihren Reservoiren nur wenige Stunden am Tag und erfordern hohe Investitionen. Dafür können sie oft in weniger als zwei Minuten auf volle Leistung hochgefahren werden. Ein Kohlekraftwerk braucht dazu je nach Betriebszustand mehrere Stunden. Gasturbinenkraftwerke können, verglichen mit Pumpspeicherkraftwerken, billiger gebaut werden, haben jedoch hohe Brennstoffkosten. Gasturbinenkraftwerke können im Sekundenbereich auf ihre Maximalleistung hochgefahren werden.

Um jederzeit eine gesicherte Stromversorgung garantieren zu können, muss die Gesamtkapazität aller verfügbaren Kraftwerke ausreichen, um die tatsächlich angeforderte Jahreshöchstlast abzudecken. Dabei sind Unterbrechungen beim Betrieb einzelner Kraftwerke durch Wartung und Reparatur zu berücksichtigen. Im Winter 2005/06 betrug die absolute installierte Kraftwerksleistung in Deutschland 119400 MW (Megawatt). Aufgrund der schwankenden Verfügbarkeit einzelner Anlagen ist dies jedoch ein rein statistischer Wert. Nach Abzug von nicht eingesetzter Leistung, Ausfällen, Wartungen und Reserven für Systemdienstleistungen blieb eine „gesicherte Leistung" von 82700 MW. Der höchste Strombedarf wurde dabei am 15.12.2005 um 17:45 Uhr mit 76700 MW gemessen. Daraus errechnet sich für diesen Zeitpunkt eine Leistungsreserve von 6000 MW [VDN06].

2.1.2 Frequenzregelung

Wie bereits dargestellt, bewirkt ein Ungleichgewicht zwischen Einspeisung und Verbrauch Schwankungen in der Betriebsfrequenz des Energieversorgungssystems. Diese Schwankungen gefährden die Stabilität und dadurch die Versorgungssicherheit und müssen so schnell wie möglich ausgeglichen werden. Da insbesondere kurzfristige Schwankungen in den Belastungssituationen unvorhersehbar sind, muss für einen sicheren Betrieb ausreichend Leistungsreserve in Form von Regelenergie[4] vorgehalten werden. Regelenergie wird immer so schnell wie technisch möglich eingesetzt, um das Leistungsgleichgewicht von Einspeisung und Entnahme im elektrischen Netz zu jedem Zeitpunkt *praktisch* einzuhalten.

Nachdem im vorhergehenden Kapitel verschiedene Kraftwerks- und Erzeugertypen für den Einsatz in unterschiedlichen Lastsituationen (Grund-, Mittel- und Spitzenlast) charakterisiert wurden, soll nachfolgend auf die Einsatzplanung dieser Erzeugertypen im Fall kurzfristiger Schwankungen der Belastungssituation eingegangen werden.

Voraussetzung für einen stabilen und zuverlässigen Netzbetrieb ist, dass die eingespeisten Erzeugerleistungen zu jedem Zeitpunkt die Summe der Verbraucherleistungen und Netzverluste (Wärmeverluste) abdecken. Als stabiler Betriebspunkt stellt sich im elektrischen Energienetz bei ausgeglichener Leistungsbilanz eine konstante Frequenz ein (f_0=50 Hz, vorgegeben durch die Drehfrequenz der Generatoren, siehe oben). Diese Frequenz ist im gesamten Netz synchron, also stets gleich. Abweichungen von der Nennfrequenz können unmittelbar im gesamten Netz beobachtet werden. Das sich über viele Länder erstreckende Übertragungsnetz wird daher auch als Synchronverbund bezeichnet. Störungen oder Abweichungen des Leistungsgleichgewichts werden in einem ersten Schritt durch die in den Schwungmassen der am Netz angeschlossenen rotierenden Maschinen (Generatoren, Motoren) enthaltene kinetische Energie aufgefangen. Die Drehzahl der Maschinen ändert sich aufgrund des Ungleichgewichts zwischen entnommener elektrischer Leistung und zugeführter mechanischer Leistung, und es kommt zu einer Abweichung Δf von der Nennfrequenz f_0. Dieser Selbstregeleffekt wirkt unmittelbar nach Auftreten der Störung stützend auf das Netz. Der Selbstregeleffekt greift im Bereich von etwa 0,01-0,02 Hz und entsteht dadurch, dass ungeregelte motorische Antriebe bei einem Absinken der Frequenz weniger Leistung aufnehmen [Han87]. Eine kurzfristige Unterversorgung bewirkt also das Absinken der Frequenz, was zur Folge hat, dass Motoren weniger Leistung aufnehmen.

Aufgabe der Frequenzregelung ist nun, durch Aktivierung schneller Energiereserven die Frequenz innerhalb der vom Netzbetrieb festgelegten Grenzen zu halten

---
[4]Im Folgenden werden die Begriffe Regelenergie und Reserveleistung synonym verwendet.

und unzulässige Abweichungen von der Sollfrequenz f_0 zu verhindern. Kann die Frequenz durch die Aktivierung zusätzlicher Erzeuger nicht ausreichend stabilisiert werden, erfolgt bei stärker abweichender Frequenz die Trennung (Abwurf) von Teilnetzen vom Netzverbund und damit von Teilen der Last. Im gesamten UCTE-Netz erfolgt der frequenzabhängige Lastabwurf automatisch nach einem 5-Stufen-Plan gemäß Tabelle 2.1 [UCP98, DVG00].

Tabelle 2.1: 5-Stufen-Plan zum frequenzabhängigen Lastabwurf in Deutschland

Stufe 1:	49,8 Hz	Alarmierung des Personals, Einsatz der noch nicht mobilisierten Kraftwerksleistung
Stufe 2:	49,0 Hz	Unverzögerter Lastabwurf von 10-15 % der Netzlast
Stufe 3:	48,7 Hz	Unverzögerter Lastabwurf von weiteren 10-15 % der Netzlast
Stufe 4:	48,4 Hz	Unverzögerter Lastabwurf von weiteren 15-20 % der Netzlast
Stufe 5:	47,5 Hz	Abtrennen der Kraftwerke vom Netz

2.1.3 Reserveleistungsarten

Die Aktivierung schneller Energiereserven erfolgt nach einem vorgeschriebenen Einsatzplan. Dabei wird in einer festgelegten zeitlichen Abfolge Reserveleistung von unterschiedlichen Kraftwerkstypen bereitgestellt. Die zeitliche Reihenfolge wird dabei von der Fähigkeit einzelner Kraftwerkstypen bestimmt, schnell ihre Einspeisung zu erhöhen. Unterschieden wird zwischen Primär-, Sekundär- und Tertiärregelung (siehe Abbildung 2.5).

Primärregelung

Bei einer Abweichung in der Leistungsbilanz im Versorgungssystem reagiert die Primärregelung automatisch im Sekundenbereich mit schneller Leistungssteigerung der vorgehaltenen Primärregelreserve. Die Primärregelung ist eine dezentrale Regelung[5], die im gesamten UCTE-Netz vorgehalten wird. Der Umfang der vorzuhaltenden Primärregelreserve wird über die installierte Kraftwerksleistung im

---

[5]Ein Kraftwerksausfall in Frankreich löst beispielsweise einen Abfall der Netzfrequenz aus, der im gesamten Netzverbund nahezu gleichzeitig registriert wird und zum Einsatz der Primärregelung in entsprechenden Kraftwerken auch in Portugal, Österreich oder Kontinental-Dänemark etc. führt.

2.1 Stand der Technik

jeweiligen Teilnetz abgeschätzt. Die Regelung erfolgt direkt in den Primärreserveleistung bereitstellenden Kraftwerken (Spitzenlastkraftwerke, wie Gasturbinen- oder Pumpspeicherkraftwerke). Die Reserveleistung muss innerhalb von 30 Sekunden vollständig aktiviert werden und über 15 Minuten gehalten werden können. Die Primärregelung setzt üblicherweise nach 1–3 Sekunden ein und wird in der Regel von thermischen Kraftwerken erbracht, die in der Lage sind, die hohen Leistungsgradienten zu erbringen.

Schnelle Reserveleistung für die Primärregelung ist dabei von allen Ländern, die den UCTE-Netzverbund bilden, nach dem sog. *Solidaritätsprinzip* bereitzustellen. Die UCTE beziffert den Umfang an notwendiger vorzuhaltender Primärregelenergie derzeit auf 3000 MW, die solidarisch auf die beteiligten Länder umgelegt werden [UCP98].

Sekundärregelung

Die wichtigste Aufgabe der Sekundärregelung ist, die Primärregelung abzulösen, damit diese wieder für neue Störungsfälle zur Verfügung stehen kann. Die Sekundärregelung wird automatisch nach 30 Sekunden aktiviert. Die Sekundärregelung ist wie die Primärregelung eine automatische dezentrale Regelung, die allerdings nur in der Regelzone aktiviert wird, in der die Störung vorliegt (die Analyse einer Störungssituation muss ebenfalls nach 30 Sekunden erfolgt sein, um die verursachende Regelzone identifizieren zu können). Hierfür existiert in jeder Regelzone ein zentraler Regler, der die Kraftwerksregelung der teilnehmenden Kraftwerke vornimmt. Bei der Sekundärregelung muss die Wiederherstellung der Sollfrequenz spätestens nach 15 Minuten abgeschlossen sein.

Tertiärregelung

Die Aktivierung der Tertiär- und/oder Minutenreserve wird nicht mehr automatisch dezentral sondern manuell und zentral vom Übertragungsnetzbetreiber aktiviert, um die Sekundärregelung abzulösen, damit diese wieder vollständig zur Ausregelung neuer Störungen zur Verfügung steht. Insofern wird sie wie eine geplante Lieferung von Energie eingesetzt und entsprechend kostenoptimal auf Kraftwerke zur Deckung der Grundlast verteilt, falls sich die neue Versorgungskonfiguration, die die Abweichung in der Leistungsbilanz verursacht hat, durchsetzen sollte. Abbildung 2.5 zeigt den zeitlichen Ablauf des Reserveenergieeinsatzes im UCTE-Verbundsystem gemäß den „Spielregeln" des europäischen Verbundsystems [UCP98].

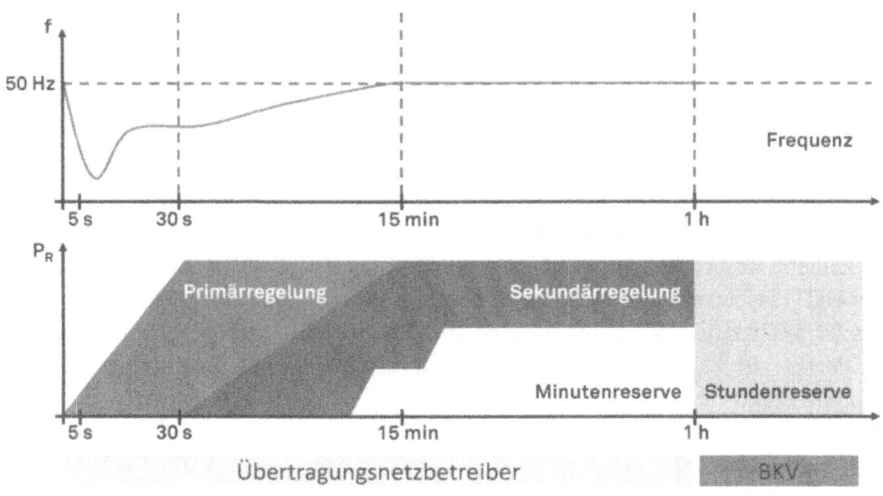

Abbildung 2.5: Regelenergiephasen

2.2 Energiewirtschaftliche Entwicklung

Die bereits umgesetzte und noch geplante Integration einer großen Zahl von regenerativen Energieumwandlungsanlagen (REA) in das elektrische Energieversorgungssystem wird einerseits durch das EEG in Deutschland gefördert, andererseits durch die Liberalisierung der Energiemärkte in vielen europäischen Ländern zusätzlich begünstigt. Das EEG in Deutschland soll den Ausbau von REA vorantreiben und dient vorrangig dem Klimaschutz. Den Betreibern regenerativer Energieumwandlungsanlagen wird für einen bestimmten Zeitraum ein fester Vergütungssatz für die Einspeisung erzeugten Stroms garantiert. Dieser Vergütungssatz sinkt jährlich um einen bestimmten Prozentsatz. Der zuständige Netzbetreiber ist durch das EEG verpflichtet, die REA anzuschließen, den erzeugten Strom vorrangig einzuspeisen und die vorgeschriebene Vergütung an den Betreiber der Anlage zu zahlen. Die (durch die Degression kleiner werdende) Differenz zwischen festem Vergütungssatz und tatsächlichem Marktpreis des Stroms wird unter den Energieversorgungsunternehmen gleichmäßig aufgeteilt und als sog. EEG-Umlage auf die Endverbraucherpreise aufgeschlagen [BMU06].

Diese Regelung hat zu tiefgreifenden Veränderungen bei den wirtschaftlichen Rahmenbedingungen für die elektrische Energieversorgung geführt. Mit der Liberalisierung der europäischen Energiemärkte im Jahr 1998 sollten – dem Trend

2.2 Energiewirtschaftliche Entwicklung

einer Vielzahl unabhängiger dezentraler Einspeiser folgend – möglichst viele Teile der Erzeugungs- und Lieferkette der freien Marktwirtschaft und damit dem freien Wettbewerb unterstellt werden. Ziel war es, die Verbraucher durch den erhöhten Wettbewerbsdruck unter den Energieversorgern möglichst günstig mit Energie zu versorgen. Die Liberalisierung folgt dabei den folgenden drei Grundprinzipien (mit minimalen regionalen Unterschieden in einigen Ländern der EU):

- Bei dem Betrieb der Übertragungs- und Verteilnetze hat der jeweilige Netzbetreiber ein Monopol[6], das von den Bereichen, die einem natürlichen Wettbewerb unterliegen sollen, wie Erzeugung, Handel und Vertrieb, getrennt werden muss. Mit dieser Maßnahme, dem sog. *Unbundling* [Var94], wird der Transportnetzbetrieb (Übertragungsnetzbetreiber – ÜNB) vom Kraftwerksbetrieb (Energieversorgungsunternehmen – EVU) getrennt. Die ÜNB dürfen nichts mehr mit der Erzeugung der elektrischen Leistung zu tun haben.

- Das Transportnetz dient der Übertragung elektrischer Energie über große Distanzen hinweg und in hierarchisch untergeordnete Verteilnetze. Die Übertragungsnetzbetreiber sind zur Organisation und Bereitstellung von bestimmten Systemdienstleistungen verpflichtet. Hierzu zählen die sog. *Ancillary Services* [HKZ00], zu denen u.a. Frequenz- und Spannungshaltung, Betriebsführung und Versorgungswiederaufbau gehören.

- Dritten muss die Nutzung der Netze (durch die beiden ersten Maßnahmen) zu gleichen Bedingungen und zu Preisen möglich sein, die nur den verursachten Kosten entsprechen. Nur auf diese Weise ist ein fairer und funktionierender Wettbewerb in einem europäischen Verbundnetz möglich (sog. diskriminierungsfreier Netzzugang [EnW05]). Der Zugang zu den Netzen wird staatlich reguliert. Die regulierten Netznutzungsentgelte, die von den

---

[6]Ursprünglich wurde die Stromversorgung als natürliches Monopol angesehen, das auch in einer freien Marktwirtschaft gerechtfertigt ist. Für die Liberalisierung der Energiemärkte wurde dagegen die sog. *Essential Facility-Theorie* [Ker02] bemüht. Diese besagt, dass natürliche Monopole auf den Teil der Wertschöpfungskette beschränkt werden, für den unter Beachtung der volkswirtschaftlichen Kosten ein Wettbewerb nicht sinnvoll ist. Für diese „wesentlichen Einrichtungen" (essential facilities) gibt es (regional) nur einen Anbieter. Bei diesen „wesentlichen Einrichtungen" handelt es sich z.B. um die regionalen Verteilnetze und die überregionalen Übertragungsnetze der elektrischen Energieversorgung. Für diese Netze ist ein Parallelbau durch weitere Anbieter in der Regel volkswirtschaftlich nicht sinnvoll. Die Kontrolle über die „wesentlichen Einrichtungen" soll aber nicht zu einer marktbeherrschenden Stellung führen. Daher sind die Netze Dritten gegen eine angemessene Vergütung, die ggf. von Regulierungsbehörden festgelegt wird, zur Mitbenutzung zu überlassen.

Netzbetreibern für die Netzdurchleitung von den Netznutzern erhoben werden, machen rund ein Drittel der Strompreise aus.

Mit diesen Grundprinzipien findet ein Wettbewerb im Strommarkt allerdings nur in den Bereichen Erzeugung, Handel und Vertrieb statt. Transport und Verteilung werden als natürliche Monopole der Übertragungsnetzbetreiber reguliert. Zu den Aufgaben der Übertragungsnetzbetreiber gehören Systemdienstleistungen im Übertragungsnetz wie Planung und Betrieb (Ancillary Services). Ein besonders bedeutender Teil des Netzbetriebs stellt die Frequenzhaltung dar. Ein Ungleichgewicht zwischen Einspeisung und Bezug elektrischer Energie wirkt sich direkt auf die Netzfrequenz aus. Daher wird diese für die Regelung der Erzeugungsleistung verwendet. Für eine stabile elektrische Energieversorgung ist es notwendig, dass zu jedem Zeitpunkt ein Gleichgewicht zwischen erzeugter und verbrauchter Leistung besteht. Abweichungen von einer stabilen Betriebsfrequenz treten dann auf, wenn die Bilanz zwischen Einspeisung und Entnahme nicht ausgeglichen ist. Durch unvorhersehbare (stochastische) Last- und Versorgungsprofile einzelner Verbraucher und Erzeuger treten kleinere Abweichungen permanent auf. Große Abweichungen werden durch Kraftwerksausfälle und Störungen im Netzbetrieb verursacht. Da elektrische Leistung nur in sehr begrenztem Umfang und mit enormem technischen Aufwand direkt zu speichern ist, wird zum Ausgleich dieses Ungleichgewichts Reserveleistung und Regelenergie benötigt (auf die technischen Details bei der Bereitstellung von Regelenergie wird unter „Stand der Technik" in Kapitel 2.1.2 genauer eingegangen). Bislang ist der Übertragungsnetzbetreiber alleinverantwortlich für diese Art der Systemdienstleistung. Da er jedoch aufgrund des Unbundlings über keine eigenen Erzeugungskapazitäten mehr verfügen darf, muss er die für die Frequenzhaltung und damit für die Bilanzierung zwischen Leistungseinspeisung und -entnahme benötigte Regel- und Reserveleistung bei Kraftwerksbetreibern einkaufen.

In Deutschland und vielen anderen europäischen Ländern wurden hierzu Reserveleistungsmärkte geschaffen, an denen Übertragungsnetzbetreiber ihren jeweiligen Bedarf an unterschiedlichen Reserveleistungsarten decken können. Unterschiedliche Reserveleistungsarten unterscheiden sich in ihrer zeitlich kurzfristigen Abruf- und Verfügbarkeit (ausführliche Beschreibung unterschiedlicher Reserveleistungsarten siehe Abbildung 2.1.3). Häufig besteht jedoch das Problem, dass die Reserveleistungsmärkte nicht liquide sind, d.h., dass nur wenige Anbieter sich an den Ausschreibungen beteiligen. Ursache hierfür ist, dass potenzielle Anbietern von Reserveleistung technische und organisatorische Mindestanforderungen erfüllen müssen (z.B. Anforderungen an hohe zeitliche Verfügbarkeit) und darüber hinaus in einigen Ländern durch die Vergütungsstruktur die finanziellen Anreize

2.2 Energiewirtschaftliche Entwicklung

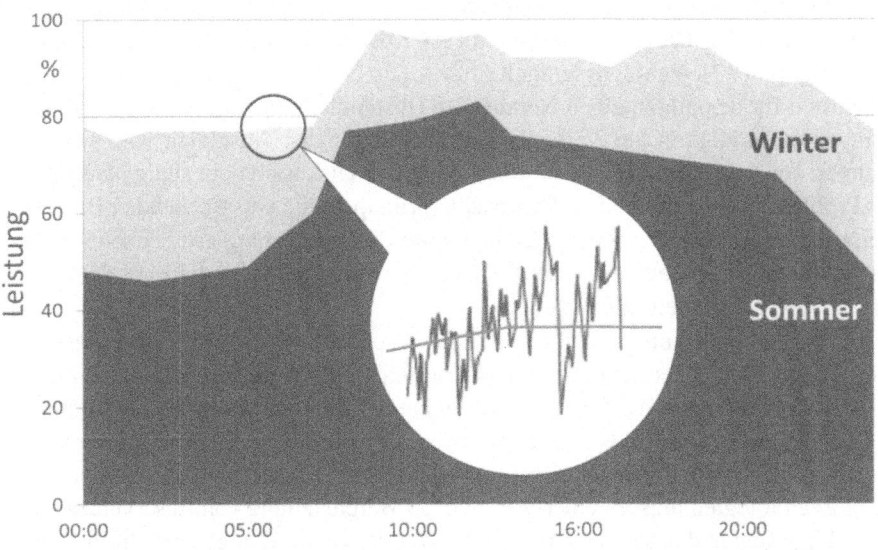

Abbildung 2.6: Stochastische Last- und Versorgungsprofile

für eine Teilnahme am Reserveleistungsmarkt nicht ausreichen [BET06]. Dieser Effekt wird noch durch die staatliche Regulierung der Übertragungsnetzbetreiber verstärkt. Hierbei kommt es durch das Fehlen von Wettbewerb durch Konkurrenz zwischen den Anbietern zwangsläufig zu steigenden Preisen für notwendige Regelenergie.

In Deutschland steigt der Einfluss von Einspeisern mit einem stochastischen Einspeiseprofil durch die intensivere Nutzung regenerativer Energiequellen (Photovoltaik und insbesondere Windkraft), was einen zusätzlichen Bedarf der Übertragungsnetzbetreiber an verfügbarer Reserveleistung verursacht. In den nächsten Jahren kommt darüber hinaus eine Verringerung des Angebots durch den Abbau von Überkapazitäten in Form von Kernkraftwerken (Atomausstieg) und fossilen Kraftwerken (Kohle/Braunkohle, Verringerung von CO_2-Emissionen) hinzu.

Die beschriebenen Maßnahmen der Liberalisierung und damit verbundene Wettbewerbsorientierung in der Energiewirtschaft hatten ursprünglich zum Ziel, die Effizienz des Energiemarkts zu steigern und Überkapazitäten zu reduzieren, wodurch günstigere Preise für Endverbraucher geschaffen werden sollten [EG97]. Verbunden mit einer Erweiterung der Primärenergiebasis um regenerative Energiequellen kommt es aber durch die oben beschriebenen Phänomene zu einer ge-

genläufigen Entwicklung. Der Bedarf an teurer werdender Reserveleistung steigt an, was durch die direkte Weitergabe dieser Kosten an die Verbraucher zu einer Verteuerung der Netznutzungsentgelte führt. Die Netznutzungsentgelte enthalten die Kosten für den allgemeinen Netzbetrieb (Instandhaltung und Ausbau) und die Kompensation elektrischer Verluste. Die Kosten für den Ausgleich von Abweichungen von Lastprognosen (nach oben geführter Diskussion ein stetig wachsendes Problem) werden nach dem Verursacherprinzip an die entsprechenden Bilanzkreise weitergereicht. Die Kosten für benötigte Reserveleistung gehen ebenfalls in die Netznutzungsentgelte ein [NEV05], was zur Folge hat, dass die Energiepreise für Endverbraucher seit Jahren steigen.

Der zu Beginn diskutierte Abbau fossiler Versorgung zu Gunsten klimafreundlicher regenerativer Energiequellen ist ökologisch sinnvoll, politisch und öffentlich gewollt, bewirkt aber eine Lücke an verfügbarer Reserveleistung in der Zukunft. Die entstehende Lücke muss durch den Neubau von Kraftwerken und insbesondere durch Anpassung regenerativer und dezentraler Technologien gefüllt werden. Diese Technologien müssen einerseits zu einer Bereitstellung von Reserveleistung in der Lage sein und dürfen andererseits das für die Übertragungsnetzbetreiber unkontrollierbare und problematische stochastische Lastverhalten nicht weiter verstärken.

Das Ziel von DEZENT ist, neuartige dezentrale Kontrollkonzepte zu entwickeln, die die neu entstehenden kurzfristigen Freiheitsgrade in der Erzeugung und beim Verbrauch für eine Glättung der Lastprofile nutzbar machen. Die stochastischen Schwankungen sollen vergleichmäßigt (verstetigt) werden, was den Bedarf an notwendiger Regelenergie reduziert und letztendlich die Kosten für den Netzbetrieb und damit für alle Verbraucher senkt. Das in dieser Arbeit entwickelte verteilte Verhandlungssystem für Verbraucher und Erzeuger muss bei der Preisbildung die in diesem Abschnitt diskutierten Phänomene und Zusammenhänge berücksichtigen. An den betreffenden Stellen wird später auf die hier geführte Diskussion verwiesen.

2.3 Herausforderungen an eine verteilte Regelung dezentraler Energieumwandlungsanlagen

Wie bereits in Abschnitt 2.2 angesprochen macht es die wachsende Integration regenerativer und weniger kapitalintensiver Technologien (die optimale Größe von Energieumwandlungsanlagen nimmt aufgrund technologischer Weiterentwicklungen immer weiter ab [CIT01]) erforderlich, dezentrale REA zur Reserveleistungsbereitstellung zu befähigen. Durch die typischerweise geringe Anlagengröße von

2.3 Herausforderungen an eine verteilte Regelung

REA können Erzeugungskapazitäten bedarfsgerecht unter Vermeidung von Überkapazitäten und zur Deckung einer wachsenden Last kostengünstig zugebaut werden. Voraussetzung für die Einstufung einer Anlage als dezentrale REA ist, dass sie sich in unmittelbarer Nähe zu den von ihr versorgten Verbrauchern befindet. In der Regel handelt es sich bei regenerativen REA damit um kleine Anlagen mit einer installierten Leistung im Bereich von einigen kW bis hin zu wenigen MW, mit denen Haushalte und kleine bis mittlere Unternehmen versorgt werden können [Mue03].

In Deutschland sind derzeit bereits aufgrund diverser Fördermaßnahmen etwa 22 GW (Gigawatt) Windleistung installiert (europaweit 56,5 GW) [EWE07]. Allerdings werden Windenergieanlagen aufgrund des Windangebots typischerweise in Parks (auch offshore) mit großen Gesamtleistungen abseits von Verbraucherzentren errichtet und können daher nicht als dezentrale REA bezeichnet werden. Lediglich kleinere Anlagengruppen und Einzelanlagen, die in unmittelbarer Nähe zu Verbrauchern stehen, können gemäß o.g. Definition als dezentrale REA bezeichnet werden. Bei der Einspeisung aus dezentralen Windenergieanlagen handelt es sich ebenso wie bei Photovoltaikanlagen um stochastische also unvorhersehbare Energieeinspeisungen, deren Verfügbarkeit und Einspeiseleistung vom aktuellen Windangebot bzw. von der Strahlungsintensität abhängen (bei großflächigen Windparks können anhand von Wetterdaten Leistungsprognosen getroffen werden[7]) [Han01].

Da das EEG die Übertragungsnetzbetreiber verpflichtet, die von solchen Anlagen eingespeiste Leistung vorrangig abzunehmen und weiter zu vermarkten, sind die Anlagenbetreiber derzeit nicht gezwungen, selbst für Reserveleistung zu sorgen bzw. durch eine Vergleichmäßigung der Einspeiseprofile ihrer Anlagen für eine Verringerung vorzuhaltender Reserveleistung zu sorgen (z.B. durch den Einsatz von Speichertechnologien). Eine Vergleichmäßigung von Einspeiseprofilen wird in der Elektrotechnik auch als *Verstetigung* bezeichnet. Ohne eine solche Verstetigung eignen sich die Anlagen aufgrund ihres unvorhersehbaren Verhaltens jedoch nicht für eine Reserveleistungsbereitstellung. Im Gegenteil: durch die Erhöhung stochastischer Einflüsse auf das Netz vergrößert sich der Bedarf an vorzuhaltender Reserveleistung proportional [DEN05].

Eine Ausnahme bilden Blockheizkraftwerke (BHKWs), die Energie aus Biomasse (Pflanzenöl, Holz etc.) erzeugen. Für die Erzeugung von Energie aus Biomasse stehen grundsätzlich die gleichen Technologien zur Verfügung, wie für die Erzeugung von Energie aus fossilen Brennstoffen (Gasturbinen, Stirling Motoren etc.). Verglichen mit fossilen Brennstoffen ist der Energiegehalt von Biomasse jedoch niedriger[8]. Kleinere Anlagen, die mit Kraft-Wärme-Kopplung (KWK) be-

---

[7] Dies wird zum Teil auch schon für Einzelanlagen gemacht.
[8] Darüber hinaus wird Biomasse dezentral angebaut und geerntet, so dass nur beschränkte Transport-

trieben werden (die entstehende Wärme wird hierbei ebenso wie die erzeugte elektrische Energie genutzt), eignen sich zur Reserveenergiebereitstellung, sofern sie stromgeführt betrieben werden. Bei einem stromgeführten Betrieb wird die Anlage bei Bedarf kurzfristig bis zu ihrer maximal möglichen Nennleistung hochgefahren, falls Bedarf an elektrischer Leistung besteht. Dabei ist die thermische Energie zu einer zeitlich entkoppelten Nutzung nach Bedarf in einem Wärmespeicher zwischenzuspeichern. Im wärmegeführten Betrieb wird die Anlage aktiviert, wenn Wärmebedarf besteht. Die „nebenbei" erzeugte elektrische Leistung wird ins öffentliche Netz eingespeist. KWK-Anlagen, wie z.b. regionale Blockheizkraftwerke, können grundsätzlich wärmegeführt oder stromgeführt werden. Eine Beteiligung an der Reserveleistungsbereitstellung ist im wärmegeführten Betrieb nicht möglich. Es werden aber auch Mischformen beider Betriebsarten eingesetzt, bei denen ein Wärmespeicher lediglich bis zu einer festgelegten Temperatur geladen wird. Ist diese Kapazitätsgrenze des Speichers erreicht, schaltet die Anlage auf stromgeführten Betrieb um, so dass die Anlage wieder zur Reserveleistungsbereitstellung herangezogen werden kann [Sen08].

Im Rahmen der vorliegenden Arbeit soll mit DEZENT ein Konzept entwickelt werden, das die prinzipiell unvorhersagbaren stochastischen regenerativen Erzeuger als auch das unvorhersehbare Konsumentenverhalten so miteinander koordiniert, dass kurzfristige Lastschwankungen, die bislang nur mit ineffizienten Methoden der Frequenzregelung (siehe Kapitel 2.1.2) ausgeregelt werden, unter Berücksichtigung netztypischer Eigenschaften, wie der hierarchischen Topologie (siehe Kapitel 2.1.1), regional bereits zum Zeitpunkt der Entstehung kompensiert werden und sich damit u.U. gar nicht erst im gesamten Netz bemerkbar machen. Dieses Vorgehen muss sich in die bestehende Infrastruktur integrieren lassen, sowie gesetzlichen und energiewirtschaftlichen Entwicklungen (siehe Kapitel 2.2) Rechnung tragen. Nur so können die in Kapitel 1.2 formulierten Ziele in DEZENT umgesetzt werden.

---

entfernungen sinnvoll erscheinen [May02].

3 Verteilte Verhandlungen in einem dezentralen Agentensystem

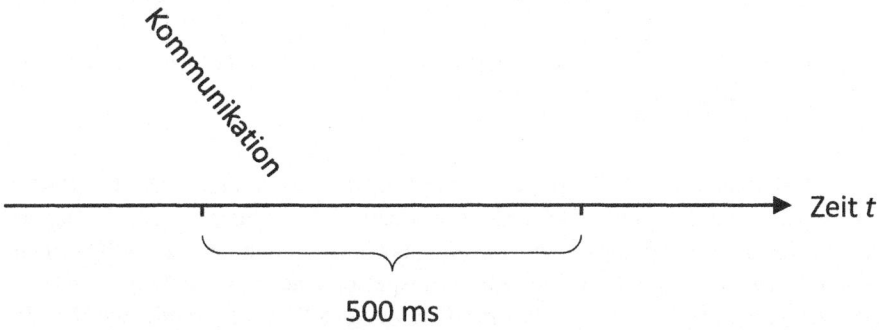

Abbildung 3.1: Kommunikationsprozess innerhalb des DEZENT-Betriebsintervalls

Das Finden einer stabilen und für alle beteiligten Akteure zufriedenstellenden Versorgungskonfiguration soll innerhalb der harten End-to-End-Deadlines des DEZENT-Betriebsintervalls erfolgen. Innerhalb diese Betriebsintervalls sollen, wie bereits in Kapitel 1.2 und 1.4 erwähnt, alle die für einen stabilen Netzbetrieb eines dezentralen Energieversorgungssystems notwendigen Prozesse abgeschlossen werden. In diesem Kapitel wird ein Kommunikationsprozess für DEZENT entworfen, der diese Deadline einhält und erlaubt, die verbleibenden Prozesse (Koordination, Adaption und Stabilität) ebenfalls unter Berücksichtigung der speziellen Echtzeitanforderungen in das Gesamtsystem zu integrieren (Abbildung 3.1).

Wie bereits in Kapitel 1.2 als Ziel definiert, sollen Energieverhandlungen in DEZENT die individuellen Bedürfnisse einzelner Verbraucher und Erzeuger berücksichtigen. Dies sind zuallererst die Deckung des individuellen Bedarfs bzw. die Abnahme (dezentraler) Erzeugung sowie die Berücksichtigung individueller Preisvorstellungen. Zu diesem Aspekt der Koordination, also dem systemweiten Abstimmen von Energiebedarf und -erzeugung, kommt das Einhalten technischer Randbedingungen, die einen stabilen Netzbetrieb garantieren. Hierzu zählen die Leistungsbilanzierung (damit direkt verbunden sind die Stabilisierung von Fre-

Abbildung 3.2: Orientierung des Agentenmodells an der vorhandenen elektrischen Versorgungsstruktur

quenz und Spannung) sowie die Einhaltung von Betriebsmittelgrenzen (Überlasten etc., siehe Kapitel 7). Diese Anforderungen seitens Verbrauchern und Erzeugern und die Anforderungen des Netzmanagements können durchaus in Konflikt stehen. So kann das vom Erzeuger (gewünschte) Einspeisen einer großen Menge von Leistung, beispielsweise über Kraft-Wärme-Kopplung (KWK) im Verteilnetz (0,4 kV) oder über einen Windpark auf Transportnetzebene (220-380 kV) eine Überlastung der beteiligten Betriebsmittel zur Folge haben. Die Aufgabe von DEZENT ist es, bei einer Vielzahl von dezentralen Eingaben und Anforderungen eine stabile Versorgungskonfiguration zu finden, die sowohl die individuellen Bedürfnisse von Verbrauchern und Erzeugern als auch die vom System vorgegebenen technischen Randbedingungen erfüllt.

3.1 Agentenmodell

Das Agentenmodell für die verteilten Verhandlungen orientiert sich an der zugrunde liegenden Versorgungsstruktur (Netztopologie) des elektrischen Netzes (siehe Abbildungen 3.2, 3.3 und 3.4). Die Versorgungsstruktur wird in der Regel in 4 Spannungsebenen unterteilt: Höchstspannung (380 kV, 220 kV), Hochspannung (110 kV), Mittelspannung (10-20 kV) und Niederspannung (0,4 kV). Das Höchstspannungsnetz stellt das vermaschte länderübergreifende Verbundnetz dar. Großkraftwerke, die derzeit den Leistungsausgleich übernehmen, speisen auf dieser Spannungsebene ein. Die 110 kV- und 10 kV-Netze sind zumeist ebenfalls vermascht, auch wenn sie häufig als offene Ringe betrieben werden, speziell auf der 10 kV Ebene. Netze niedriger Spannungsebene sind über Transformatoren an

3.1 Agentenmodell

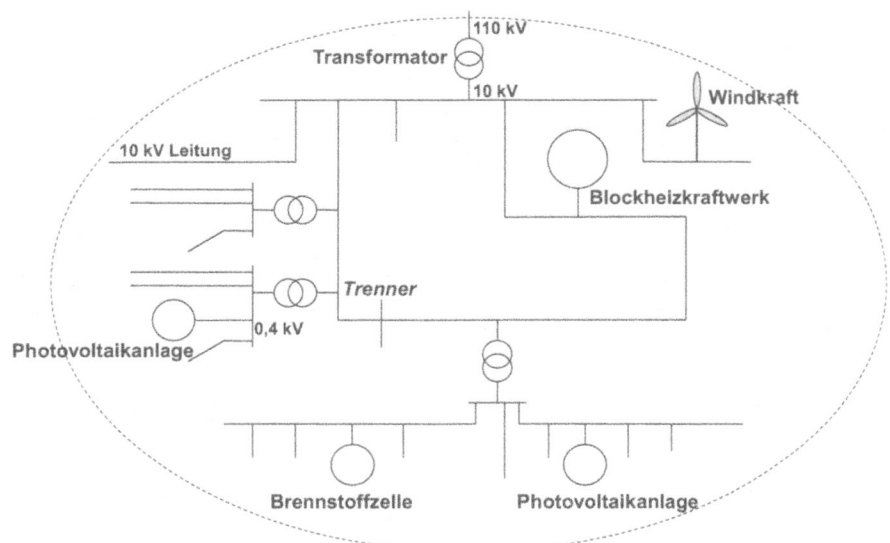

Abbildung 3.3: Versorgungsstruktur des elektrischen Netzes

die Versorgungsnetze nächsthöherer Spannung angeschlossen. Die Netze niedrigerer Spannung werden in den übergeordneten Netzen daher nur als Knoten mit einer bestimmten Leistungsbilanz (positiv: Erzeuger, negativ: Verbraucher oder neutral) sichtbar. Die Leistungsbilanz eines solchen (Bilanz-)Knotens ergibt sich wiederum aus den Einzelbilanzen der Netze niedrigerer Spannung, die an diesem Netz angeschlossen sind, bzw. angeschlossener Verbraucher und Erzeuger elektrischer Leistung (inkl. der hiermit verbundenen Verluste). Die unterste 0,4 kV-Spannungsebene ist ein strahlenförmiges Netz und die Knoten entsprechen direkt Verbrauchern und Erzeugern elektrischer Leistung auf dieser Spannungsebene. Für eine ausführliche Beschreibung der Struktur und des Aufbaus des elektrischen Energieversorgungsnetzes wird auf Kapitel 2.1 verwiesen.

Das Agentensystem besitzt eine zur Versorgungstopologie analoge Struktur. Die Agenten (Verbraucher und Erzeuger, in der Regel Einzelhaushalte) auf der 0,4 kV-Spannungsebene werden zu einzelnen Bilanzkreisen zusammengefasst, die jeweils von einem Bilanzkreisverwalteragenten, einem sog. *Balancing Group Manager* (BGM, siehe Abbildung 3.4) verhandelt werden. Ungedeckter Bedarf von Verbraucheragenten bzw. Energieüberschüsse von Erzeugeragenten werden auf die nächsthöhere Spannungsebene zur Verhandlung weiter gereicht. Auf der nächst-

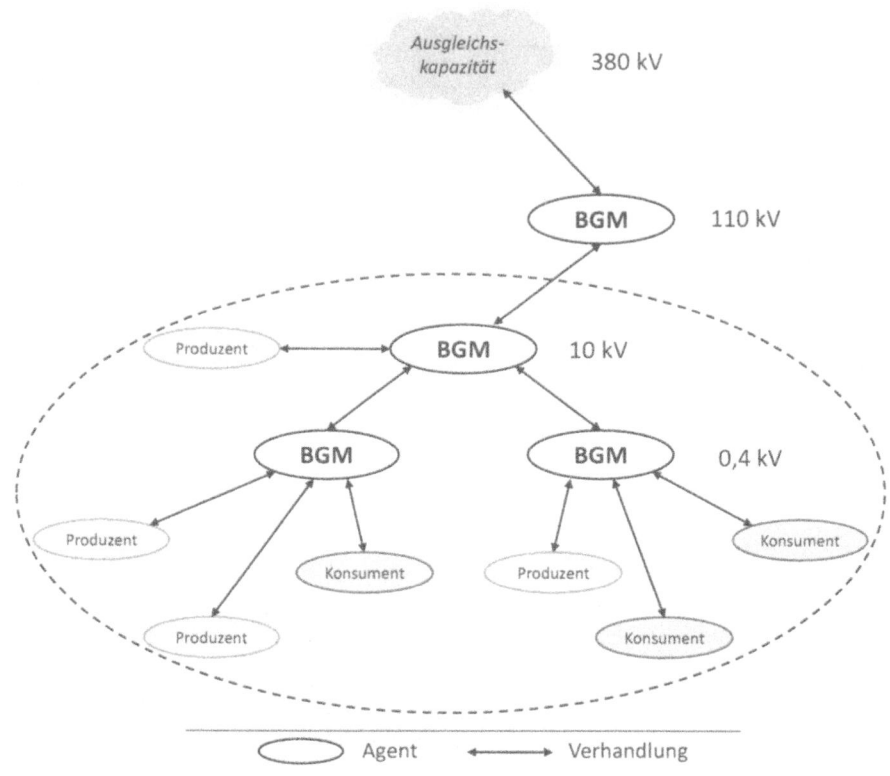

Abbildung 3.4: Agententopologie

höheren 10 kV-Ebene werden alle 0,4 kV-BGM Agenten wieder zu Bilanzkreisen in der 10 kV-Spannungsebene zusammengefasst und von BGM Agenten verhandelt, die diesen 10 kV-Bilanzkreis wiederum im 110 kV-Netz repräsentieren etc.

Die auf diese Art an den dezentralen Verhandlungen beteiligten und von regionalen Bilanzkreisverwaltern verwalteten Agenten lassen sich nach ihren Aufgaben unterscheiden: *Koordination* und *Netzmanagement*, siehe auch Abbildung 3.5.

Koordinationsagenten. Zu den Koordinationsagenten zählen *Consumer* und *Producer* Agenten, stellvertretend für Verbraucher und Erzeuger von elektrischer Leistung, sowie *Balancing Group Manager*, die Verhandlungen innerhalb eines Bilanzkreises durchführen. Sogenannte *Ticket Distributor* Agenten (nicht abgebildet) bündeln die Kommunikation zwischen den verteilten *Consumer* und *Producer* Agenten und den *Balancing Group Manager* Agenten[1].

Netzmanagementagenten. Zu den Netzmanagementagenten zählen sog. *Virtuelle Consumer/Producer* (nicht abgebildet), die Defizite in der Leistungsbilanz einer Versorgungskonfiguration eines Bilanzkreises durch Leitungsverluste repräsentieren und diese in den verteilten Verhandlungen als Bedürfnisse ausschreiben. Sog. *Conditional Consumer/Producer* repräsentieren flexible Verbraucher und Erzeuger elektrischer Energie, die ihre Leistungsaufnahme bzw. -einspeisung kurzfristig unterbrechen können, um ungünstigen Konfigurationen von Einspeisung und Verbrauch, die in plötzlichen Lastspitzen resultieren würden, entgegen zu wirken. Die Netzmanagementagenten werden an dieser Stelle der Vollständigkeit halber erwähnt. Eine ausführliche Beschreibung und Diskussion des Netzmanagements auf Basis dieser Agenten erfolgt erst in Kapitel 4.

Das Ziel des DEZENT-Verhandlungsalgorithmus ist die Preiskoordination aller beteiligten Verbraucher und Erzeuger elektrischer Leistung. Hierbei werden unterschiedlich dringende Energiebedürfnisse in Erzeugung und Verbrauch mit individuellen Preisvorstellungen in Beziehung gesetzt und durch den Algorithmus einander adäquat zugeteilt. Das Ergebnis des Verhandlungsalgorithmus ist eine Zuteilung von Leistungsein- bzw. -ausspeisung zu ausgehandelten Vergütungskosten bzw. Energiepreisen, eine sog. *Versorgungskonfiguration*.

Der DEZENT-Algorithmus übersetzt die Eingaben und Anforderungen aller Akteure in eine stabile Versorgungskonfiguration (siehe Abbildung 3.6). Der Aufbau und Ablauf des DEZENT-Algorithmus in unterschiedliche Betriebsintervalle (Verhandlungsperioden, -zyklen, -runden) wird ausgiebig in Kapitel 3.2 motiviert und besprochen.

3.2 Verhandlungsarchitektur

DEZENT operiert in festen Betriebsintervallen, sog. *Verhandlungsperioden*. Eine Verhandlungsperiode entspricht einer Verhandlungsphase über alle Spannungsebenen hinweg, bis eine (stabile) Versorgungskonfiguration berechnet ist. Die Verhandlungen beginnen dezentral in den Bilanzkreisen auf dem Versorgungsnetz der untersten Spannungsebene (0,4 kV) in sog. *Verhandlungszyklen*. Es finden somit

---

[1]Für eine bessere Lesbarkeit werden im Folgenden die Agentenrollen und ihre Bezeichnungen synonym gebraucht: *Consumer Agent* → *Consumer*, *Bilanzkreisverwalteragent* → *BGM* etc.

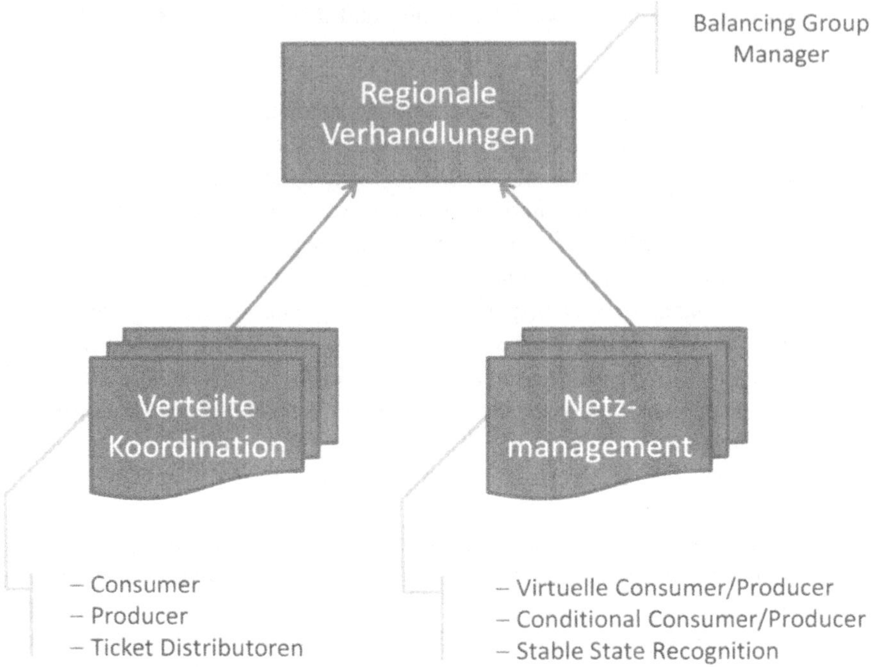

3 Verteilte Verhandlungen in einem dezentralen Agentensystem

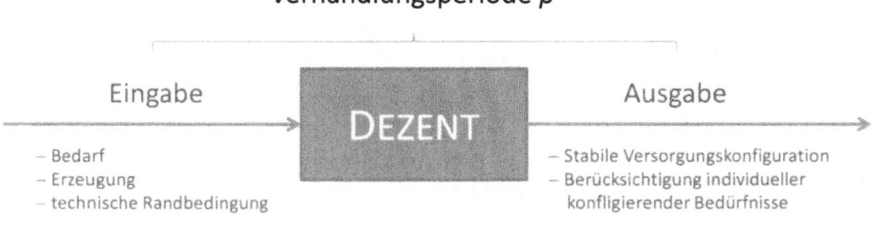

Abbildung 3.5: Unterschiedliche Aufgabenbereiche des Agentensystems

Abbildung 3.6: Ablauf der Betriebsführung in DEZENT

immer mehrere Verhandlungszyklen parallel pro Verhandlungsebene statt. Unbefriedigte Bedürfnisse werden auf die nächsthöhere Verhandlungsebene weiter gereicht, wo sie wiederum zu Bilanzkreisen höherer Spannungsebenen zusammengefasst werden und in (parallelen) Verhandlungszyklen verhandelt werden. Jeder

3.2 Verhandlungsarchitektur

Verhandlungszyklus besteht aus 10 *Verhandlungsrunden* (siehe Abbildung 3.7). Während einer Verhandlungsperiode werden keine neuen Konsumenten oder Produzenten akzeptiert. Ist ein Agent am Ende einer Verhandlungsrunde befriedigt oder zu Anfang einer Periode in Eigenbedarf und Erzeugung ausgeglichen, nimmt er bis zu Beginn der nächsten Verhandlungsperiode nicht mehr an den Verhandlungen teil. Die Verhandlungen in DEZENT sind also organisiert in Verhandlungsperioden, die aus mehreren (z.T. parallelen) Verhandlungszyklen bestehen, die wiederum jeweils aus 10 Verhandlungsrunden aufgebaut sind (Abbildung 3.7).

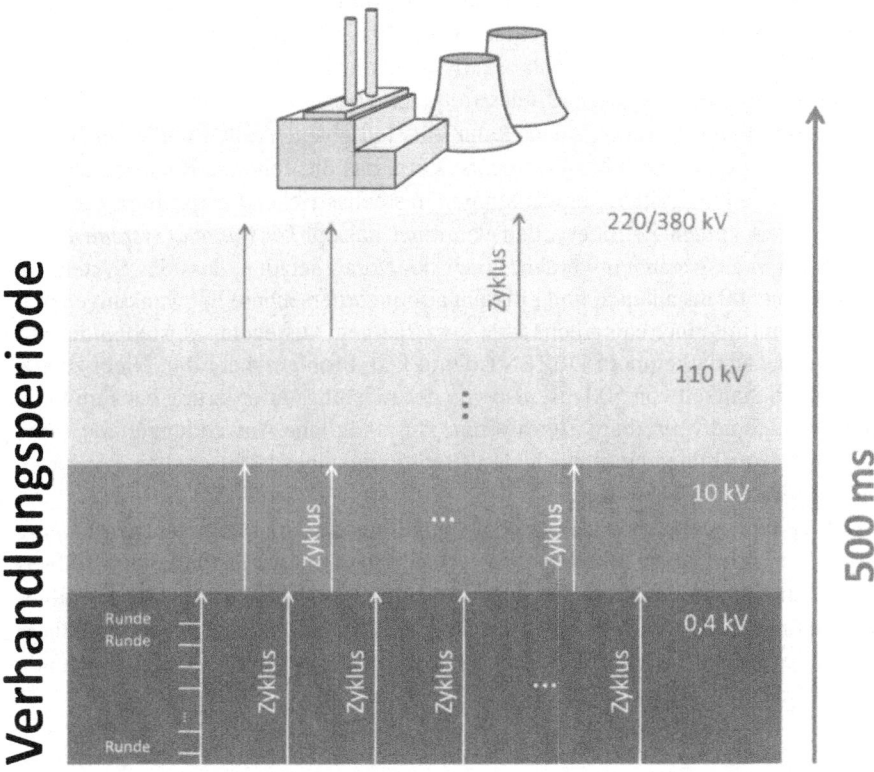

Abbildung 3.7: Verhandlungsperioden, -zyklen, -runden

An höchster Stelle stehen zentrale Ausgleichskraftwerke (oder ein Verbundnetz höherer Spannung) zur Verfügung, die den Ausgleich übernehmen, falls die Bedürfnisse aller Bilanzkreise nicht vollständig dezentral gedeckt werden können.

Das Ziel dieses *bottom-up-Managements* ist, stabile Teilkonfigurationen zu einem stabilen Gesamtsystem zu verknüpfen.
Die Länge einer Verhandlungsperiode beträgt 500 ms. Die Wahl dieser Intervallgröße hat mehrere Gründe, die in der vorliegenden elektrotechnischen Anwendung begründet liegen. Zum einen schreibt das Operation Handbook der UCTE, der sog. Grid Code [UCT05] vor, dass im europäischen Verbundnetz Reaktionen auf Lastschwankungen innerhalb weniger Sekunden erfolgen müssen. Nach dem Nyquist-Shannon-Abtasttheorem muss ein kontinuierliches bandbegrenztes Signal mit einer Maximalfrequenz f_{max} mit einer Frequenz größer als $2 \cdot f_{max}$ abgetastet werden, damit das Signal beliebig genau approximiert werden kann [Nyq02]. Das bedeutet, dass ein Energiemanagementsystem, das die betreffenden Netze verwalten soll und im Sekundenbereich reaktiv sein muss (ein geregeltes und rückgekoppeltes System), mit einer Mindestfrequenz von 500 ms beobachtet und geregelt werden muss. Darüber hinaus kann mit Betriebsintervallen von einer halben Sekunde Länge in einem Managementsystem, das die zeitnahe Reaktion auf unvorhersehbare kurzfristige Schwankungen in stochastischen Lastprofilen zum Ziel hat, in derart kurzen Zeitintervallen von einer nahezu *konstanten (systemweiten) Lastsituation* ausgegangen werden. Unter der Voraussetzung, dass das System innerhalb von 500 ms adäquat und effizient auf unvorhersehbare Schwankungen reagieren kann (mit einer entsprechenden kurzfristigen Ausregelung), stellen derartige Unvorhersehbarkeiten in DEZENT damit kein Problem mehr dar. Nicht zuletzt stellt eine Schaltzeit von 500 ms, also von der Leistungsanforderung bis zum Leistungsbezug, eine vertretbare Zeitdifferenz für alltägliche Anwendungen dar, ohne dass Servicequalitäten hierunter leiden (Betätigung eines Lichtschalters, Anforderung von warmem Wassers etc.).

Zu Beginn einer solchen (500 ms-)Verhandlungsperiode sammelt ein *Balancing Group Manager* Gebote und Angebote von Agenten und verhandelt diese stellvertretend für Konsumenten und Produzenten elektrischer Leistung innerhalb seines Verhandlungszyklus und reicht ggf. unbefriedigte Agenten auf die nächsthöhere Verhandlungsebene weiter. In DEZENT werden die folgenden Grundannahmen getroffen:

1. *Änderungen der Versorgungssituation innerhalb der in* DEZENT *gewählten Verhandlungsperioden von 500 ms Länge sind aus elektrotechnischer Sicht für Verhandlungen und Regelungen vernachlässigbar.*

2. *Die Verhandlungen in* DEZENT *werden innerhalb einer Verhandlungsperiode von 500 ms abgeschlossen.*

3. *Die Verhandlungsergebnisse sind zu Beginn der nächsten Verhandlungspe-*

3.3 Preisbildung 45

riode verfügbar und werden systemweit umgesetzt.

4. *Die Verhandlungen der nächsten Periode laufen parallel zur Umsetzung der Verhandlungsergebnisse der vorangegangen Periode.*

Speziell für das erste Verhandlungsmodell gilt: Obwohl Agenten sowohl als Konsumenten als auch als Produzenten auftreten können, sind sie während einer Verhandlungsperiode auf eine Rolle festgelegt – entsprechend der zu Beginn der Periode ermittelten Anschlussbilanz – und können diese Rolle erst zu Beginn der nächsten Verhandlungsperiode ändern.

Mit anderen Worten: In DEZENT wird Energie immer nur für die Dauer der nächsten Verhandlungsperiode gehandelt, mit den Bedürfnissen der aktuellen Periode. *In DEZENT gibt es keine Langzeitverträge für Energielieferungen oder Rabatte auf die gehandelten Energiemengen.* Der Verzicht auf – über die Dauer einer Periode hinausgehende – Langzeitverträge ist für die Adaptivität und das verteilte Lernen der Agenten in DEZENT von großer Bedeutung (siehe Kapitel 5).

Abbildung 3.8: Aufgaben eines regionalen BGM-Agenten

Für das Modell wird angenommen, dass die verhandelten Energiemengen kontinuierlich sind und die produzierte elektrische Leistung unabhängig von der Ebene, auf der sie eingespeist wird, im gesamten Netz verfügbar ist.

3.3 Preisbildung

Regenerative Energieträger wie Wind, Sonne etc. sind kostenlos verfügbar, bei Biomasse, Biogas oder Rapsöl sind die Kosten wegen kurzer Handels- bzw. Transportketten moderat. Stromgeführte BHKWs, die damit betrieben werden, sind in diesem Modell stets als (lokale oder regionale) Reservekapazität angesetzt. Abgesehen von den Letzteren setzen sich die Kosten für regenerative Energieerzeugung nur zusammen aus den Anschaffungskosten der Energieumwandlungsanlagen und den Kosten für ihre Wartung. Hier ein Rechenbeispiel für eine Photovoltaikanlage [IWR05]:

$$\text{costs per kWh} := \frac{\text{acquisition costs} \cdot 1,5\,\%}{kWp \cdot (\text{annual output per kWh})} \quad (3.1)$$

Die durchschnittlichen jährlichen Wartungskosten werden mit 1,5 % der Anschaffungskosten abgeschätzt. Der Parameter *kWp* steht dabei für die Höchstleistung (*kW Peak*). Die jährlich erzeugte Energie ist abhängig vom Aufstellungsort der Anlage und schwankt zwischen 700 kWh und 1300 kWh pro *kWp*. Diese von der EU vorgeschlagene Faustformel 3.1 zeigt, dass die Kostenkalkulation auf der Basis der Grenzkosten insgesamt sehr moderat ausfällt. Ähnliche Betrachtungen können für die Gestehungskosten von Windenergie gemacht werden. Die obere Kurve in Abbildung 3.9 [ISE05] zeigt die Stromgestehungskosten marktüblicher Windenergieanlagen (WEA) mit 1,5 MW bis 2 MW Spitzenleistung über 20 Jahre hinweg. Die untere Kurve zeigt eine Variante mit etwas günstigeren Annahmen bzgl. Investitionsnebenkosten und Finanzierungsbedingungen. Je besser der Standort ausgewählt ist, desto niedriger fallen die Kosten für die Stromproduktion aus. Aber auch Standorte mit schlechteren Windverhältnissen, die durchschnittlich Leistungen unterhalb des angegebenen Spitzenertrags liefern, können mit Kosten konventioneller Energieerzeugung mithalten. Im Vergleich ist die Windenergie bereits heute eine kostengünstige und ökologisch wertvolle Energiequelle [ISE05]. Es wird klar, dass WEA aufgrund ihrer niedrigen Gestehungskosten bereits bei relativ geringen Vergütungen kostendeckend oder sogar gewinnbringend arbeiten können.

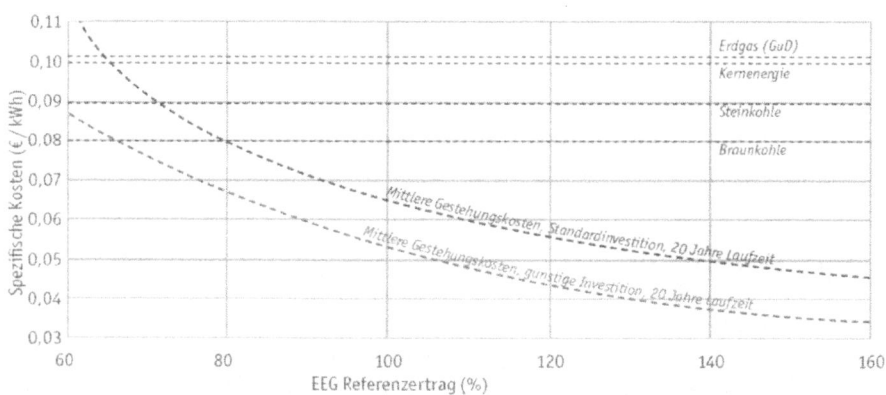

Abbildung 3.9: Gestehungskosten für Strom aus Windenergie (Quelle: [ISE05])

Unter Berücksichtigung dieser Kostenkalkulationen wird ein beschränkter Preis-

3.3 Preisbildung

rahmen für die Verhandlungen der Produzenten und Konsumenten eingeführt, in dem Konsumenten typischerweise mit Geboten am unteren Rand, Produzenten mit Angeboten am oberen Rand beginnen. Im Laufe der Verhandlungen erhöhen Konsumenten ihre Gebote, während Produzenten ihre Angebote senken. Die Geschwindigkeit, mit der einzelne Agenten ihre Preisvorstellungen anpassen, hängt von individuellen Verhandlungsparametern, sog. *Verhandlungsstrategien* ab.

Die Verhandlungen auf einer Ebene k werden innerhalb des beschränkten Preisrahmens $[A_k, B_k]; (k = 0, 1, 2, ...)$ durchgeführt. Diese Preisrahmen sind für alle Verhandlungszyklen auf einer Ebene k identisch und werden mit jeder höheren Ebene enger $B_k - A_k > B_{k+1} - A_{k+1}$. Der Faktor, um den die Preisrahmen verkleinert werden, wird als *Shrinking Factor Sr* bezeichnet. Alle Preisrahmen $[A_k, B_k]$ liegen innerhalb der Grenzkosten für den zentralen Regelzonenausgleich $[\underline{A}, \overline{B}]$ (den Verbraucherkosten an der Ausgleichskapazität bzw. der Einspeisevergütung[2]), so dass darüber hinaus gilt: $\overline{B} - \underline{A} > B_k - A_k > B_{k+1} - A_{k+1}$.

Definition 3.3.1
Berechnungsformel für den Preisrahmen

Für die Ebene k mit $k \in \{0, 1, 2, \cdots, k_{max}\}$, dem Preisrahmen $[A_0, B_0]$ auf der untersten Verhandlungsebene ($k = 0$) und dem *Shrinking Factor Sr* mit $Sr \in]0, 1[$ und $Sr \cdot k_{max} < 1$ ist der Preisrahmen $[A_k, B_k]$ gegeben durch:

$$A_k := A_0 + c(k) \tag{3.2}$$

$$B_k := B_0 - c(k) \tag{3.3}$$

mit

$$c(k) := \frac{B_0 - A_0}{2} \cdot Sr \cdot k \tag{3.4}$$

Die Preisrahmen verkleinern sich also mit jeder Ebene um den Wert $(B_0 - A_0) \cdot Sr$. Dabei bewegen sich die obere und die untere Grenze des Preisrahmens gleichmäßig auf die Mitte des Preisrahmens zu. Die Einschränkung $Sr \cdot k_{max} < 1$ gewährleistet, dass die Reduzierung des gültigen Preisrahmens über mehrere Ebenen hinweg nicht zu groß ist und der Preisrahmen vor Erreichen der zentralen Ausgleichskapazität nicht $B_{k_{max}} - A_{k_{max}} \leq 0$ erreicht. Verhandlungen wären so nicht mehr möglich.

---

[2]Die Vergütung für eingespeiste regenerative Energie bleibt über 20 Jahre konstant und wird bis zum Ende des zwanzigsten Jahres gezahlt, das auf den Inbetriebnahmezeitpunkt folgt (also bis 31. Dezember 2024 für eine 2004er Anlage). Für Neuanlagen, die ab dem Jahr 2010 installiert werden, sinkt der Vergütungssatz um jeweils ein Prozent (Degression), gemessen an den Werten des jeweiligen Vorjahres, bleibt dann aber ebenfalls über 20 Jahre konstant [BGB08].

Im Beispiel (siehe Abbildung 3.10) ist die Anpassung der Preisrahmen für $Sr = 0,2$ und $Sr = 0,4$ und den Grenzkosten $\underline{A} = 5$ ¢ (Eurocent), $\overline{B} = 21$ ¢ gezeigt. Der *Shrinking Factor* soll einen Anreiz liefern, Verträge möglichst früh und damit regional zu schließen (um Übertragungsverluste zu minimieren). Die Auswahl von *Sr* erfolgt angepasst daran, dass möglichst keine Regel- und Ausgleichsenergie in Anspruch genommen werden muss (trotz Überdeckung) und gleichzeitig die Zahl der Zyklen pro Periode möglichst klein bleibt.

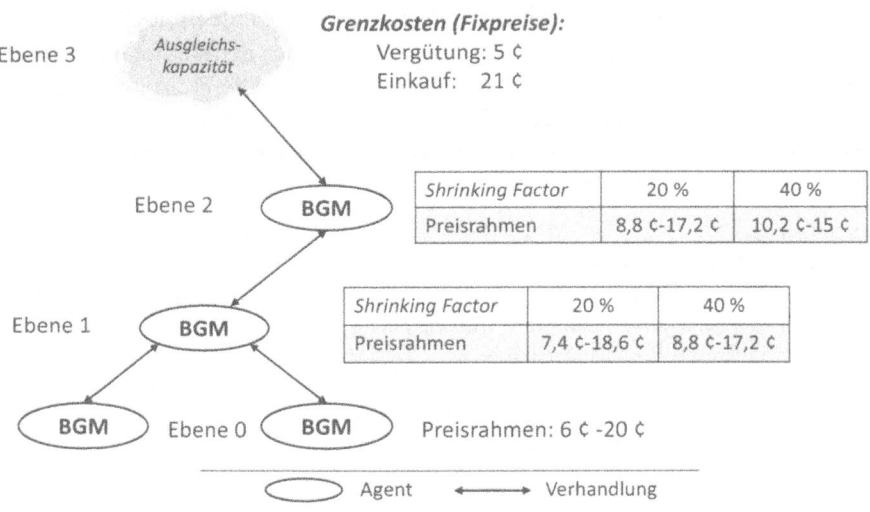

Abbildung 3.10: Anpassung von Preisrahmen innerhalb einer Verhandlungsperiode

Für das Startgebot $opening\_bid_C$ eines Konsumenten C gilt:

$$A_k \leq opening\_bid_C \leq \frac{A_k + B_k}{2}$$

Für das Startangebot $opening\_offer_P$ eines Produzenten P gilt:

$$\frac{A_k + B_k}{2} \leq opening\_offer_P \leq B_k$$

Das bedeutet, dass Konsumenten ihre Startgebote aus der unteren Hälfte des Preisrahmens wählen und Produzenten ihre Startangebote aus der oberen Hälfte des Preisrahmens.

Das Vorgehen innerhalb eines Verhandlungszyklus ist auf jeder Verhandlungsebene identisch. Alle am Netzbetrieb beteiligten Agenten geben bei ihrem übergeordneten *BGM* jeweils Gebote bzw. Angebote für Energiemengen ab, die sie benötigen bzw. anbieten. Diese Gebote und Angebote werden dabei am Ende jeder der 10 Verhandlungsrunden entsprechend individueller Strategien und Preisvorstellungen angepasst. Der BGM-Agent koordiniert diese Gebote und Angebote innerhalb seines Bilanzkreises und schließt Verträge zwischen den Agenten mit „ähnlichen" Geboten bzw. Angeboten, siehe Abbildung 3.8. Diese „Ähnlichkeit" wird dabei über einen systemweiten *similarity*-Parameter ausgedrückt. Ein Produzentenangebot $offer_P$ und ein Konsumentengebot bid_C sind sich ähnlich, wenn gilt: $|offer_P - bid_C| \leq similarity$.

Zu Beginn jeder Verhandlungsrunde werden die Konsumenten und Produzenten nach ihren aktuellen Geboten und Angeboten sortiert. Die Vorgehensweise ist topdown, beginnend mit dem höchst bietenden Konsumenten und dem höchst anbietenden ähnlichen Produzenten. Kann der Bedarf einzelner Agenten innerhalb ihres Bilanzkreises nicht gedeckt werden, so werden die Bedürfnisse auf die nächsthöhere (Spannungs-/Verhandlungs-)Ebene weiter gereicht. Auf dieser höheren Ebene treffen sie auf unbefriedigte Agenten aus anderen Bilanzkreisen.

3.4 Anpassen von Geboten und Angeboten

Von Runde zu Runde innerhalb eines Verhandlungszyklus passen unbefriedigte Agenten ihre Gebote bzw. Angebote an. Dabei senken Produzenten ihre Angebote, während Konsumenten ihre Gebote anheben, bis ähnliche Verhandlungspartner gefunden werden. Die Form und Geschwindigkeit, mit der diese Anpassung vorgenommen wird, soll individuelle Verhandlungsstrategien und Dringlichkeiten bei der Verhandlung benötigter Energiemengen berücksichtigen. In DEZENT werden für größtmögliche Flexibilität bei der Abbildung realistischen Bieterverhaltens und individueller Dringlichkeiten Exponentialfunktionen für die Modellierung der Verhandlungskurven verwendet (Gleichungen 3.5 – 3.10).

In [Inc99, CDGM97] werden nach Untersuchungen zu realistischem Bieterverhalten jeweils drei feste Strategien sowohl für Konsumenten als auch für Produzenten vorgegeben (für marktbasierte Verhandlungen elektrischer Leistung), die je nach Situation für die Agenten gewählt werden (*Anxious Selling/Buying Agent, Cool-Headed Selling/Buying Agent* oder *Greedy Selling/Frugal Buying Agent*, siehe Abbildung 3.11). In [CDGM97] werden diese Formen der Anpassung gewählt, da sie real beobachtbares Bieterverhalten in Auktionen unter extremem Verhalten (*Anxious, Greedy* bzw. *Frugal*) intuitiv widerspiegeln. Produzenten die „anxious", also stärker bestrebt sind, ihre Energie zu verkaufen, senken ihre Preise schneller als Produzenten, die Strategien vom Typ „Cool-Headed" oder „Greedy" verfolgen.

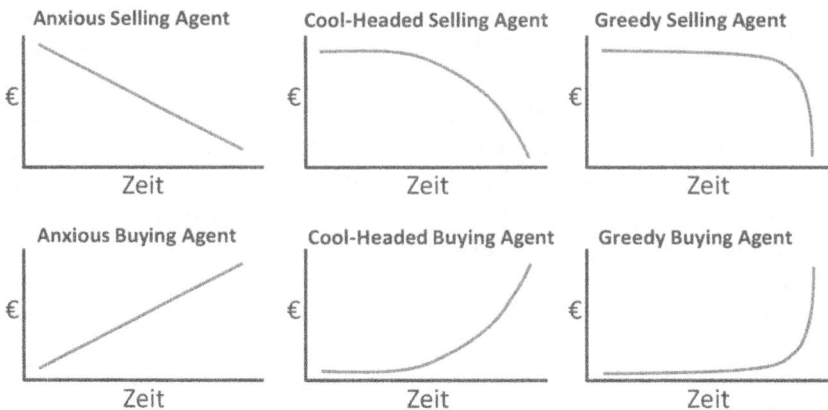

Abbildung 3.11: Diskrete Verhandlungsstrategien für Konsumenten bzw. Produzenten (Quelle: [CDGM97])

Dabei unterschreiten die Preise niemals minimale Preise, die von den Erzeugern vorgegeben wurden. Analoge Überlegungen werden zu Konsumentenverhaltensweisen angestellt.

In DEZENT sind aufgrund der flexibel parametrierbaren exponentiellen Verhandlungsfunktionen neben diesen drei Strategien auch Verhandlungsstrategien zwischen *Anxious*, *Greedy* und *Frugal* bzw. sogar darüber hinaus möglich. Für eine schnelle Konvergenz der Verhandlungsfunktionen wird das Krümmungsverhalten der Kurven verändert. In DEZENT beginnen die Verhandlungskurven mit ihrer stärksten Krümmung, werden danach flacher und nähern sich asymptotisch ihren Minimal- bzw. Maximalpreisen. Dies erlaubt eine hochdynamische Anpassung auf Änderungen in Versorgungssituationen unter Berücksichtigung individueller und stark voneinander abweichender Bedürfnisse und Strategien.

Konsumenten, die am Ende einer Runde $n; n \in [0,9]$ (siehe Abbildung 3.7) nicht zufrieden gestellt wurden, passen ihre Gebote an, in dem sie diese in der darauf folgenden Runde $n+1$ erhöhen. Unbefriedigte Produzenten geben von Runde n auf $n+1$ niedrigere Angebote ab. Die Agenten passen ihre Angebote bzw. Gebote entsprechend der Formeln 3.5-3.8 an. Die Gebots- bzw. Angebotskurven nähern sich asymptotisch, ausgehend von einem Startgebot bzw. Startangebot, den beiden Grenzen des festen Preisrahmens B_k bzw. A_k[3]. Die Geschwindigkeit, mit der sich

---

[3]Gebots- bzw. Angebotskurven können sich auch anderen Maximal- bzw. Minimalpreisen annähern, die sich innerhalb des zulässigen Preisrahmens befinden. Hierdurch ist es möglich, alternative

3.4 Anpassen von Geboten und Angeboten

die Kurven ihrer jeweiligen Schranke annähern, wird dabei bestimmt durch individuelle Strategieparameter s_1/t_1 und individueller Dringlichkeiten urg_0. Die Startgebote bzw. -angebote werden bestimmt durch die Parameter s_2/t_2. Der hieraus entstehende Verhandlungsverlauf ist den Abbildungen 3.13 und 3.14 zu entnehmen. Wie bereits erwähnt werden nicht nur exakte Treffer von Geboten und Angeboten verhandelt, sondern auch Paare, die innerhalb eines vorher definierten Ähnlichkeitsbereichs (*similarity*) liegen.

Definition 3.4.1
Formel zur Berechnung des Gebots eines Konsumenten

Sei $opening\_bid_C$ das Startgebot und seien urg_C und s_{1C} mit $urg_C \geq 0$ und $s_{1C} > 0$ die Strategie-Parameter eines Konsumenten C für den Verhandlungszyklus k. Dann ist das Gebot des Konsumenten C für die Verhandlungsrunde n gegeben durch:

$$bid_C(n) := B_k - \frac{1}{e^{\frac{urg_C \cdot n}{s_{1C}} + s_{2C}}} \tag{3.5}$$

$$s_{2C} := -\ln(B_k - opening\_bid_C) \tag{3.6}$$

Definition 3.4.2
Formel zur Berechnung des Angebots eines Produzenten

Sei $opening\_offer_P$ das Startangebot und seien urg_P und t_{1P} mit $urg_P \geq 0$ und $t_{1P} > 0$ die Strategie-Parameter eines Produzenten P für den Verhandlungszyklus k. Dann ist das Angebot des Produzenten P für die Verhandlungsrunde n gegeben durch:

$$offer_P(n) := A_k + \frac{1}{e^{\frac{urg_P \cdot n}{t_{1P}} + t_{2P}}} \tag{3.7}$$

$$t_{2P} := -\ln(opening\_offer_P - A_k) \tag{3.8}$$

Zusammenführen und Umstellen der Formeln aus Definition 3.4.1 und Definition 3.4.2 liefert die folgende Darstellung:

$$bid_C(n) = B_k - (B_k - opening\_bid_C) \cdot \underbrace{\frac{1}{e^{\frac{urg_C \cdot n}{s_{1C}}}}}_{=: T_1} \tag{3.9}$$

Maximal- bzw. Minimalpreise innerhalb der Verhandlungen in DEZENT zu spezifizieren. Falls Agenten jedoch nicht innerhalb ihrer (engeren) individuellen Preisrahmen Verhandlungspartner finden, werden sie zu den extremen Grenzkosten an der Hauptreserve befriedigt oder dürfen, falls die Geräte hierzu in der Lage sind, in der nächsten Periode keine Leistung beziehen bzw. einspeisen.

$$offer_P(n) = A_k + (opening\_offer_P - A_k) \cdot \underbrace{\frac{1}{e^{\frac{urg_P \cdot n}{t_{1P}}}}}_{=: T_2} \quad (3.10)$$

Unter den Einschränkungen, dass $urg_C, urg_P \geq 0$ und $s_{1C}, t_{1P} > 0$ gelten, können die Brüche $\frac{urg_C \cdot n}{s_{1C}}$ bzw. $\frac{urg_P \cdot n}{t_{1P}}$ nur Werte ≥ 0 annehmen.

Somit können die Terme T_1 und T_2 in den Formeln 3.9 und 3.10 für beliebige $n > 0$ nur Werte aus dem Intervall $]0, 1]$ annehmen, da der Wert des Nenners im Bruch stets ≥ 1 ist.

Für $n = 0$, $urg_C = 0$ oder $urg_P = 0$ nehmen T_1 und T_2 den Maximalwert 1 an. Damit nimmt $bid_C(n)$ für $n = 0$ und $urg_C \geq 0$ oder für ein beliebiges n und $urg_C = 0$ das Startgebot $opening\_bid_C$ des Konsumenten C an. Für $n = 0$ und $urg_P \geq 0$ oder für ein beliebiges n und $urg_P = 0$ liefert $offer_C(n)$ das Startangebot $opening\_offer_C$ des Produzenten P. Mit wachsendem n werden die Werte von T_1 bzw. T_2 immer kleiner, so dass sich die Konsumentengebote $bid_C(n)$ bzw. die Produzentenangebote $offer_P(n)$ asymptotisch B_k bzw. A_k annähern.

Zusammengefasst ergibt sich folgender Kurvenverlauf für die Verhandlungskurven von Konsumenten und Produzenten in einem Verhandlungszyklus k (vgl. Abbildung 3.12):

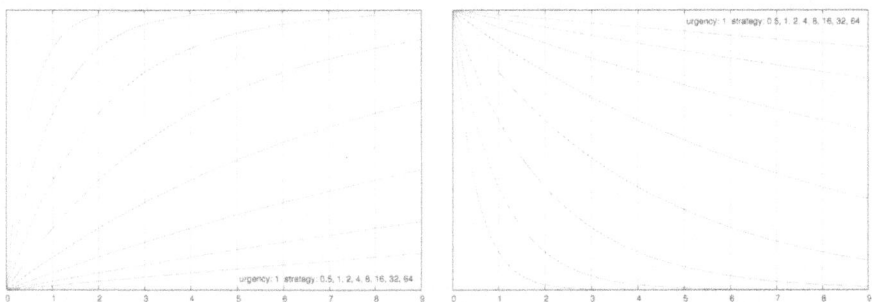

Abbildung 3.12: Verhandlungskurvenverlauf in Abhängigkeit des Strategie-Parameters s_{1C} (Konsumenten: linkes Bild) bzw. t_{1P} (Produzenten: rechtes Bild)

- Für $urg_C, s_{1C} > 0$ startet die Verhandlungskurve eines Konsumenten C bei dessen Startgebot bid_C und nährt sich asymptotisch der oberen Grenze B_k des Preisrahmens an, wobei die Geschwindigkeit der Annäherung durch die

3.4 Anpassen von Geboten und Angeboten

Strategie-Parameter urg_C und s_{1C} gesteuert wird. Ein großer Wert für s_{1C} führt zu einem flacheren Verlauf, ein kleiner Wert für s_{1C} zu einem steileren Verlauf der Kurve. Der Parameter urg_C hat die entgegengesetzte Wirkung. Für $urg_C = 0$ und beliebiges s_{1C} ist die Verhandlungskurve von C konstant bid_C über alle Verhandlungsrunden hinweg.

- Für $urg_P, t_{1P} > 0$ startet die Verhandlungskurve eines Produzenten P bei dessen Startangebot $offer_P$ und nähert sich asymptotisch der unteren Grenze A_k des Preisrahmens an, wobei die Geschwindigkeit der Annäherung durch die Strategie-Parameter urg_P und t_{1P} gesteuert wird. Ein großer Wert für t_{1P} führt zu einem flacheren Verlauf, ein kleiner Wert für t_{1P} zu einem steileren Verlauf der Kurve (vgl. Abbildung 3.12). Der Parameter urg_P hat die entgegengesetzte Wirkung. Für $urg_P = 0$ und beliebiges s_{1P} ist die Verhandlungskurve von P konstant $offer_P$ über alle Verhandlungsrunden hinweg.

Die Kombination aus Startgebot und s_1 bzw. Startangebot und t_1 stellt auf diese Weise die individuelle Strategie eines Konsumenten bzw. Produzenten dar. Eine im Weiteren wichtige Eigenschaft der Verhandlungen nach (3.9) und (3.10) soll hier schon festgehalten werden:

Lemma 3.4.1
Zwei beliebige Produzenten-/Konsumenten-Verhandlungskurven kreuzen sich höchstens einmal pro Zyklus.

Beweis von Lemma 3.4.1
Dies ist eine direkte Folge des monotonen und asymptotischen Verhaltens der steigenden/fallenden Exponentialfunktionen $offer_P(n)$ bzw. $bid_C(n)$, die sich den Grenzen des Preisrahmens B_k bzw. A_k annähern.

□

Agenten, die am Ende eines Verhandlungszyklus noch unbefriedigt sind, werden an den Gruppenmanager (BGM) der nächsthöheren Spannungsebene weitergereicht. Hierbei ist zu beachten, dass die Startwerte sowohl von Konsumenten als auch von Produzenten außerhalb des neuen (engeren) Preisrahmens liegen können. In diesem Fall müssen die betroffenen Startwerte derart korrigiert werden, dass sie wieder innerhalb des gültigen Preisrahmens liegen. Die notwendigen Anpassungen werden nachfolgend in Pseudocode dargestellt:

ADJUSTBIDS

1   **for** alle unbefriedigten Konsumenten des aktuellen BGM auf Ebene k

2   **do**   ▷ Bei allen unbefriedigten Konsumenten prüfen, ob die Startgebote noch innerhalb des zulässigen Preisrahmens liegen.

3   **if** $opening\_bid < A_{k+1}$
4   **then** $opening\_bid \leftarrow A_{k+1}$

5   Reiche unbefriedigte Konsumenten an den nächsthöheren BGM auf Ebene $k+1$ weiter.

ADJUSTOFFERS

1   **for** alle unbefriedigten Produzenten des aktuellen BGM auf Ebene k

2   **do**   ▷ Bei allen unbefriedigten Produzenten prüfen, ob die Startangebote noch innerhalb des zulässigen Preisrahmens liegen.

3   **if** $opening\_offer > B_{k+1}$
4   **then** $opening\_offer \leftarrow B_{k+1}$

5   Reiche unbefriedigte Produzenten an den nächsthöheren BGM auf Ebene $k+1$ weiter.

Treffen sich ähnliche Produzenten und Konsumenten innerhalb einer Verhandlungsrunde, wird der Bedarf des höchst bietenden Konsumenten so weit wie möglich befriedigt. Dies geschieht jedoch unter der folgenden Einschränkung: Ein Konsument darf nur X Wh (Wattstunden) ohne Unterbrechung („am Stück") erwerben (dieser Parameter wird im Folgenden mit *allowance* bezeichnet). Hierdurch wird verhindert, dass ein bösartiger Konsument große Mengen an Energie erwirbt und damit den Gesamtenergiebedarf im System künstlich in die Höhe treibt (siehe auch Kapitel 3.4.3, Sicherheit gegenüber bösartigem Verhalten). Nach Unterbrechen des höchst bietenden Konsumenten bekommen unterlegene Bieter die Möglichkeit, Strom zu erwerben. Erst wenn alle Konsumenten, für die Produzenten mit ähnlichen Angeboten existieren, ihre Aktivitäten innerhalb der Verhandlungsrunde abgeschlossen haben (oder ebenfalls unterbrochen wurden), kommt der zuerst unterbrochene höchst bietende Konsument wieder zum Zug. Diese Vorgehensweise wiederholt sich, bis alle Konsumenten befriedigt wurden oder in der aktuellen Verhandlungsrunde keine ähnlichen unbefriedigten Produzenten mehr

3.4 Anpassen von Geboten und Angeboten

verfügbar sind. Dieser Mechanismus ähnelt dem *Round-Robin* Prozess-Scheduling, das zum Einsatz kommt, um den CPU Durchsatz zu erhöhen und zu verhindern, dass späte Prozesse oder Prozesse niedriger Priorität (informatisch gesprochen) „verhungern", d.h. hier, nie eine Zuteilung erhalten. Der *allowance*-Parameter X ist dabei so zu konfigurieren, dass eine solche Unterbrechung tatsächlich nur in Missbrauchsfällen eintritt und so ein *Thrashing* des Systems verhindert wird.

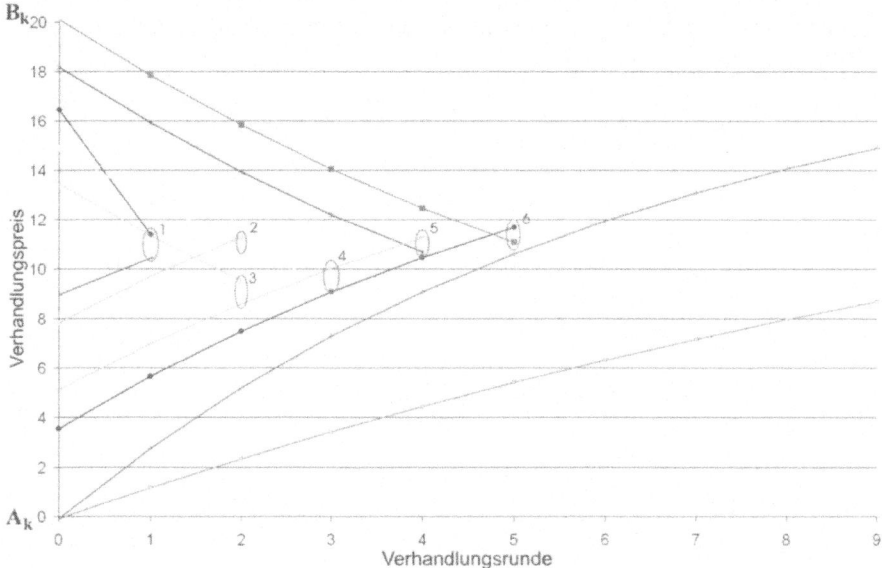

Abbildung 3.13: Verhandlungen innerhalb eines Zyklus

Treffen sich ein Konsumenten-Produzenten-Paar in einer Runde n, so sind drei mögliche Situationen zu unterscheiden (siehe Abbildung 3.13):

Situation I Das verhandelte Angebot des Produzenten entspricht exakt der benötigten Energiemenge des Konsumenten. In diesem Fall werden beide Agenten vollständig befriedigt und nehmen in Runde $n+1$ nicht mehr an den Verhandlungen teil (Fälle: 1, 5, 6 in Abbildung 3.13).

Situation II Das Angebot des Produzenten übersteigt die benötigte Energiemenge des Konsumenten. In diesem Fall wird lediglich der Konsument zufrieden gestellt, während der Produzent seine Restenergie in Runde $n+1$ zu einem niedrigeren Preis anbietet (Fall: 2 in Abbildung 3.13).

56   3 Verteilte Verhandlungen in einem dezentralen Agentensystem

Situation III Die angebotene Energiemenge des Produzenten kann die Nachfrage nicht decken. Analog zu Situation II setzt der Konsument seine Verhandlungen in Runde $n+1$ mit einem höheren Gebot weiter fort (Fälle: 3, 4 in Abbildung 3.13).

Nach Ablauf der letzten (zehnten) Verhandlungsrunde bleiben in diesem Beispiel zwei Verbraucher unbefriedigt, die an den Gruppenmanager der nächsthöheren Ebene weiter gereicht werden.

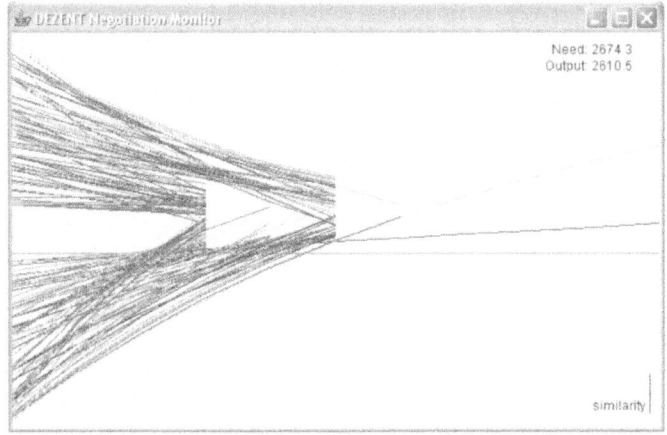

Abbildung 3.14: Verhandlungsmonitor eines Beispielzyklus mit 150 Agenten

Abbildung 3.14 zeigt einen Verhandlungszyklus mit 150 Agenten (75 Konsumenten, 75 Produzenten) und einer leichten Unterversorgung innerhalb des Bilanzkreises (2674,3 kW Bedarf gegenüber einer Erzeugung von 2610,5 kW). In dem vorgestellten Beispiel bleiben vier Konsumenten unbefriedigt und werden auf die nächste Verhandlungsebene weiter gereicht. Die unbefriedigten Agenten in diesem Beispiel sind Konsumenten mit hohen Startgeboten, aber extrem flachen Verhandlungskurven und ein Agent mit moderater Verhandlungskurve, dafür aber niedrigstem Startgebot.

Der beschriebene Verhandlungsalgorithmus wird in Kapitel 4.4 ab Seite 123 vollständig in Pseudocode-Notation angegeben und auf seine Komplexität hin untersucht.

3.4.1 Verhandlungspreis

Agenten sollen von Verträgen, die möglichst früh geschlossen werden (regional auf einer niedrigen Spannungsebene), profitieren. Um die Wahl von Strategien zu belohnen, die eine erfolgreiche Verhandlung auf den unteren Ebenen zur Folge haben, ist der Verhandlungsalgorithmus so gestaltet, dass die Konsumenten und Produzenten in diesem Fall bessere Preise erzielen können. Dies geschieht durch die folgenden zwei Eigenschaften des Algorithmus:

1. Wenn ein Agent durch alle Verhandlungszyklen fällt, kauft er seine Energie von bzw. verkauft sie an die Hauptreserve. Die Preise entsprechen dabei der von der Hauptreserve (Großkraftwerk oder Verbundnetz) vorgegebenen Grenzkosten $\underline{A}$ und $\overline{B}$ mit $\overline{B} - \underline{A} > B_k - A_k > B_{k+1} - A_{k+1}$ und stellen jeweils den ungünstigsten Fall für den Akteur dar.

2. Die Preisrahmen, in denen die Verhandlungen stattfinden, werden mit höherer Spannungsebene enger. Hieraus folgt, dass die Bandbreite der erzielbaren Preise enger wird. Darüber hinaus werden im Folgenden Preisaufschläge für Konsumenten bzw. -abschläge für Produzenten eingeführt, um die durch überregionale Verträge mit Verlustleistungen verbundenen Kosten zu berücksichtigen. Dazu wird der in einer Verhandlung auf Ebene k erzielte Preis für den Konsumenten um den Wert $c(k)$ erhöht und für den Produzenten um $c(k)$ gesenkt. Der Parameter $c(k)$ wird dabei auch für die Verkleinerung der Preisrahmen verwendet (vgl. Formel (3.4) auf Seite 47).

Definition 3.4.3
Berechnung des Verhandlungspreises

Eine Konsumentenkurve und eine Produzentenkurve treffen in Verhandlungsrunde n auf Verhandlungsebene k innerhalb ihres Ähnlichkeitsbereichs *similarity* aufeinander, dann sei $bid_{C_k}(n)$ das Gebot des Konsumenten C und $offer_{P_k}(n)$ das Angebot des Produzenten P. Die Preise eines Konsumenten $price_{C_k}$ und eines Produzenten $price_{P_k}$ in Verhandlungsrunde n auf Verhandlungsebene k berechnen sich wie folgt:

$$price_{C_k} := \frac{offer_{P_k}(n) + bid_{C_k}(n)}{2} + c(k) \tag{3.11}$$

$$price_{P_k} := \frac{offer_{P_k}(n) + bid_{C_k}(n)}{2} - c(k) \tag{3.12}$$

Der Auf- bzw. Abschlag $c(k)$, der ebenfalls zur Reduzierung der Preisrahmen über Verhandlungsebenen hinweg verwendet wird, berechnet sich entsprechend Formel (3.4) auf Seite 47 nach $c(k) := \frac{B_0 - A_0}{2} \cdot Sr \cdot k$. Dabei ist Sr der Shrinking Factor, mit dem die Preisrahmen über Verhandlungsebenen hinweg verkleinert werden.

Preise sowohl für Konsumenten als auch für Produzenten sind also auf Verhandlungsebene k um mindestens $c(k)$ ¢ höher bzw. niedriger als der „günstigste" Preis, der jeweils für Konsumenten oder Produzenten auf der untersten Verhandlungsebene $k = 0$ möglich ist (für Konsumenten ist der günstigste Preis, der auf Ebene $k = 0$ denkbar ist, die untere Grenze des Preisrahmens A_k und für Produzenten ist der denkbar günstigste Preis die obere Grenze des Preisrahmens B_k). Die günstigsten Verträge können also nur zwischen regional benachbarten Konsumenten und Produzenten auf unterster Verhandlungsebene innerhalb eines Bilanzkreises erzielt werden.

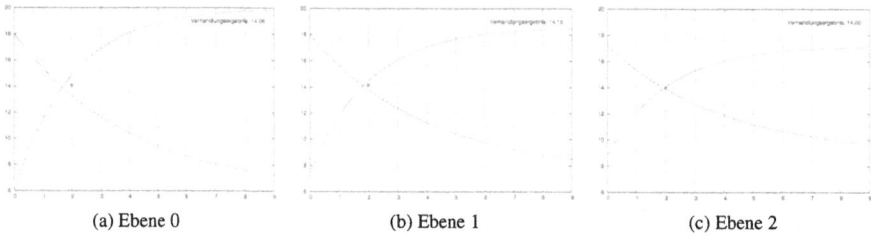

(a) Ebene 0   (b) Ebene 1   (c) Ebene 2

Abbildung 3.15: Entwicklung der Verhandlungskurven über drei Zyklen hinweg

Abbildung 3.15 zeigt die Preisentwicklung exemplarisch für ein Konsumenten-Produzenten-Paar für den Fall, dass sich in Verhandlungsrunde $n = 2$ auf Ebene 0, 1 oder 2 begegnet (bei einem Shrinking Factor $Sr = 0{,}2$; außerdem eingezeichnet ist der Ähnlichkeitsbereich des Konsumenten bei $similarity = 2$ ¢). Die Startwerte $opening\_offer$ bzw. $opening\_bid$ müssen zwischen den Zyklen nachkorrigiert werden, da sie nicht auf allen drei Ebenen innerhalb der gültigen Preisrahmen liegen. Die unterschiedlichen Kurvenverläufe ergeben sich durch die veränderten Werte für die Asymptoten der Verhandlungskurven A_k bzw. B_k in den Verhandlungsfunktionen 3.9 bzw. 3.10 auf Seite 51. Für gleich bleibende Verhandlungsstrategien beider Agenten ist der Preisverlauf über die drei Verhandlungszyklen hinweg in Tabelle 3.1 angegeben.

Tabelle 3.1: Beispielhafte Preisentwicklung mit Preisauf- und -abschlägen

	$\frac{offer_{P_k}(2)+bid_{C_k}(2)}{2}$	$price_{C_k}$	$price_{P_k}$	Differenz
Ebene $k = 0$:	14,06 ¢	14,06 ¢	14,06 ¢	0,00 ¢
Ebene $k = 1$:	14,15 ¢	15,55 ¢	12,75 ¢	2,80 ¢
Ebene $k = 2$:	14,00 ¢	16,80 ¢	11,20 ¢	5,60 ¢

3.4 Anpassen von Geboten und Angeboten   59

Die Verhandlungspreise in diesem Beispiel werden sowohl für Konsumenten als auch für Produzenten mit jeder höheren Verhandlungsebene ungünstiger. Der zu viel gezahlte (bzw. zu wenig ausgezahlte) Differenzbetrag fließt dabei an den BGM ab und kann für den Netzbetrieb (Ausbau, Wartung) bzw. zum Ausgleich von Leitungsverlusten und zur Netzstabilisierung verwendet werden. Dieser Aspekt der Systemstabilisierung, die Integration in den DEZENT-Verhandlungsalgorithmus und die damit verbundenen Kosten werden in Kapitel 4 detailliert beschrieben.

3.4.2 Excessive Bargaining

Problemstellung

Ein unerwartet hoher Bedarf an elektrischer Energie kann dazu führen, dass betroffene Verbraucher extreme Verhandlungsstrategien in der Absicht wählen, möglichst früh innerhalb eines Verhandlungszyklus geeignete Erzeuger zu finden und so ihren Bedarf sicher auf unterster Verhandlungsebene zu decken. Zu diesem Zweck können Verhandlungsstrategien gewählt werden, die ausgehend von einem Startangebot $offer_P(0)$ steil abfallen bzw. ausgehend von einem Startgebot $bid_C(0)$ stark ansteigen. Unter diesen Voraussetzungen ist es möglich, dass sich eine extreme Konsumentenkurve mit einer extremen Produzentenkurve trifft und der Vergleich der beiden Werte während der Verhandlungen sowohl vor der Kreuzung als auch nach der Kreuzung innerhalb einer Verhandlungsrunde keine Ähnlichkeit innerhalb des *similarity*-Bereichs ergibt. Beide Kurven schneiden sich demnach zu steil, so dass – selbst innerhalb der gewählten kurzen Zeitintervalle – keine Vertragsbildung zustande kommt. Aufgrund der exponentiellen Form der Verhandlungskurven haben die beiden beschriebenen Kurven im weiteren Verlauf des Verhandlungszyklus keine Möglichkeit mehr, miteinander verhandelt zu werden und – in bestimmten Fällen – auch sonst keine Chance mehr auf einen Vertragsabschluss innerhalb des Zyklus. Dieses Verhalten wird im Folgenden *Excessive Bargaining* genannt. Dieses Verhalten soll auf jeden Fall vermieden werden, d.h.:

*Wenn sich eine Konsumenten- und eine Produzentenkurve innerhalb einer Runde **n** kreuzen, dann muss die Differenz beider Verhandlungswerte zum Zeitpunkt **n** innerhalb des Ähnlichkeitsbereichs similarity liegen.*

Für gegebene Konsumenten C, Produzenten P und Verhandlungsrunden n gilt:

$$\begin{aligned} & offer_P(n) - bid_C(n) > similarity \\ \wedge\ & offer_P(n+1) - bid_C(n+1) \leq 0 \\ \Rightarrow\ & bid_C(n+1) - offer_P(n+1) \leq similarity \end{aligned} \qquad (3.13)$$

Kommentar

Diese Anforderung soll nicht nur dem Fehlschlagen von Verhandlungen vorbeugen, sondern auch dafür sorgen, dass Verhandlungspartner so früh und so schnell wie möglich identifiziert werden. Dies geschieht zum Vorteil aller beteiligten Akteure:

- Mit Excessive Bargaining verschlechtern sich die Preise für die betroffenen Agenten, da mögliche bessere (frühere) Verträge nicht zustande kommen. In Extremfällen kommen für die betroffenen Agenten gar keine Verträge vor Erreichen der Ausgleichskapazität zustande.

- Nach jedem Zyklus und mit jeder weiteren Ebene steigt die Reichweite der aktiven Bilanzkreisverwalter und damit die mögliche Zahl der an der aktuellen Verhandlung teilnehmenden Agenten. Von dem Verhandlungsalgorithmus wird jedoch erwartet, dass die Zahl der aktiven Agenten von Ebene zu Ebene abnimmt, da verschiedene Mechanismen (enger werdende Preisrahmen, Preisauf- bzw. -abschläge) dafür sorgen, dass späte Vertragsabschlüsse grundsätzlich unvorteilhafter (teurer) als frühe sind. Excessive Bargaining wirkt dieser Entwicklung entgegen.

Die Beweisidee ist, eine größte untere Schranke l zu finden, so dass Excessive Bargaining unmöglich ist für alle Verhandlungskurven mit $l \leq s_1, t_1$. *Dies wäre ein hinreichendes Kriterium zur Vermeidung von Excessive Bargaining.*

Satz 3.4.2:

Seien bid_C und $offer_P$ die Verhandlungskurven für einen Konsumenten C bzw. einen Produzenten P im k-ten Zyklus einer Verhandlungsperiode Π. Sei *similarity* der Ähnlichkeitsbereich für Verhandlungen innerhalb von Π und A_k und B_k die Grenzen des Preisrahmens im k-ten Zyklus von Π. Seien s_{iC}, t_{iP}; $i = 1, 2$ die Strategieparameter von C bzw. P.

Wenn für $0 < similarity < B_k - A_k$ gilt:

$$s_{1C}, t_{1P} \geq \frac{urg_0}{\ln\left(\frac{(A_k - B_k) - similarity}{(A_k - B_k) + similarity}\right)} \tag{3.14}$$

dann ist Excessive Bargaining nicht möglich und (3.13) erfüllt.

3.4 Anpassen von Geboten und Angeboten

Bemerkung:

Wir nehmen an, dass $0 < similarity < B_k - A_k$, da mit $similarity = 0$ eine Vielzahl von Verträgen nicht zustande kommen würde und Energie an der Ausgleichskapazität bezogen wird. Verträge zwischen Konsumenten und Produzenten würden nur dann geschlossen, wenn $offer_P(n) = bid_C(n)$. Mit $similarity = B_k - A_k$ würde die große Bandbreite an individuellen Bedürfnissen sowie Gestehungskosten unberücksichtigt bleiben.

Aufgrund ihrer exponentiellen Form und ihrer asymptotischen Annäherung an die Grenzen des Preisrahmens A_k bzw. B_k werden die Steigungen der Verhandlungskurven im Laufe eines Zyklus immer flacher (siehe Abbildung 3.16).

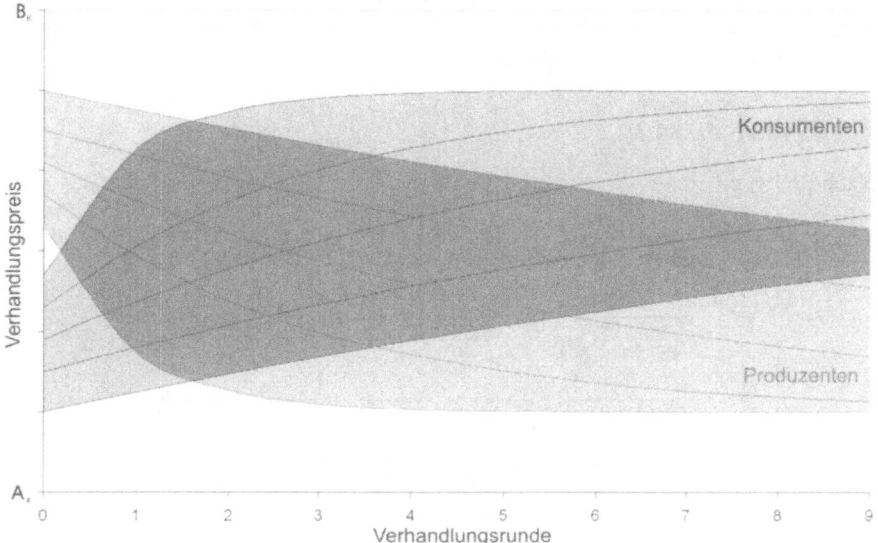

Abbildung 3.16: Verhandlungskurvenschar

Die Länge der Differenzen $offer_P(n) - bid_C(n)$ (vor der Kreuzung) und $bid_C(n+1) - offer_P(n+1)$ (nach der Kreuzung beider Kurven, siehe Gleichung 3.13) hängt direkt vom Schnittwinkel der beiden Verhandlungskurven ab. Mit flacher werdenden Steigungen nehmen daher auch die Wahrscheinlichkeiten für Excessive Bargaining ab.

Sowohl der Anstieg der Konsumentenkurve als auch der Abfall der Produzentenkurve sind durch die Strategieparameter s_1 bzw. t_1 bestimmt (siehe Kapitel 3.4). Je niedriger diese Strategieparameter gewählt werden, desto steiler fallen die dazu gehörigen Verhandlungskurven aus (siehe hierzu auch die Betrachtungen zu der Gestalt der Verhandlungskurven in Kapitel 3.4 auf Seite 52).

Durch Beschränken der Strategiewerte s_1 und t_1 derart, dass sich zwei Kurven nach der ersten Runde nicht exzessiv kreuzen können (nach der ersten Runde haben die Verhandlungskurven die größten Steigungen), ist offensichtlich, dass sie sich in den darauf folgenden Runden und mit flacheren Steigungen ebenfalls nicht mehr exzessiv kreuzen können.

Durch die enger werdenden Preisrahmen auf höheren Verhandlungsebenen werden die Verhandlungskurven (von unbefriedigten Agenten) ebenfalls von Zyklus zu Zyklus flacher. Mit einer Beschränkung der Strategiewerte derart, dass sich zwei Kurven nach der ersten Runde auf unterster Verhandlungsebene nicht exzessiv kreuzen können, ist ebenso offensichtlich, dass sie sich in darauffolgenden Verhandlungszyklen (auf höheren Ebenen und bei engeren Preisrahmen) ebenfalls nicht mehr exzessiv kreuzen können.

Beweis von Satz 3.4.2:

Nach (3.13) gilt:

$$
\begin{aligned}
0 \;\leq\;\; & bid_C(n+1) - offer_P(n+1) = \\
\stackrel{(3.5),(3.6)}{=} & -\frac{1}{e^{\frac{urg_0(n+1)}{s_{1C}} + s_{2C}}} - \frac{1}{e^{\frac{urg_0(n+1)}{t_{1P}} + t_{2P}}} + B_k - A_k = \\
\stackrel{(3.7),(3.8)}{=} & -\frac{1}{e^{\frac{urg_0(n+1)}{s_{1C}} - \ln(B_k - bid_0)}} - \frac{1}{e^{\frac{urg_0(n+1)}{t_{1P}} - \ln(offer_0 - A_k)}} + B_k - A_k = \\
= & -\frac{B_k - bid_0}{e^{\frac{urg_0(n+1)}{s_{1C}}}} - \frac{offer_0 - A_k}{e^{\frac{urg_0(n+1)}{t_{1P}}}} + B_k - A_k
\end{aligned}
$$

Mit den Gleichungen (3.5), (3.6), (3.7) und (3.8) lassen sich bid_0 und $offer_0$ eliminieren, so dass sich folgender Ausdruck ergibt:

$$
\begin{aligned}
& \frac{(bid_C(n) - B_k) \cdot e^{\frac{urg_0 \cdot n}{s_{1C}}}}{e^{\frac{urg_0 \cdot n}{s_{1C}}}} - \frac{(offer_P(n) - A_k) \cdot e^{\frac{urg_0 \cdot n}{t_{1P}}}}{e^{\frac{urg_0 \cdot n}{t_{1P}}}} + B_k - A_k = \\
= & \frac{bid_C(n) - B_k}{e^{\frac{urg_0}{s_{1C}}}} - \frac{offer_P(n) - A_k}{e^{\frac{urg_0}{t_{1P}}}} + B_k - A_k
\end{aligned}
\quad (3.15)
$$

Um (3.13) zu beweisen, ist zu zeigen, dass der Ausdruck (3.15) durch *similarity* beschränkt ist.

3.4 Anpassen von Geboten und Angeboten

$$\frac{bid_C(n) - B_k}{e^{\frac{urg_0}{s_{1C}}}} - \frac{offer_P(n) - A_k}{e^{\frac{urg_0}{t_{1P}}}} + B_k - A_k \leq similarity$$

$$\Rightarrow D := \frac{bid_C(n) - B_k}{e^{\frac{urg_0}{s_{1C}}}} - \frac{offer_P(n) - A_k}{e^{\frac{urg_0}{t_{1P}}}} \leq (A_k - B_k) + similarity \quad (3.16)$$

In Ausdruck D werden s_{1C} und t_{1P} durch ihre gemeinsame untere Schranke ersetzt und damit D nach oben abgegrenzt. Für D ergibt sich:

$$D \leq \frac{bid_C(n) - B_k}{e^{\ln\left(\frac{(A_k-B_k)-sim}{(A_k-B_k)+sim}\right)}} - \frac{offer_P(n) - A_k}{e^{\ln\left(\frac{(A_k-B_k)-sim}{(A_k-B_k)+sim}\right)}} =$$

$$= \frac{bid_C(n) - offer_P(n) + A_k - B_k}{e^{\ln\left(\frac{(A_k-B_k)-sim}{(A_k-B_k)+sim}\right)}} =$$

$$= \frac{bid_C(n) - offer_P(n) + A_k - B_k}{\frac{(A_k-B_k)-sim}{(A_k-B_k)+sim}} =: E$$

Da gilt: $offer_P(n) - bid_C(n) > similarity$ oder $bid_C(n) - offer_P(n) < -similarity$, lassen sich die Ausdrücke D und E in der folgenden Ungleichungskette schreiben

$$\Rightarrow D \leq E < \frac{(A_k - B_k) - similarity}{\frac{(A_k-B_k)-similarity}{(A_k-B_k)+similarity}} = (A_k - B_k) + similarity \leq 0$$

Damit ist Ungleichung (3.16) erfüllt und Satz 3.4.2 bewiesen.

□

Korollar 3.4.3:

Wenn Excessive Bargaining nicht möglich ist und sich eine Verbraucherkurve und eine Produzentenkurve innerhalb einer Runde kreuzen, dann endet mindestens eine der beiden Kurven am Ende dieser Runde[4].

---

[4]In Kapitel 3.4 wurde bemerkt, dass die Gebots- bzw. Angebotskurven Maximal- und Minimalwerte zulassen können, die innerhalb $[A_k, B_k]$ liegen. O.B.d.A. kann der Beweis auch für Verhandlungskurven mit asymptotische Preisgrenzen innerhalb $[A_k, B_k]$ geführt werden, da diese Verhandlungskurven allgemein flachere Gestalt haben und damit die Möglichkeiten für Excessive Bargaining geringer werden.

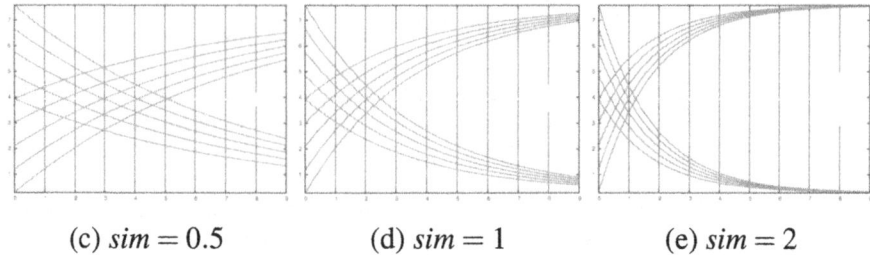

(c) $sim = 0.5$ (d) $sim = 1$ (e) $sim = 2$

Abbildung 3.17: Verlauf steilster Verhandlungskurven für unterschiedliche *similarity*-Werte

Abbildung 3.17 ist die exemplarische Darstellung der Auswirkung des hinreichenden Kriteriums zur Vermeidung von Excessive Bargaining durch eine untere Schranke für die möglichen Steigungen der Verhandlungskurven bei unterschiedlichen *similarity*-Werten. Es wird gezeigt, wie sich die steilsten Verhandlungskurven in Abhängigkeit der *similarity* darstellen, so dass Excessive Bargaining vermieden wird ($0,5\ ¢ \leq similarity \leq 2\ ¢$ in Abbildung 3.17 c–e).

3.4.3 Sicherheit gegenüber bösartigem Verhalten

Klassische Markt- und Auktionsmodelle sind durch die Einführung von antisozialen Agenten, die ihre Gewinne im Vergleich mit ihren Konkurrenten maximieren wollen, mit [BW01] merklich erweitert worden. Diesem Maß für antisoziales Verhalten im Auktionsbereich wird in DEZENT noch an die Seite gestellt, dass fast jeder Benutzeragent eine Doppelrolle spielt, da für jede Periode neu entschieden und festgelegt wird, ob er – falls er überhaupt verhandelt – Produzent oder Konsument ist (siehe Kapitel 3.2). Das jeweilige Resultat der verteilten Verhandlungen ist für ihn unvorhersehbar.

Bei DEZENT handelt es sich um ein kooperatives System. Aus diesem Grund werden solche nicht-kooperativen Strategien, die rücksichtslos und daher nichtkooperativ den individuellen Profit maximieren wollen (und hierbei Verluste für andere Agenten bereitwillig in Kauf nehmen) als bösartig betrachtet und in die folgende Betrachtungsweise mit einbezogen. Wegen der zentralen und allgemeinen Bedeutung der abdeckenden Versorgung mit regenerativer Energie für die kooperativen Prozesse muss darüber hinaus darauf geachtet werden, dass nicht allein durch Marktbewegungen eine ernsthafte Verknappung von Energie eintreten kann.

Nachfolgend sollen vier typische riskante Strategien oder Angriffe in DEZENT

3.4 Anpassen von Geboten und Angeboten

skizziert werden, die auch in anderen organisatorischen Zusammenhängen auftreten und im Rahmen der Computersicherheit wichtig sind:

Angriff I. Ein Agent oder eine Koalition von Agenten könnte versuchen, große Mengen an elektrischer Leistung zu einem niedrigen Preis zu erwerben, auf diese Weise eine künstliche Verknappung erzeugen und die gekaufte Energie später zu einem höheren Preis wieder verkaufen.

Angriff II. Ein Produzent könnte überteuerte Preise verlangen und darauf spekulieren, dass er zwar innerhalb seiner eigenen Bilanzgruppe keinen Konsumenten findet, dadurch jedoch auf eine höhere Spannungsebene weitergereicht wird und dort auf Konsumenten trifft, die bereit sind, seinen überteuerten Preis zu bezahlen.

Angriff III. Angriff II wäre sogar noch erfolgreicher, wenn der Produzent globale Informationen nutzen könnte, um entsprechend besonders dringende Bedürfnisse auszunutzen.

Angriff IV. Ein Saboteur könnte versuchen, sämtliche angebotene erneuerbare Energie aufzukaufen, so dass alle anderen Konsumenten an das wesentlich teurere Ausgleichskraftwerk weiter gereicht werden.

DEZENT ist immun gegenüber Angriffen solcher Art. Im Folgenden soll die Beweisidee für die Angriffe I-IV angegeben werden. Es ist zu zeigen, dass sich kein Agent oder ein Bündnis solcher Agenten einen Vorteil gemäß der Angriffe I-IV verschaffen kann, wenn alle Agenten dem in Abschnitt 4 vorgestellten Modell entsprechen und die damit verbundenen Bedingungen erfüllen.

Zu Angriff I. Nach den Axiomen in Kapitel 3.2 auf Seite 44 kann ein Konsument während einer Verhandlungsperiode nicht zu einem Produzenten werden. Außerdem wird Energie immer nur für die Dauer des nächsten Verhandlungsintervalls gehandelt. Ein Agent kann einmal erworbene Energie daher nicht wieder verkaufen.

Zu Angriff II. Ein Agent, der überhöhte Preise verlangt, wird zwar zwangsläufig auf eine höhere Ebene weitergereicht, durch die Verkleinerung des gültigen Preisrahmens und die Einführung von Preisauf- und -abschlägen (Kapitel 3.3) werden seine Preise aber nach unten korrigiert. Selbst unter der Berücksichtigung, dass die Gebote von Konsumenten auf die gleiche Weise nach oben korrigiert werden, ist der so erzielte Strompreis niedriger als das ursprüngliche Angebot des Produzenten. Im schlimmsten Fall wird der Produzent jedoch bis auf die letzte Ausgleichsebene hoch gereicht und findet überhaupt keinen anderen Abnehmer für seine Leistung als die externe Reservekapazität.

Zu Angriff III. Nach den Axiomen in Kapitel 3.2 auf Seite 44 wird Energie immer nur für die Dauer der nächsten Verhandlungsperiode gehandelt. In DEZENT gibt es daher keine Langzeitverträge und auch keine Bedarfsinformationen über die Dauer der nächsten Periode hinaus. Es sind in DEZENT keine globalen Informationen verfügbar. Einem Produzenten stehen also nur Informationen über seinen eigenen Zustand und die befriedigten Bedürfnisse seiner direkten Verhandlungspartner (nach erfolgreichen Vertragsabschlüssen) nach Abschluss des letzten Verhandlungszyklus über die nächste Verhandlungsperiode zur Verfügung.

Zu Angriff IV. Durch das Round-Robin ähnliche Verfahren, das auch für das Prozess-Scheduling eingesetzt wird, um mehreren konkurrierenden Prozessen begrenzte Ressourcen zuzuweisen (Kapitel 3.4), ist die beschriebene Sabotage des Systems nicht möglich.

In [BW01] wird das antisoziale Verhalten von Agenten folgendermaßen spezifiziert: Das Ziel eines bösartigen Agenten i ist, seinen absoluten Profit $payoff_i$ zu maximieren. Er kann dies erreichen, ohne die Profite $profit_j$ der anderen Agenten im System zu berücksichtigen, oder aber eigene kleine Verluste in Kauf nehmen, wenn er dadurch große Verluste bei anderen Agenten hervorrufen kann. Der absolute Profit $payoff_i$ eines bösartigen Agenten i lässt sich beschreiben als:

$$payoff_i := (1 - d_i)\, profit_i - d_i \sum_{j \neq i} profit_j$$

Hierbei beschreibt der Faktor $d_i \in [0; 1]$ die Aggressivität des antisozialen Agenten. Ein aggressiver Agent ist eher bereit, anderen Agenten Verluste zuzufügen, wenn er dadurch seinen absoluten Profit maximiert. Für den Fall $d_i = 1$ besteht das Ziel eines derartigen Agenten ausschließlich darin, anderen Agenten Schaden zuzufügen, ohne Rücksicht auf eigene Verluste. Die zuvor beschrieben Angriffe ließen sich mit dieser Beschreibung unterteilen in: $d_i = 0$ (Angriff I), $0 \leq d_i \leq 0{,}5$ (Angriff II), $0{,}5 < d_i < 1$ (Angriff III) und $d_i = 1$ (Angriff IV).

3.5 Modellsimulationen zum Einfluss der *similarity* und der Preisrahmengröße

Um die Performanz des vorgestellten Verhandlungsalgorithmus in Bezug auf die Anzahl unbefriedigter Konsumenten und Produzenten sowie auf die Verhandlungsdauer zu bewerten, werden im Folgenden vergleichende Experimente durchgeführt. In diesen Experimenten wird zunächst die Rechenzeit für die Verhandlungszyklen (10 Verhandlungsrunden) in Abhängigkeit der Anzahl von Konsumenten-Produzenten-Paaren untersucht. Die nachfolgenden Experimente wurden bereits in [WLHK06a] veröffentlicht.

Tabelle 3.2: Experimentelles Setup für die Laufzeitanalyse

B_0	10 ¢
A_0	0 ¢
urg_C, urg_P	1
s_1, t_1	10-15
$offer_0$	$\frac{B_0}{2} - B$
bid_0	$A - \frac{A_0}{2}$
allowance X	50 W pro Periode
similarity	2 ¢
Bedarf eines Konsumenten	1-50 W pro Periode
Bedarf eines Produzenten	1-50 W pro Periode
A_0: Untere Grenze des Preisrahmens auf der ersten (untersten) Verhandlungsebene	
B_0: Obere Grenze des Preisrahmens auf der ersten (untersten) Verhandlungsebene	

Um die Leistungsfähigkeit moderner eingebetteter Systeme oder Industrie-PC-Lösungen zu simulieren, kommt für diese Experimente eine vergleichsweise leistungsschwache Maschine zum Einsatz. Tabelle 3.2 zeigt den experimentellen Aufbau und die Konfiguration der Versuchsreihe. Die Agenten wurden zu Beginn einer Testreihe mit zufällig ausgewürfelten Verhandlungsstrategien aus den angegebenen Intervallen initialisiert. In diesem Experiment beträgt die *allowance* 50 W pro Periode. Die übrigen Simulationsparameter sind für das erste Experiment nicht weiter von Bedeutung und gewährleisten hier lediglich einen (mit den bis zu dieser Stelle genannten Argumenten) konsistenten Verhandlungsablauf. Die Experimente werden auf einem Pentium III (@600 MHz) mit 512 MB Arbeitsspeicher durchgeführt. Abbildung 3.18 zeigt die Ergebnisse dieser Messreihe. Für einen

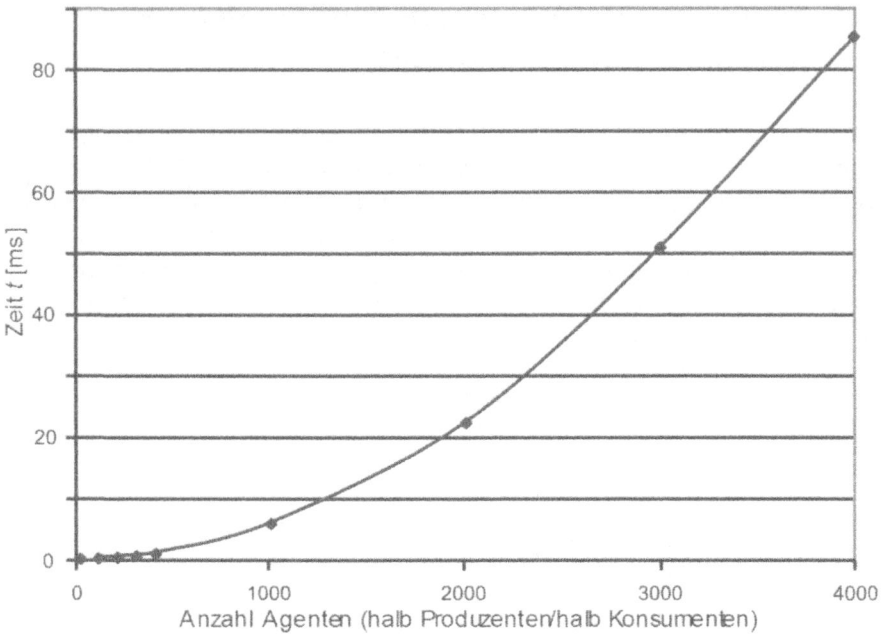

Abbildung 3.18: Rechenzeit für einen Verhandlungszyklus

Bilanzkreis mit 500 Agentenpaaren beträgt die Rechenzeit auf der verwendeten Maschine deutlich weniger als 10 ms. Mit einer typischen Bilanzkreisgröße eines 0,4 kV-Bilanzkreises von etwa 50 Haushalten ist eine reine Gesamtverhandlungszeit von weit unter 50 ms für eine Verhandlungsperiode zu erwarten, was den größten Teil einer Periodendauer von 500 ms für die notwendige Kommunikation und das Netzmanagement übrig lässt.

Abbildung 3.19 zeigt die Ergebnisse für Untersuchungen über Einfluss der Preisrahmengröße auf die Anzahl unbefriedigter Agenten am Ende eines Verhandlungszyklus bei steigender Agentenzahl. In diesen Experimenten wird die *similarity* wie bereits in den Experimenten zuvor auf 2 ¢ gesetzt. Das Setup dieser Messreihen ist in Tabelle 3.3 angegeben. Die Bedürfnisse, Startgebote als auch die verwendeten Verhandlungsstrategien werden zufällig für jeden Agenten aus den vorgegebenen Intervallen gewählt. Abbildung 3.20 zeigt die Entwicklung für die Anzahl unbefriedigter Agenten nach einem Verhandlungszyklus bei steigender Agentenzahl und unterschiedlichen *similarity*-Werten der Verhandlungen. Für die Experimen-

3.5 Modellsimulationen zum Einfluss der *similarity* und der Preisrahmengröße

Tabelle 3.3: Experimentelles Setup für preisbasierte Experimente

B_0	10 ¢-22 ¢
A_0	0 ¢
urg_C, urg_P	1
s_1, t_1	10-15
$offer_0$	$\frac{B_0}{2} - B$
bid_0	$A - \frac{A_0}{2}$
allowance X	50 W pro Periode
similarity	1,7 ¢- 5 ¢
Bedarf eines Konsumenten	1-50 W pro Periode
Bedarf eines Produzenten	1-50 W pro Periode

A_0: Untere Grenze des Preisrahmens auf der ersten (untersten) Verhandlungsebene

B_0: Obere Grenze des Preisrahmens auf der ersten (untersten) Verhandlungsebene

te über verschiedene *similarity* Belegungen wird ein fester Preisrahmen von 18 ¢ angesetzt.

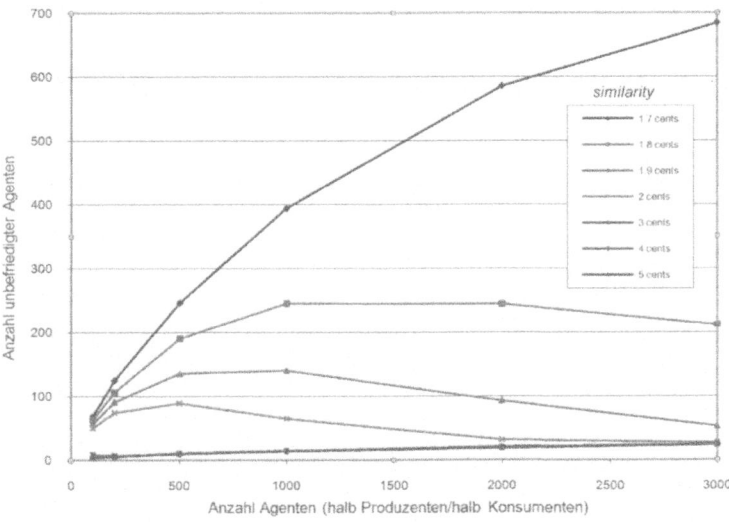

Abbildung 3.19: Anzahl unbefriedigter Agenten bei verschiedenen *similarity*-Werten

Der gemeinsame Eindruck aus beiden Experimenten (Abbildungen 3.19 und 3.20) ist, dass es unter extremen Bedingungen (sehr enge *similarity*-Bereiche oder große Preisrahmen) für die Agenten schwieriger wird, passende Verhandlungspartner zu finden, so dass Verträge zustande kommen. Wie zu erwarten, bewirkt eine Vergrößerung des *similarity*-Bereichs ein Absinken der Anzahl unbefriedigter Agenten, da mit steigender Ähnlichkeit auch die Zahl adäquater Verhandlungspartner steigt. Bei steigender Preisrahmengröße ist es für eine niedrige Zahl verhandelnder Agenten zunehmend schwierig, Verhandlungspartner zu finden. Auch dieses Verhalten war zu erwarten. Ohne eine den allgemeinen Systemparametern (Preisrahmengröße, *similarity*, Versorgungsbilanz etc.) entsprechende Anpassung der Verhandlungsstrategien und damit der Gestalt der individuellen Verhandlungskurven ist ein von diesen Experimenten abweichendes Verhalten nicht zu erwarten. Mit der Einführung adaptiver Verhandlungsstrategien, die individuell nach jeder Periode bewertet und den dynamischen Verhandlungsbedingungen angepasst werden, wird in Kapitel 5 gezeigt, dass die verteilten Agenten in der Lage sind, sich sehr schnell und äußerst erfolgreich auf die hohe Dynamik in einem Energieversorgungssystem mit einem hohen Grad an Unvorhersehbarkeiten durch die regenerative Energieerzeugung einzustellen.

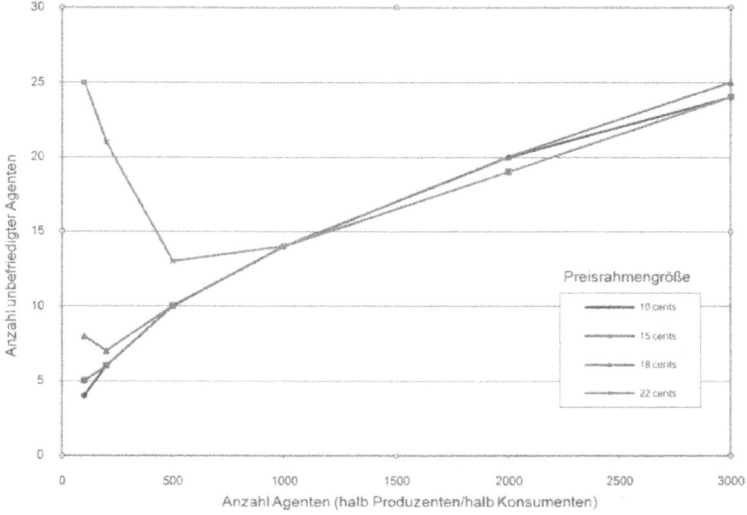

Abbildung 3.20: Anzahl unbefriedigter Agenten bei verschiedenen Preisrahmengrößen

3.6 Kommunikation über Ticket Distributoren

In DEZENT wird die Kommunikation zwischen Agenten von Kommunikationsagenten, sog. *Ticket Distributoren* (TD) gebündelt. Hierdurch soll die Kommunikationseffizienz und die Sicherheit des Systems erhöht werden, da Agenten auf diese Weise nicht die Möglichkeit haben, durch Analyse der Kommunikationsvorgänge zusätzliche Informationen über Versorgungs- und Bedarfssituationen zu erhalten (siehe Abbildung 3.21).

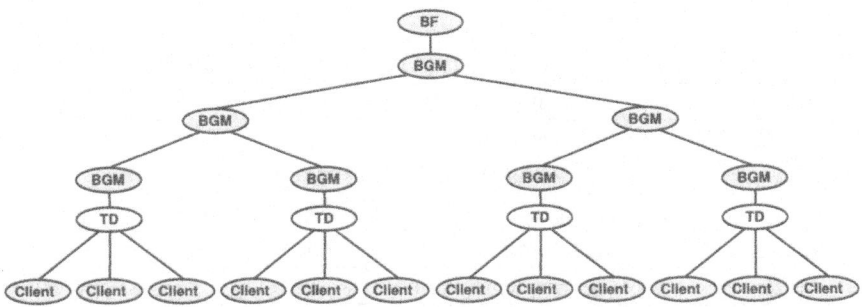

Abbildung 3.21: Schematische Darstellung des um Ticket Distributoren erweiterten DEZENT-Verhandlungsbaums

Die Klienten schicken ihre Informationen nicht direkt an ihren BGM, sondern an einen Ticket Distributor, der diese Informationen in Form von *Tickets* (siehe auch Tabelle 3.4) für einen BGM verwaltet. Zu Beginn der Verhandlungsperiode schickt der TD eine Liste mit allen Agenteninformationen an den zugehörigen BGM weiter. Das Feedback wird von den BGM an den jeweils zuständigen TD geschickt und dieser sendet die Informationen den entsprechenden Klienten zu (vgl. Abbildung 3.22). Die Klienten kennen jeweils nur ihren zuständigen Ticket Distributor. Eine direkte Kommunikation mit den BGM findet nicht mehr statt[5].

Das Ticket enthält alle Informationen, um den Zustand eines Konsumenten oder Produzenten in DEZENT darzustellen und zu kommunizieren. Der Agent teilt dem zugehörigen BGM seine Verhandlungsparameter für eine Verhandlungsperiode mit, indem er ein Ticket an seinen TD schickt. BGM kommunizieren untereinander den Fortschritt der Verhandlung über das Weitersenden der modifizierten Tickets.

---
[5] Wenn ein separates Netzwerk für die Kommunikation zwischen dem TD und den ihm zugeordneten Klienten verwendet wird, kann die Kommunikation zwischen den BGM und dem TD ohne großen Aufwand mit gängigen kryptographischen Methoden geschützt werden.

Sie vermerken während der Verhandlung in den Tickets, wie weit die zugehörigen Klienten bereits befriedigt wurden und welcher Gesamtpreis für gehandelte Energiequota bisher erzielt wurde. Anschließend werden die Tickets der unbefriedigten Klienten zur weiteren Verhandlung an den nächsten BGM weitergeleitet und die Tickets der befriedigten Klienten, die den ermittelten Gesamtpreis enthalten, als Feedback an die Klienten zurückgesendet.

Tabelle 3.4: Das Informationsticket

type	Typ des Tickets (*Consumer* oder *Producer*)
int ID	eindeutige ID des zugehörigen Klienten
int TIMESTAMP	relativer Zeitstempel
quantity	der Bedarf bzw. die angebotene Energiemenge
delta	bisher ge- bzw. verkaufte Energiemenge
opening	das Startgebot bzw. -angebot
strategy	der Strategieparameter (s_1 bzw. t_1)
urgency	der Dringlichkeitsparameter (urg)
price	Gesamtpreis der bisher ge- bzw. verkauften Energie

Es ist nicht unbedingt notwendig, dass Konsumenten und Produzenten ihre Tickets synchron jeweils zu Beginn einer Periode übermitteln. Die Tickets können ebenso zu einem beliebigen Zeitpunkt innerhalb einer laufenden Periode übertragen werden, wenn sich die Versorgungssituation eines Agenten ändert. Tickets, die gerade verhandelt werden, werden nicht durch neue Tickets beeinflusst und neue Tickets werden erst zur nächsten Periode berücksichtigt. Auf diese Weise wird ein Flooding mit Tickets zu Beginn einer Periode verhindert.

Ticket Distributoren speichern das ankommende Ticket eines Agenten bis zur Ankunft eines aktuelleren Tickets. Zu Beginn der Verhandlungsperiode werden dann Kopien von den vorliegenden Tickets erstellt und für die neue Verhandlung verwendet, während die übermittelten Tickets weiter gespeichert bleiben und ggf. in der nächsten Verhandlung wieder verwendet werden. Wenn sich die Verhandlungsparameter nicht ändern, wird automatisch wieder das letzte Ticket verwendet (so muss kein neues Ticket verschickt werden). Bei Verlust eines Tickets wird ebenfalls auf das zuletzt geschickte Ticket zurück gegriffen. Änderungen von Verhandlungsparametern werden so asynchron an den zugehörigen BGM übermittelt sobald diese auftreten.

3.7 Komplexität und Skalierbarkeit des Verhandlungsalgorithmus

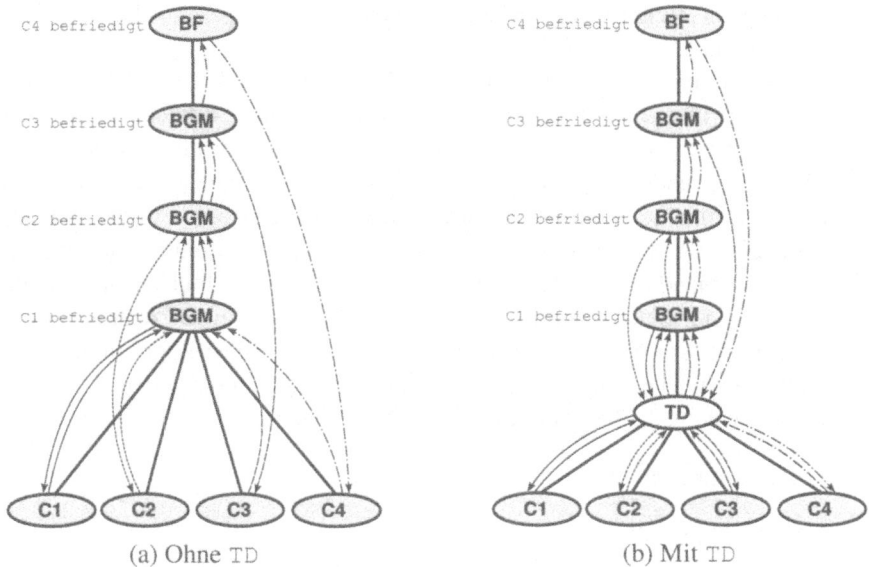

(a) Ohne TD (b) Mit TD

Abbildung 3.22: Kommunikationspfade ohne und mit Ticket Distributor

3.7 Komplexität und Skalierbarkeit des Verhandlungsalgorithmus

Nachfolgend soll die Laufzeit und Komplexität des Algorithmus untersucht werden. Die Analyse dieser Eigenschaften soll zeigen, dass der Algorithmus innerhalb des 500 ms-Verhandlungsintervalls skalierbar ist. Es wurden bereits Experimente zur Laufzeit mit einer festen Anzahl an Agenten durchgeführt und sehr niedrige Laufzeiten im zweistelligen Millisekundenbereich gefunden (< 10 ms für weit über 1000 Agenten auf dem 600MHz „Referenzsystem", siehe Kapitel 3.5). Wenn nun gezeigt werden kann, dass die Komplexität und damit die Rechenzeit einerseits vertretbar mit der Anzahl an Agenten wächst und andererseits unabhängig von anderen Systemparametern, wie der Größe des Preisrahmens, der *similarity* oder der Wahl der Verhandlungsstrategien, ist, dann skaliert DEZENT wie erwartet (im Gegensatz dazu könnte die Ausführungszeit in DEZENT von der Menge gehandelter Energie abhängen, was u.U. zu sehr viel längeren Laufzeiten führen könnte). Mit dem Zeitverhalten aus den ersten Experimenten (für einen ausgewählt langsamen Rechner) lässt sich dann auf die Ausführungszeit beliebig großer Bilanzkreise und Systemgrößen schließen.

Alle Verhandlungszyklen auf einer Verhandlungsebene finden parallel statt. Bevor mit den Zyklen einer höheren Ebene innerhalb einer Verhandlungsperiode begonnen werden kann, müssen alle BGM des letzten Verhandlungszyklus ihre 10 Verhandlungsrunden abgeschlossen und unbefriedigte Agenten auf die nächste Ebene weitergereicht haben. Durch dieses synchrone Starten von Verhandlungszyklen genügt – für die Analyse der Komplexität des Algorithmus – die Betrachtung eines „Verhandlungspfades" innerhalb des Agententopologie-Baums (siehe Abbildung 3.4 auf Seite 40) von der untersten Ebene bis hin zur zentralen Ausgleichskapazität. Der bis zu dieser Stelle entwickelte DEZENT-Algorithmus lässt sich daher, wie in Diagramm 3.23 gezeigt, zusammengefasst darstellen.

Die in Abbildung 3.23 betrachteten Prozeduren sind:

- INITIALIZEPERIOD
- INITIALIZECYCLE
- SORTAGENTS
- NEGOTIATEROUND
- ADJUSTBIDSOFFERS
- CONTRACTWITHRESERVE

Für eine Abschätzung der Komplexität und Skalierbarkeit des Algorithmus werden nachfolgend die Pseudocode-Listings der einzelnen Prozeduren angegeben und deren Laufzeit analysiert. Hierfür wird die O-Notation nach [Weg96] verwendet. Die Pseudocode-Notation orientiert sich am `clrscode`-Paket der Universität Dartmouth, das auch in Standardwerken, wie *Introduction to Algorithms* von Cormen, Leiserson, Rivest und Stein [CLRS01] verwendet wird.

3.7 Komplexität und Skalierbarkeit des Verhandlungsalgorithmus

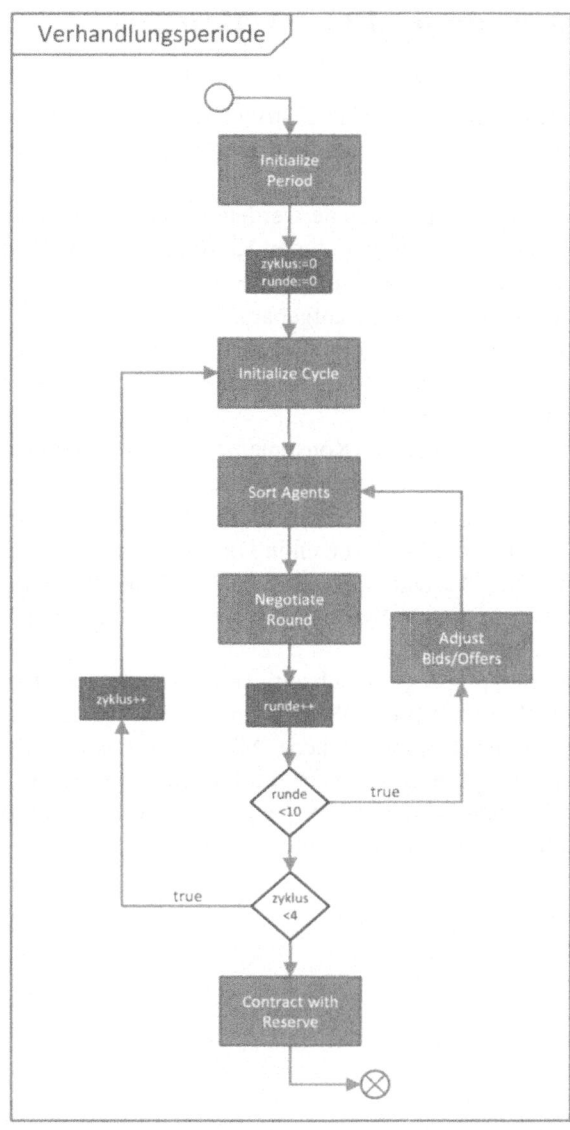

Abbildung 3.23: Schematische Darstellung des Algorithmus entlang eines Verhandlungspfades

3.7.1 Die Prozeduren des DEZENT-Algorithmus

INITIALIZEPERIOD

1 Erzeuge eine Liste aller am Ticket Distributor registrierten Konsumenten.
2 Erzeuge eine Liste aller am Ticket Distributor registrierten Produzenten.

Zu Beginn der Verhandlungsperiode werden mit der Prozedur INITIALIZEPERIOD die aktuellen Tickets aller beteiligten Konsumenten und Produzenten beim zuständigen Ticket Distributor (siehe Abbildung 3.21) geholt und die für die Verhandlung relevanten Agentenlisten aufgebaut. Die Laufzeit für das Erstellen der Listen für m_i Konsumenten und n_i Produzenten eines Bilanzkreises i der 0,4 kV-Spannungsebene ist $O(m_i)$ bzw. $O(n_i)$. Die Laufzeit für die INITIALIZEPERIOD Prozedur ist demnach $O(m_i + n_i)$.

Die Anzahl möglicher Agenten (Konsumenten und Produzenten) eines 0,4 kV-Bilanzkreises auf der untersten Verhandlungsebene ist jedoch durch die maximale Anschlussleistung des 0,4 kV-Netzes an das 10 kV-Netz der nächsten Ebene beschränkt. Konsumenten und Produzenten in DEZENT entsprechen Einzelhaushalten mit einer typischen Anschlussleistung von 10-40 kW. Im deutschen Energieversorgungsnetz hat ein 0,4 kV-Netz eine typische Anschlussleistung von 400 kW im übergeordneten 10 kV-Netz.

Unter Berücksichtigung sog. Gleichzeitigkeitsfaktoren[6] ergibt sich eine maximale Anschlusszahl von 50 Haushalten und damit 50 Agenten in einem Bilanzkreis auf der niedrigsten Spannungsebene. Mit mit $m_i + n_i \leq 50$ für alle 0,4 kV-Bilanzkreise i lässt sich die Laufzeit für die Prozedur INITIALIZEPERIOD daher als konstant ansehen und für die weitere Betrachtung und Abschätzung der Komplexität und Skalierbarkeit des Algorithmus vernachlässigen.

---

[6]Der Gleichzeitigkeitsfaktor (oft auch Bedarfsfaktor genannt) berücksichtigt die Tatsache, dass nie alle Geräte eines elektrischen Systems gleichzeitig und mit voller Leistung betrieben werden. Der Gleichzeitigkeitsfaktor stützt sich i.d.R. auf Erfahrungen und gilt immer nur als Richtwert [19996]. Es gilt $P_{max} = g \cdot P_{inst}$, hierbei ist P_{max} die maximale Leistung, P_{inst} die installierte Leistung und g der Gleichzeitigkeitsfaktor.

3.7 Komplexität und Skalierbarkeit des Verhandlungsalgorithmus

INITIALIZECYCLE

1 **for** alle Kinder des aktuellen BGM
2   **do**   ▷ Unbefriedigte Agenten einer tieferen Verhandlungsebene werden gesammelt.

3   Füge unbefriedigte Konsumenten der aktuellen Konsumentenliste hinzu.
4   Füge unbefriedigte Produzenten der aktuellen Produzentenliste hinzu.

5 **for** alle Konsumenten der aktuellen Konsumentenliste
6   **do**   ▷ Anpassen von Startgeboten an engere Preisrahmen $[A_k, B_k]$.

7   **if** $opening\_bid$[aktueller Konsument] $< A_k$
8   **then** $opening\_bid$[aktueller Konsument] $\leftarrow A_k$

9 **for** alle Produzenten der aktuellen Produzentenliste
10   **do**   ▷ Anpassen von Startangeboten an engere Preisrahmen $[A_k, B_k]$.

11   **if** $opening\_offer$[aktueller Produzent] $> B_k$
12   **then** $opening\_offer$[aktueller Produzent] $\leftarrow B_k$

Die Prozedur INITIALIZECYCLE initialisiert, wie in Kapitel 3.4 beschrieben, einen Verhandlungszyklus auf Ebene k. Für $k > 0$ werden die Agentenlisten mit den unbefriedigten Agenten der tieferen Ebenen zusammengeführt und, falls erforderlich, die Startgebote und -angebote der Agenten dem (engeren) Preisrahmen $[A_k, B_k]$ der aktuellen Verhandlungsebene k angepasst. Im Worst-Case können dies alle Konsumenten und Produzenten der Ebene $k-1$ sein, falls in den parallelen Verhandlungen auf Ebene $k-1$ keine Verträge zustande gekommen sind (aufgrund sehr ungünstiger Verhandlungsstrategien und/oder extremer Versorgungsungleichgewichte). Ungünstige Verhandlungsstrategien bei allen Agenten haben zur Folge, dass im Worst-Case ebenfalls die Startgebote und -angebote aller Konsumenten bzw. Produzenten beim Übergang von Ebene $k-1$ auf Ebene k angepasst werden müssen. Da sowohl das Einfügen eines Listenelements als auch das Anpassen der Startwerte in konstanter Zeit geschieht, ist die Laufzeit für die Prozedur INITIALIZECYCLE $O(m+n)$, hierbei ist m die Zahl aller Konsumenten und n die Zahl aller Produzenten im System (im Worst-Case werden alle Konsumenten und

Produzenten erst auf der letzten regulären Verhandlungsebene – vor Erreichen der Ausgleichskapazität – befriedigt).

SORTAGENTS

1   SORT[alle Konsumenten]
2   SORT[alle Produzenten]

Die Prozedur SORTAGENTS sortiert zu Beginn jeder Verhandlungsrunde die Agentenlisten nach den aktuellen Geboten und Angeboten der Konsumenten bzw. Produzenten in absteigender Reihenfolge (top-down), beginnend mit dem höchsten An-/Gebot (siehe Kapitel 3.4). Da im Worst-Case (wie in der vorangegangenen Betrachtung) alle Agenten im System sortiert werden müssen, ist die Laufzeit für die Prozedur SORTAGENTS für alle m Konsumenten und n Produzenten im System $O(m \cdot \log m + n \cdot \log n)$.

NEGOTIATEROUND

1   **for** alle Konsumenten
2   **do**
3   *similarProducers* ← alle Produzenten mit einem ähnlichem
                Angebot zum Gebot des aktuellen Konsumenten.
4   **if** *similarProducers* $\neq 0$
5   **then**
6   **if** *need*[aktueller Konsument]
                    < *output*[Höchstbietender der *similarProducers*]
7   **then**
8   NEGOTIATECASE1   ▷ Siehe NEGOTIATECASE1.

9   **if** *need*[aktueller Konsument]
                    == *output*[Höchstbietender der *similarProducers*]
10   **then**
11   NEGOTIATECASE2   ▷ Siehe NEGOTIATECASE2.

12   **if** *need*[aktueller Konsument]
                    > *output*[Höchstbietender der *similarProducers*]
13   **then**
14   NEGOTIATECASE3   ▷ Siehe NEGOTIATECASE3.

Die Prozedur NEGOTIATEROUND führt die Verhandlung für „ähnliche" Gebote und Angebote in einer Verhandlungsrunde durch. Die Verhandlungen werden

3.7 Komplexität und Skalierbarkeit des Verhandlungsalgorithmus

konsumentenorientiert durchgeführt. Für den höchst bietenden Konsumenten werden ähnliche Produzenten identifiziert und top-down der Reihe nach verhandelt. Im Extremfall treffen wieder erst auf der letzten regulären Verhandlungsebene alle m Konsumenten auf alle n Produzenten, so dass die Komplexität im Folgenden für eine Verhandlungsrunde mit allen m Konsumenten und n Produzenten untersucht wird.

Die Prozedur NEGOTIATEROUND startet mit einem Schleifenaufruf in Zeile 1 und durchläuft diese im Worst-Case $O(m)$ mal. In Zeile 3 werden Produzenten gesucht, die ähnliche Angebote zu dem Gebot des ersten Konsumenten abgeben. Da die Produzenten bereits als (nach Angeboten) sortierte Liste vorliegen, findet die Suche und das Erzeugen der *similarProducers*-Liste in $O(\log n)$ Schritten statt. Sind ähnliche Angebote zu dem höchsten Konsumentengebot vorhanden, werden diese der Reihe nach (top-down) verhandelt. Für ein Gebot-Angebot-Paar werden in der Verhandlung drei Situationen unterschieden (siehe Kapitel 3.4): $bid_C - offer_P < 0$ (NEGOTIATECASE1), $bid_C - offer_P = 0$ (NEGOTIATECASE2) und $bid_C - offer_P > 0$ (NEGOTIATECASE3). Im Folgenden sind die Pseudocode-Listings für die Prozeduren der drei Fallunterscheidungen angegeben. Man erkennt sofort, dass die Prozedur NEGOTIATECASE3 komplexer ist, als die beiden anderen Prozeduren, da sie selbst wieder einen Schleifenaufruf enthält und damit u.U. häufiger durchlaufen wird. Die Laufzeitanalyse wird daher an NEGOTIATECASE3 vorgenommen, da sie hierbei die komplexitätsbestimmende Prozedur ist.

Die Prozedur NEGOTIATECASE3 beginnt mit einer while-Schleife in Zeile 1, die im Worst-Case so lange durchlaufen wird, bis alle ähnlichen Produzenten durch aktuelle Konsumenten befriedigt worden sind. Da die *similarProducers*-Liste maximal n Produzenten enthalten kann, wird diese Schleife im Worst-Case $O(n)$ mal durchlaufen. Sowohl das Anpassen der Konsumenten- und Produzententickets als auch das Anpassen des Bedarfs des aktuellen Konsumenten bzw. das Entfernen des befriedigten Produzenten aus der Produzentenliste ist in konstanter Zeit möglich.

Überschreitet der Bedarf des aktuellen Konsumenten den *allowance*-Parameter, so darf der Agent seinen Bedarf vorerst nicht vollständig befriedigen. Die while-Schleife wird unterbrochen und der Konsument wird durch das Round-Robin-Verfahren an das Ende der Konsumentenliste gesetzt. Das „Rotieren" der Konsumenten in der Konsumentenliste ist durch eine einfache Zeigerverschiebung in konstanter Zeit möglich. Durch diese Anwendung wird die for-Schleife der NEGOTIATEROUND-Prozedur in Zeile 1 u.U. jedoch häufiger als $O(m)$ mal durchlaufen. Im Worst-Case wird jeder Konsument x mal während seiner Verhandlungen unterbrochen, so dass die Schleife insgesamt $O(x \cdot m)$ durchlaufen wird. Der Wert x entspricht hierbei:

$$x := \left\lceil \frac{need}{allowance} \right\rceil \text{ mit } need > allowance$$

Da die Konsumenten jedoch durch maximale Anschlussleistungen in ihrem Bedarf eingeschränkt sind (siehe die zuvor geführte Diskussion über die Eigenschaften und Einschränkungen des elektrischen Energieversorgungsnetzes auf Seite 76), ist auch die Variable *need* beschränkt, so dass x als konstant angenommen werden kann. Damit ist die Laufzeit der Prozedur NEGOTIATEROUND im Worst-Case $O(m \cdot (\log n + n)) = O(m \cdot \log n + m \cdot n)$.

NEGOTIATECASE 1 ▷ Bedarf des verhandelten Konsumenten ist niedriger als die Erzeugung des verhandelten Produzenten.

1 **if** *need*[aktueller Konsument] $\leq$ *allowance*[aktueller Konsument]
2 **then**
3   Passe das Konsumententicket um den verhandelten Preis und die Energiedifferenz an.
4   Passe das Produzententicket um den verhandelten Preis und die Energiedifferenz an.
5   Entferne den befriedigten aktuellen Konsumenten aus der Konsumentenliste.
6   *output*[Höchstbietender der *similarProducers*]
      $-=$ *need*[aktueller Konsument]
7 **else**
8   Passe das Konsumententicket um den verhandelten Preis und die Energiedifferenz an.
9   Passe das Produzententicket um den verhandelten Preis und die Energiedifferenz an.
10   *output*[Höchstbietender der *similarProducers*]
      $-=$ *allowance*[aktueller Konsument]
11   *need*[aktueller Konsument] $-=$ *allowance*[aktueller Konsument]
12   ROUNDROBIN[alle Konsumenten]

3.7 Komplexität und Skalierbarkeit des Verhandlungsalgorithmus

NEGOTIATECASE2   ▷ Bedarf des verhandelten Konsumenten entspricht exakt der Erzeugung des verhandelten Produzenten.

1   **if** *need*[aktueller Konsument] $\leq$ *allowance*[aktueller Konsument]
2   **then**
3   Passe das Konsumententicket um den verhandelten Preis und die Energiedifferenz an.
4   Passe das Produzententicket um den verhandelten Preis und die Energiedifferenz an.
5   Entferne den befriedigten aktuellen Konsumenten aus der Konsumentenliste.
6   Entferne den befriedigten aktuellen Produzenten aus der Produzentenliste.
7   **else**
8   Passe das Konsumententicket um den verhandelten Preis und die Energiedifferenz an.
9   Passe das Produzententicket um den verhandelten Preis und die Energiedifferenz an.
10   *output*[Höchstbietender der *similarProducers*] $-=$ *allowance*[aktueller Konsument]
11   *need*[aktueller Konsument] $-=$ *allowance*[aktueller Konsument]
12   ROUNDROBIN[alle Konsumenten]

NEGOTIATECASE3 ▷ Bedarf des verhandelten Konsumenten ist größer als die Erzeugung des verhandelten Produzenten.

1 **while** *similarProducers* $\neq 0$
2   **do**
3   **if** *need*[aktueller Konsument] $\leq$ *allowance*[aktueller Konsument]
4   **then**
5   Passe das Konsumententicket um den verhandelten Preis und die Energiedifferenz an.
6   Passe das Produzententicket um den verhandelten Preis und die Energiedifferenz an.
7   *need*[aktueller Konsument]
            $-=$ *output*[Höchstbietender der *similarProducers*]
8   Entferne den befriedigten aktuellen Produzenten aus der Produzentenliste.
9   **else**
10   Passe das Konsumententicket um den verhandelten Preis und die Energiedifferenz an.
11   *need*[aktueller Konsument]
            $-=$ *allowance*[aktueller Konsument]
12   **if** *output*[Höchstbietender der *similarProducers*] $\leq$ *allowance*[aktueller Konsument]
13   **then**
14   Passe das Produzententicket um den verhandelten Preis und die Energiedifferenz an.
15   Entferne den befriedigten höchst bietenden Produzenten aus den *similarProducers*.
16   **else**
17   Passe das Produzententicket um den verhandelten Preis und die Energiedifferenz an.
18   *output*[Höchstbietender der *similarProducers*]
                $-=$ *allowance*[aktueller Konsument]
19   ROUNDROBIN[alle Konsumenten]
20   **break**   ▷ Springe aus der while-Schleife heraus.

3.7 Komplexität und Skalierbarkeit des Verhandlungsalgorithmus

ADJUSTBIDSOFFERS
1 **for** alle Konsumenten
2 **do**
3   Passe die Gebotskurve an (siehe ADJUSTBIDS auf Seite 54).
4 **for** alle Produzenten
5 **do**
6   Passe die Angebotskurve an (siehe ADJUSTOFFERS auf Seite 54).

Innerhalb eines Zyklus werden nach jeder Verhandlungsrunde die Gebote und Angebote der Konsumenten bzw. Produzenten angepasst. Die Anpassung für jeden Agenten erfolgt in konstanter Zeit, so dass die Laufzeit $O(m+n)$ ist. Die Funktionen der Verhandlungskurven, die in der Prozedur ADJUSTBIDSOFFERS aufgerufen werden, sind in Kapitel 3.4 definiert.

CONTRACTWITHRESERVE
1 **for** alle Konsumenten
2 **do**
3   Passe das Konsumententicket um den Fixpreis und die
         Energiedifferenz an.
4 **for** alle Produzenten
5 **do**
6   Passe das Produzententicket um den Fixpreis und die
         Energiedifferenz an.

Zum Ende der Verhandlungsperiode werden in der Prozedur CONTRACTWITHRESERVE die unbefriedigten Agenten an der Reservekapazität zu Fixpreisen befriedigt und die Tickets entsprechend geschrieben. Das Anpassen der Tickets erfolgt wiederum in $O(m+n)$.

Zusammengefasst ergibt sich für die Prozeduren eines Verhandlungspfades in Abbildung 3.23 mit den Prozeduren INITIALIZEPERIOD bis CONTRACTWITHRESERVE eine Laufzeitkomplexität von $O(m+n+m \cdot \log m + n \cdot \log n + m \cdot \log n + m \cdot n)$. Mit $a := m+n$ lässt sich die Komplexität übersichtlicher abschätzen als $O(a^2 + a \cdot \log a + a) = O(a^2)$. Die Laufzeitkomplexität ist also unabhängig von Systemparametern wie der Größe des Preisrahmens oder dem *similarity*-Parameter und wächst im Worst-Case quadratisch mit der Anzahl an Agenten im System.

Für die Betrachtung der Prozedur NEGOTIATEROUND wurde angenommen, dass alle Agenten aufgrund extremer Versorgungsungleichgewichte oder ungünstigster Verhandlungsstrategien erst auf der letzten Verhandlungsebene – vor Erreichen der Ausgleichskapazität – verhandelt werden. Auf der einen Seite zielt ein dezentrales Management wie in DEZENT auf Systeme mit einer hohen Abdeckung und Durchdringung von regenerativer Energieerzeugung ab. Auf der anderen Seite sollen Verträge zur Reduzierung von Verlustleistungen und Erhöhung der Versorgungssicherheit und -stabilität möglichst früh und regional (auf unterster Verhandlungsebene) geschlossen werden. Die Mechanismen zur intelligenten Auswahl geeigneter Verhandlungsstrategien werden in Kapitel 5 entwickelt und unter dem Aspekt möglichst lokal (auf unterster Verhandlungsebene) geschlossener Verträge untersucht und diskutiert. Es wird sich herausstellen, dass die tatsächliche Anzahl (und damit die Laufzeit) der bis zur obersten Verhandlungsebene unbefriedigten Agenten bei der betrachteten Anzahl von Akteuren in DEZENT deutlich niedriger ist, da Agenten im Allgemeinen nur noch dann auf die nächst höhere Verhandlungsebene weitergereicht werden, wenn das Bedürfnis ungedeckt und eine Bilanzierung auf niedriger Ebene nicht möglich ist.

Die Kommunikationszeit ist anhand der Größe der verwendeten Tickets abzuschätzen. Bei einer geeigneten Protokollimplementierung ergibt sich für die Größe eines Tickets nach Tabelle 3.5 eine Länge von etwa 10 Byte. Dabei ist eine Länge von nur 6 Bit für die ID eines Agenten in den Tickets ausreichend, da die Identifikation eines Agenten außerhalb eines Bilanzkreises in Verbindung mit dem verantwortlichen TicketDistributor erfolgen kann (siehe Kapitel 3.6). Für die Startgebot-, Strategie- und Dringlichkeitsparameter werden eingeschränkte Wertebereiche angenommen, so dass sich eine Länge des entsprechenden Feldes von 6 Bit bzw. 2 Bit ergibt.

Tabelle 3.5: Das Informationsticket

type	Typ des Tickets (*Consumer* oder *Producer*)	1 Bit
int ID	eindeutige ID des zugehörigen Klienten	6 Bit
int TIMESTAMP	relativer Zeitstempel	16 Bit
quantity	der Bedarf bzw. die angebotene Energiemenge	16 Bit
delta	bisher ge- bzw. verkaufte Energiemenge	16 Bit
opening	das Startgebot bzw. -angebot	6 Bit
strategy	der Strategieparameter (s_1 bzw. t_1)	6 Bit
urgency	der Dringlichkeitsparameter (*urg*)	2 Bit
price	Gesamtpreis der ge- bzw. verkauften Energie	16 Bit

Bei der Verwendung eines dedizierten Netzes für die Kommunikation (100 Mbit/s bis 1 Gbit/s) ergibt sich unter den zuvor gemachten Überlegungen über die ma-

3.7 Komplexität und Skalierbarkeit des Verhandlungsalgorithmus

ximale Größe eines Bilanzkreises von max. 50 Agenten unter Vernachlässigung von Kollisionen und der Latenz (im lokalen/regionalen Netz) eine Kommunikationszeit von deutlich unter 1 ms (bereits bei einer Bandbreite von 100 Mbit/s) für die sequentielle Übermittlung der Tickets aller Agenten eines Bilanzkreises an den verantwortlichen TicketDistributor. Bei der Kommunikation zwischen darüber liegenden Bilanzkreisen werden nur noch unbefriedigte Agenten (in Form einer gebündelten Ticketliste) verschickt (siehe Kapitel 3.6). Damit ist die Kommunikationszeit in den anschließenden Untersuchungen zur Komplexität des DEZENT-Algorithmus vernachlässigbar und hat keinen weiteren Einfluss auf das erfolgreiche Abschließen aller anderen Operationen innerhalb von 500 ms in DEZENT.

4 Dezentrales Netzmanagement

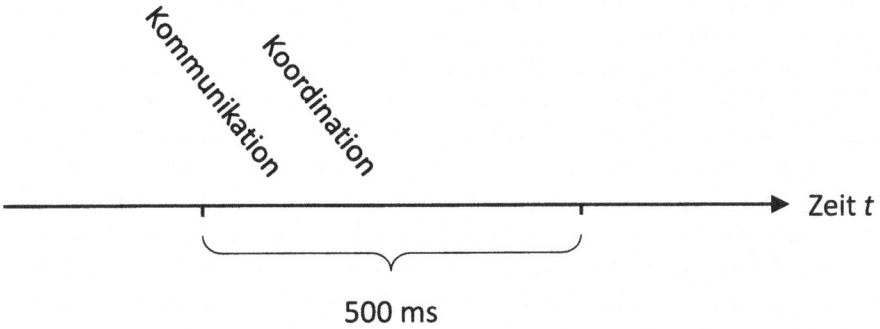

Abbildung 4.1: Integrierte Kommunikations- und Koordinationsprozesse innerhalb des DEZENT-Betriebsintervalls

In Kapitel 3.2 sind die verteilten Verhandlungen zwischen den dezentralen Verbrauchern und Erzeugern elektrischer Energie in DEZENT besprochen worden. Bislang wurde allerdings noch kein Einfluss auf die tatsächlich eingespeiste oder entnommene Leistung ausgeübt. Eine zentrale Aufgabe von DEZENT ist das Finden *zulässiger* (und damit stabiler) Versorgungskonfigurationen auf Basis des verhandelten Bedarfs (Verbrauch und Einspeisung). Wie bereits in Kapitel 1.2 erläutert, ist die Verstetigung oder auch *Veredelung* der individuellen stochastischen Einspeiseprofile durch die zusätzliche Aktivierung verfügbarer Quellen bzw. der Reduktion von Lasten ein unerlässlicher Schritt zur Reduktion ineffizienter und überproduzierter Reserveleistung. Darüber hinaus sollen in DEZENT Verlustleistungen dezentral berücksichtigt und erneuerbare Energieumwandlungsanlagen hiermit bereits auf unterster Verhandlungsebene zur Regelenergiebereitstellung herangezogen werden können. Diese Operationen des DEZENT-Koordinierungsprozesses (siehe Kapitel 1.4) sollen innerhalb der harten End-to-End-Deadlines des DEZENT-Betriebsintervalls von 500 ms erfolgen (siehe Abbildung 4.1). In diesem Kapitel wird die integrierte Kommunikation und Koordination in DEZENT unter Berücksichtigung dieser Echtzeitanforderungen entworfen. Dies geschieht in Kapitel 4.1 mit der Einführung von Bedingten Konsumenten bzw. Produzenten zur Verstetigung von Lastspitzen und in Kapitel 4.3 mit der Einführung von Virtuellen Konsumenten bzw. Produzenten zur Kompensation von Verlustleistungen.

Im isolierten Inselnetzbetrieb eines Bilanzkreises sind Bedarf und Erzeugung exakt auszugleichen. In DEZENT soll prinzipiell kein Unterschied zwischen dem Betrieb eines isolierten Netzes und dem Betrieb im Netzverbund an einem übergelagerten Netz gemacht werden. Nach dem Ausregeln von Lastspitzen auf unterster Verhandlungsebene sollen Verlustleistungen, die mit der verhandelten Versorgungskonfiguration verbunden sind, ebenfalls ausgeglichen werden. Das Resultat ist ein verlustminimaler Betrieb des Netzes und ggf. (bei exaktem Ausgleich von Bedarf und Erzeugung) eine unabhängige „Versorgungsinsel". Aus diesem Grund werden die leitungsabhängigen Leistungsverluste im Anschluss an eine Verhandlungsperiode berechnet und als Bedarf spezieller Agenten auf der nächsten Verhandlungsebene ausgeschrieben. Unter Verwendung solcher *Virtueller Konsumenten und Produzenten* lassen sich prinzipiell stabile und isoliert betriebene Bilanzkreise im laufenden Betrieb von DEZENT ausbilden und zu einem Gesamtsystem logisch zusammenfassen. Das genaue Vorgehen wird in Kapitel 4.3 beschrieben. In Kapitel 4.4 wird die Laufzeit und Skalierbarkeit des erweiterten DEZENT-Algorithmus untersucht.

4.1 Bedingte Konsumenten/Produzenten

Die Unvorhersehbarkeit von Anschlussleistungen auf unterschiedlichen Verhandlungsebenen, die hauptsächlich durch die Unvorhersehbarkeit des individuellen Energieverbrauchs entstehen (Ein- und Ausschalten von elektrischen Verbrauchern im täglichen Betrieb), werden mit einer Erweiterung der Versorgungsbasis um erneuerbare Energien noch verstärkt, da die Verfügbarkeit erneuerbarer Energiequellen von äußeren – und nur schwer (oder gar nicht) vorhersehbaren – Einflüssen wie der Sonneneinstrahlung oder der Windstärke abhängt. Die hierdurch verursachten starken Schwankungen in den Summenanschlussleistungen müssen aufwändig und kostenintensiv durch kurzfristig verfügbare Reserveleistung bereit gestellt werden (siehe Kapitel 2.1.2). Im konventionellen Versorgungssystem wird diese Form der Regelenergie auf der Höchstspannungsebene bereit gestellt und somit räumlich getrennt von den Verursachern der Lastschwankungen, was darüber hinaus höhere Leitungsverluste mit sich bringt.

Die insgesamt vorgehaltene Regelenergie berechnet sich anhand der bereitgestellten Kraftwerksleistung (Solidaritätsprinzip, siehe Kapitel 2.1.3) und auf Basis von Vorhersagemodellen, die den (systemweiten) Gesamtbedarf unter Verwendung von jahreszeitspezifischen Prognosekurven abschätzen. Überschreiten die

4.1 Bedingte Konsumenten/Produzenten

Schwankungen in der Leistungsbilanz die hieraus kalkulierte maximal auffangbare Regelschwankung, müssen Teile der Lasten abgeworfen werden, um die Schwankungen wieder in den regelbaren Bereich zu führen (siehe auch Kapitel 2.1.2). Durch die dezentrale und im System verteilt stattfindende Regelung mit DEZENT sollen diese Bilanz-Leistungsschwankungen minimiert, regenerative Regelenergie am Ort der Entstehung dieser Leistungsschwankungen bereit gestellt werden und die konventionell vorzuhaltende Reserveleistung minimiert werden.

In dem bisher vorgestellten Verhandlungsalgorithmus werden Konsumenten und Produzenten zyklisch verhandelt und letztendlich (wenn kein passender Verhandlungspartner gefunden werden konnte) an der verfügbaren Reservekapazität befriedigt. Die auf diese Weise von der Reservekapazität zu kompensierende Leistungsbilanz unterliegt den oben beschriebenen unvorhersehbaren Einflüssen.

Mit der Erweiterung des DEZENT-Systems um *Bedingte Konsumenten und Produzenten* (*Conditional Consumer/Producer Agents*) sollen diese akkumulierten Schwankungen nun so früh wie möglich (und damit so tief wie möglich in der Netztopologie) ausgeglichen werden. Die bisher behandelten „regulären" Konsumenten und Produzenten repräsentieren Haushalte oder aggregierte Verbraucher und Erzeuger an einem Anschluss mit einer nach außen hin für die aktuelle Periode festgelegten Rolle (siehe Kapitel 3.2). Bedingte oder „konditionelle" Konsumenten und Produzenten repräsentieren einzelne zeitflexible Geräte, die außerhalb von regulären Arbeitszyklen ihre Leistungsaufnahme kurzzeitig unterbrechen bzw. aufnehmen können, ohne in ihrer Leistungsfähigkeit eingeschränkt zu sein (typische Beispiele hierfür sind thermisch gekoppelte Geräte wie Kühlschränke, Klimaanlagen oder Heißwasserthermen).

Mit der Möglichkeit, in Leistungsüberschuss- bzw. Unterversorgungssituationen die Leistungsaufnahme dezentral zu aktivieren bzw. zu reduzieren, wird das Versorgungsnetz in DEZENT praktisch um dezentral verfügbare Speicherkapazitäten erweitert. Ein derartiges *Peak Demand and Supply Management* reduziert nicht unbedingt die Gesamtleistungsaufnahme aller am Netz beteiligten Akteure. Die genutzte Regelenergie reduziert sich durch das im Folgenden vorgestellte Verfahren jedoch deutlich (vergleiche Kapitel 2.1.2). Mit einer Reduzierung notwendiger Reserveleistung müssen weniger Kraftwerke im Teillastbetrieb und damit ineffizient gefahren werden. Ressourcen werden geschont.

Um die Eigenschaften Bedingter Verbraucher und Erzeuger für die Erweiterung des DEZENT-Modells zu identifizieren, sollen nachfolgend vier Fallstudien für Geräte mit zeitflexiblen Arbeitszyklen durchgeführt werden.

4.1.1 Fallstudie 1: dynamisch geregelter Kühlschrank

Kühlschränke sind ein häufig genanntes Beispiel für zeitflexible Geräte in *Demand Side Management* (DSM) Szenarien[1]. Der Thermostat in einem Kühlschrank schaltet das Kühlaggregat ein, falls die Innentemperatur des Geräts über eine maximale Schalttemperatur T_{max} steigt und schaltet das Aggregat aus, wenn die Temperatur unter eine Minimaltemperatur T_{min} sinkt (eine sog. *Bang-Bang-Steuerung*). Bei herkömmlichen Kühlschränken sind diese beiden Grenztemperaturen abhängig von einer (vom Nutzer eingestellten) Solltemperatur und bis auf manuell vorgenommene Änderungen dieser Temperatur konstant.

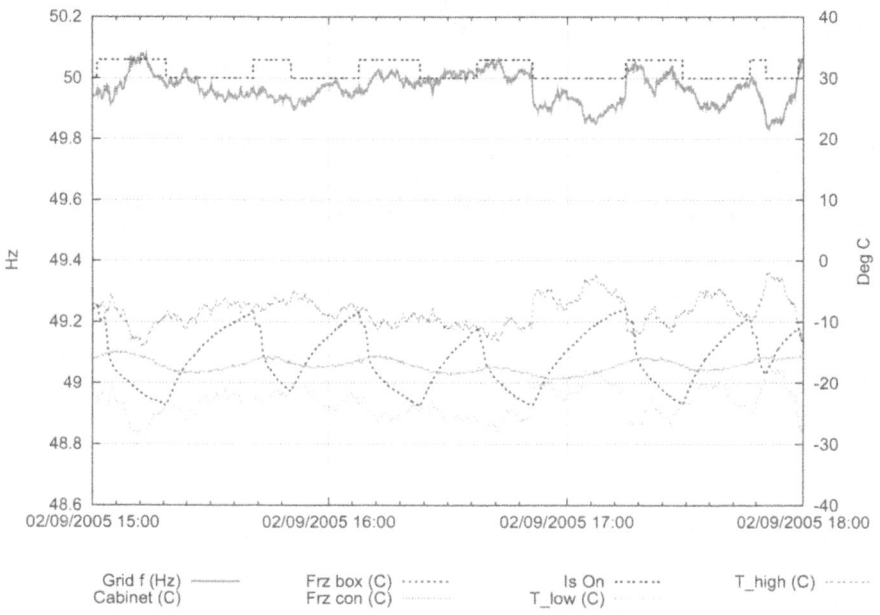

Abbildung 4.2: Netzfrequenz (linke Achse) und Innenraumtemperaturen (rechte Achse) eines Kühlschranks unter indirektem Demand Side Management (Quelle: [Dem05])

---

[1]*Demand Side Management* bezeichnet die summenlastabhängige (systemweite) Steuerung der Leistungsaufnahme von Verbrauchern in Industrie, Gewerbe und Privathaushalten. Dem gegenüber bezeichnet Peak Demand and Supply Management in DEZENT die bilanzabhängige Steuerung sowohl der Leistungsaufnahme von Verbrauchern als auch der Leistungsabgabe von Erzeugern.

4.1 Bedingte Konsumenten/Produzenten

Unter dynamischer Regelung im Demand Side Management können diese Grenztemperaturen kontinuierlich der momentanen Versorgungssituation angepasst werden. Bei einem Leistungsüberschuss (indirekt gemessen über minimale Schwankungen der Netzfrequenz [Dem05]) werden die Grenztemperaturen abgesenkt und bei einer Unterversorgung angehoben. Dies hat zur Folge, dass bei einer Unterversorgung die Kühlschränke früher abschalten, ihre Leistungsaufnahme damit unterbrechen und die Versorgungssituation damit verbessern.

Die Abbildung 4.2 (aus [Dem05]) zeigt die netzfrequenzabhängigen Anpassungen der Schalttemperaturen eines Kühlschranks unter indirektem Demand Side Management und die hieraus resultierende Stabilisierung der Netzfrequenz. Das beobachtete Zeitintervall beträgt 3 Stunden. Durch die Korrelation der Netzfrequenz mit den Grenztemperaturen konsumiert der Kühlschrank bevorzugt Leistung bei einer höheren Netzfrequenz (Perioden mit einem Leistungsüberschuss). In dem so beschriebenen System bleiben jedoch Störeffekte, die durch unkoordiniertes Ein- bzw. Abschalten einer sehr großen Zahl derart ausgerüsteter Kühlschränke ausgelöst werden und sogar selbst Unter- bzw. Überversorgungssituationen erzeugen können, unberücksichtigt.

In DEZENT unter Peak Demand and Supply Management kann die Eigenschaft der dynamischen Korrektur von Grenztemperaturen direkter genutzt werden als unter Demand Side Management (und dem indirekten Anpassen von Grenztemperaturen). In DEZENT sind dynamisch geregelte Kühlschränke in der Lage, ihre jeweilige *Peak Management Option* (Aufnahme oder Unterbrechung der Leistungsaufnahme) dem BGM direkt anzubieten. Das folgende Modell wird für dynamisch geregelte Kühlschränke entwickelt.

T_{t1} sei die Temperatur eines dynamisch geregelten Kühlschranks zum Zeitpunkt t_1, mit $T_{min} < T_{t1} < T_{max}$. Zum Zeitpunkt t_1 befindet sich der Kühlschrank entweder in seinem Arbeitszyklus und bezieht Leistung (der Kühlschrankinnenraum wird abgekühlt) oder im Standby-Betrieb und bezieht keine Leistung (der Innenraum erwärmt sich).

Um Peak Management leisten zu können, kann ein dynamisch geregelter Kühlschrank mit $T_{min} < T_{t1} < T_{max}$ entweder seinen Arbeitszyklus unterbrechen und damit zusätzliche Leistung bereitstellen oder seinen Arbeitszyklus aufnehmen und zusätzliche Leistung beziehen. Falls T_{min} oder T_{max} erreicht werden, *muss* der Kühlschrank seinen Arbeitszyklus entweder aufnehmen oder unterbrechen, um zu verhindern, dass das Kühlgut verdirbt.

Fasst man diese Beobachtungen zusammen, lassen sich die Peak Management Eigenschaften eines dynamisch geregelten Kühlschranks durch folgende Parameter beschreiben:

1. T ist die Innentemperatur des dynamisch geregelten Kühlschranks.

2. $|P|$ ist die Leistung, die durch Aufnahme oder Unterbrechung des Arbeitszyklus entweder aufgenommen oder freigegeben werden kann.

3. $t_{max,T\downarrow}$ ist die maximale Zeit, die der Arbeitszyklus des Kühlschranks bei einer Innentemperatur T arbeiten kann, bis die Minimaltemperatur T_{min} erreicht wird.

4. $t_{max,T\uparrow}$ ist die maximale Zeit, die der Arbeitszyklus des Kühlschranks bei einer Innentemperatur T unterbrochen werden kann, bis die Maximaltemperatur T_{max} erreicht wird.

Zur Vereinfachung des Modells unterscheiden wir zwischen *aktiven* dynamisch geregelten Kühlschränken, die ihren Arbeitszyklus unterbrechen können, und *passiven*, die ihren Arbeitszyklus aufnehmen können. Kühlschränke im ersten Zustand werden als Bedingte Produzenten modelliert, die zusätzliche Leistung für eine Maximaldauer t_{max} freigeben (bereitstellen) können. Kühlschränke im zweiten Zustand werden als Bedingte Konsumenten modelliert, die für eine Maximaldauer t_{max} Leistung aufnehmen können. Ein Bedingter Konsument wird nach Ablauf von t_{max} (sobald die maximale Innentemperatur T_{max} erreicht wird) für die Zeit t_{duty} zu einem „regulären" Konsumenten, bis er wieder seine Minimaltemperatur T_{min} erreicht hat (auf diese Weise wird sicher gestellt, dass das Kühlgut nicht verdirbt).

Ein dynamisch geregelter Kühlschrank wird demnach abhängig von seinem Zustand als Bedingter Konsument bzw. als Bedingter Produzent mit den Parametern P, t_{duty} und t_{max} modelliert.

4.1.2 Fallstudie 2: dynamisch geregelte Wassertherme

Die Modellierung einer dynamisch geregelten Wassertherme ist der Modellierung des dynamisch geregelten Kühlschranks sehr ähnlich, da auch hier die Innentemperatur des Wasserreservoirs innerhalb eines vorher definierten Temperaturbereichs gehalten wird (zur Vermeidung von Keimbildungen typischerweise zwischen 55°C und 65°C). Nach ähnlichen Überlegungen wie in der vorherigen Fallstudie lässt sich eine dynamisch geregelte Wassertherme als Bedingter Konsument bzw. als Bedingter Produzent mit den Parametern P, t_{duty} und t_{max} modellieren.

4.1 Bedingte Konsumenten/Produzenten 93

4.1.3 Fallstudie 3: Kraft-Wärme-gekoppeltes Blockheizkraftwerk

Anlagen für eine kombinierte Kraft-Wärme-Kopplung, bei der – neben der durch chemische oder physikalische Umwandlung von Energiequellen entstehenden mechanischen oder elektrischen Arbeit – auch die Abwärme genutzt wird, wodurch ein Gesamtwirkungsgrad von bis zu 90 % erreicht werden kann, werden heutzutage in Haushalten als sichere und höchst effiziente Blockheizkraftwerke (BHKW) niedriger Anschlussleistung installiert (siehe Abbildung 4.3 und auch Kapitel 1).

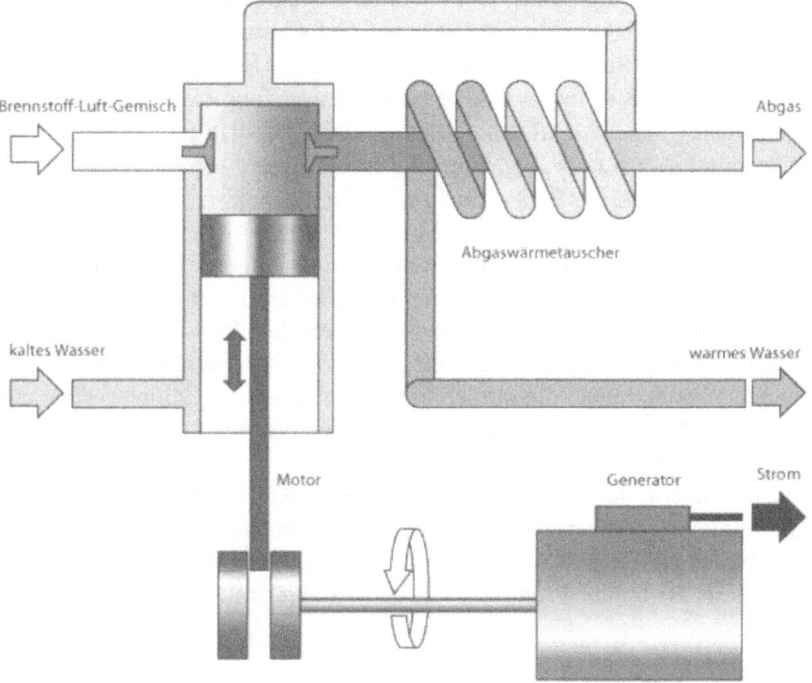

Abbildung 4.3: Schematische Darstellung eines Blockheizkraftwerks (Quelle: Peter Lehmacher, Wikimedia Commons)

Ein BHKW ist entweder *stromgeführt* oder *wärmegeführt*. Das bedeutet, dass der Arbeitszyklus durch Anforderungen an das elektrische Leistungsverhalten entweder aufgenommen oder unterbrochen wird (stromgeführt), während im wärmegeführten Betrieb die Anforderung thermischer Leistung einen Betriebszyklus auslöst (in Haushalten in der Regel bei der Anforderung von Brauchwasser). Bei einem wärmegeführten BHKW wird die elektrische Leistungsbereitstellung immer dann aktiviert, wenn die Innentemperatur des Wasserreservoirs ihren vorgegebenen Temperaturbereich verlässt. Eine Bereitstellung dezentraler kurzfristiger Regelenergie als Bedingter Konsument bzw. Produzent kann nach gleichen Überlegungen zu den Heißwasserthermen aus der vorherigen Fallstudie erfolgen.

Der Ansatz, BHKWs zur dezentralen Reserveleistungsbereitstellung zu nutzen, ist nicht neu [SKW05]. Allgemein wird jedoch aufgrund der besseren Planbarkeit ausschließlich stromgeführte Kraft-Wärme-Kopplung bei der Regelenergiebereitstellung berücksichtigt. In DEZENT nehmen stromgeführte BHKWs nicht am Peak Demand and Supply Management teil, da nicht festgestellt werden kann, ob die durch das BHKW mit Strom versorgte Anwendung einen (im Sinne der bisherigen Überlegungen) zeitflexiblen Betriebszyklus besitzt. Ein stromgeführtes BHKW kann in DEZENT als „regulärer" Agent modelliert werden.

Die Überlegungen bei der Beobachtung eines wärmegeführten BHKW sind ähnlich den Überlegungen zu dynamisch geregelten Wasserthermen. Die Innentemperatur des BHKW-Wasserreservoirs soll wieder innerhalb eines vorher definierten Temperaturbandes gehalten werden. Der Hauptunterschied bei der Modellierung des Blockheizkraftwerks gegenüber dynamisch geregelten Wasserthermen besteht darin, dass das BHKW einen Verbrennungsmotor einsetzt, um Strom und Wärme zu erzeugen. Während eine Wassertherme in beliebig kurzen Zeitintervallen ein- und ausgeschaltet werden kann, würde ein Verbrennungsmotor hierdurch voraussichtlich erheblichen Schaden nehmen.

Um zu verhindern, dass der Motor eines Blockheizkraftwerks Schaden nimmt, wird eine minimale Laufzeit t_{min} für einen unterbrechungsfreien Betrieb eingeführt. Zusammengefasst lässt sich ein wärmegeführtes BHKW als Bedingter Konsument bzw. als Bedingter Produzent mit den Parametern P, t_{duty}, t_{max} und t_{min} modellieren.

4.1.4 Fallstudie 4: elektrische Speicher

Die Entwicklung von Batterien hoher Kapazitäten für den professionellen Einsatz hat in den letzten Jahren enorme Fortschritte gemacht. Am stärksten wurde dieser Trend durch die Entwicklung und Einführung von elektrisch betriebenen Fahrzeugen beeinflusst. Die Batterien dieser Fahrzeuge erlauben Reichweiten von bis zu 400 km bei Spitzengeschwindigkeiten von etwa 130 km/h. In naher Zukunft werden Elektrofahrzeuge, die zu Ladezwecken über eine Ladestation mit dem elektrischen Netz verbunden sind, einen großen Beitrag zur Bereitstellung notwendiger

Regelenergie leisten können. Dieses Konzept zur Speicherung und Abgabe elektrischer Leistung in und aus Elektrofahrzeugbatterien ist unter dem Namen *Vehicle to Grid* (V2G) bekannt [KL97, KT05]. Batterien in Elektrofahrzeugen haben typischerweise hohe Kapazitäten und können Energie über Stunden bei nahezu konstanter Qualität bereitstellen. Darüber hinaus erlaubt die Leistungselektronik einer solchen Fahrzeugbatterie das schadlose kontinuierliche Ein- und Ausschalten der Leistungsaufnahme oder -bereitstellung. Eine Batterie lässt sich für die vorliegenden Modellzwecke mit hohen Parametern $|P|$ und t_{max} charakterisieren. Tabelle 4.1 gibt einen Überblick über die Batteriearten in bereits verfügbaren Elektrofahrzeugen.

Tabelle 4.1: Batterieeigenschaften von Elektrofahrzeugen (Herstellerangaben)

Name	Hersteller	Kapazität der Batterie	Leistung	Reichweite
Golf III	VW	11,4 kWh	17,5 kW	50-60 km
eBox	AC Propulsion	35 kWh	50 kW	190-240 km
E1	BMW	19 kWh	32 kW	250 km
E-Fox Polo	VW	11 kWh	19 kW	>50 km
Berlingo	Citroen		15,5-28 kW	60 miles
Smart EV	Daimler	15 kWh	30 kW	110 km
Think!	Think Global	28,3 kWh	30 kW	<180 km
Volt	GM	16 kWh	>110 kW	60 km
Mega City	Nice	10,1 kWh	4 kW	64 km
A-Klasse	Mercedes	30 kWh	30/50 kW	200 km
Roadster	Tesla	55 kWh	185 kW	360 km
i-EV	Mitsubishi		47 kW	160 km

4.1.5 Fazit aus den Fallstudien

In DEZENT werden Geräte mit zeitflexiblen Betriebszyklen als Bedingte Konsumenten oder Produzenten modelliert. Bedingte Konsumenten sind in der Lage, den momentanen Verbrauch um die zusätzliche Leistung $|P|$ zu erhöhen, während Bedingte Produzenten den momentanen Verbrauch um die Leistung $|P|$ senken können. Ein Bedingter Konsument oder Bedingter Produzent kann zu jedem beliebigen Zeitpunkt (durch unvorhersehbares Nutzerverhalten oder externe Benutzeraufforderungen) für die Dauer von t_{duty} Perioden zu einem regulären Verbraucher bzw. Erzeuger werden, wenn der Betriebszyklus (für die Dauer t_{duty}) aufgenommen werden muss. Der Bedingte Agent nimmt aber spätestens nach t_{max} Perioden, wenn vorgegebene interne Grenztemperaturen erreicht werden, seinen regulären Betriebszyklus für die Dauer von t_{duty} Perioden auf. Bestimmte Bedingte Akteure können durch kontinuierliches Ab- und Zuschalten bei hoher Frequenz Schaden nehmen und müssen nach einer Aktivierung oder Deaktivierung mindestens für t_{min} Perioden ihren neuen Zustand halten. Bedingte Konsumenten und Produzenten werden in DEZENT durch die Parameter |P|, t_{max}, t_{min} und t_{duty} charakterisiert. Tabelle 4.2 zeigt typische Parameterbelegungen für die diskutierten dynamisch regelbaren Geräte.

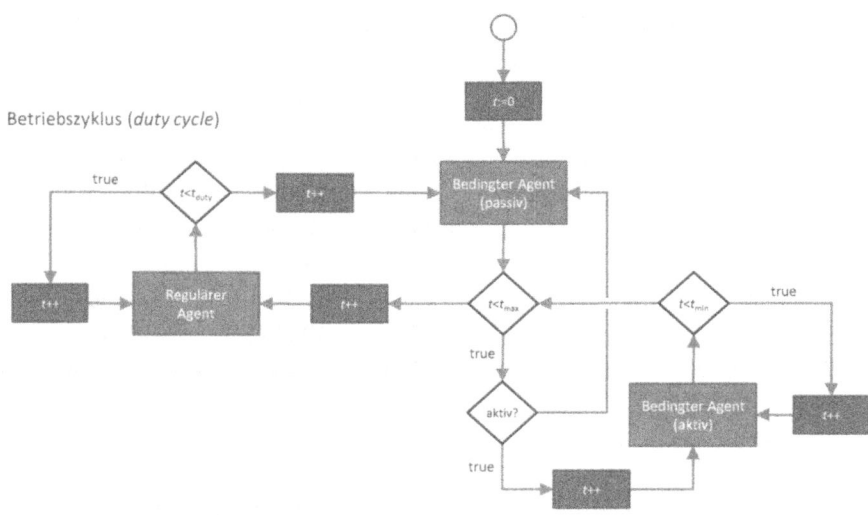

Abbildung 4.4: Schematisches Modell für Bedingte Konsumenten und Produzenten in DEZENT

Die Abbildung 4.4 zeigt den schematischen Ablauf des entwickelten Modells für Bedingte Konsumenten und Produzenten in DEZENT. Der besseren Übersichtlichkeit wegen wird auf die Darstellung des zufälligen Übergangs zu einem regulären Konsumenten oder Produzenten durch externe Benutzeraufforderungen (Öffnen des Kühlschranks, Anforderung von Heißwasser etc.) verzichtet. Der interne (elektrische/thermische Ladungs-)Zustand eines zeitflexiblen Gerätes spiegelt sich dabei in der Höhe des Parameters t_{max} wieder. Dieser Wert wird dabei von jedem Bedingten Konsumenten und Produzenten zu Beginn einer Verhandlungsperiode an den zuständigen BGM übermittelt.

Tabelle 4.2: Parameterbelegungen für Bedingte Konsumenten/Produzenten

	$|P|$	t_{max}	t_{min}	t_{duty}
Kühlschrank	0,2 kW	<5 min	0 s	5 min
Wassertherme	2 kW	<15 min	0 s	3 min
BHKW	3 kW	<15 min	>20 s	3 min
Batterie	3 kW	<45 min	0 s	0 s

4.2 Peak Demand and Supply Management in DEZENT

Unter Verwendung des Modells für Bedingte Konsumenten und Produzenten in Kapitel 4.1 sollen Schwankungen in den Summenanschlussleistungen nach jedem Verhandlungszyklus kompensiert werden. Am Ende eines Verhandlungszyklus n innerhalb einer Periode p ist ein Bilanzkreis unterhalb eines BGM entweder ausgeglichen oder nicht. Wenn der Bilanzkreis unausgeglichen ist, dann überschreitet der aggregierte Bedarf die Leistungseinspeisung oder er unterschreitet diese. Im ersten Fall wird das Vorzeichen für die für den Ausgleich benötigte Regelenergie $P_{p,n}$ positiv definiert, im zweiten Fall ist $P_{p,n}$ negativ.

Um zu ermitteln, ob ein bilanziertes $P_{p,n}$ eine Über- oder Unterversorgungsspitze ist, pflegt der BGM einen gewichteten Mittelwert $\overline{P}_{p,n}$ für vergangene $P_{p,n}$. Durch den gewichteten Mittelwert können auszugleichende Spitzen von längerfristigen Trends unterschieden werden, die nicht mehr kurzfristig ausgeglichen werden müssen, sondern in eine längerfristige Planung mit einfließen können. Der gewichtete Mittelwert $\overline{P}_{p,n}$ am Ende eines Zyklus n innerhalb einer Periode p wird berechnet nach:

$$\overline{P}_{p,n} := \overline{P}_{p-1,n} + \alpha \left(P_{p,n} - \overline{P}_{p-1,n} \right) \quad (4.1)$$

In Gleichung 4.1 ist α ein konstanter Step-Size-Parameter, mit $0 < \alpha \leq 1$. Dies führt dazu, dass $\overline{P}_{p,n}$ ein gewichteter Mittelwert vergangener $P_{p,n}$ Werte ist. Die Abbildungen 4.5 und 4.6 zeigen den gewichteten Mittelwert für ein rein stochastisches Profil[2] für die Step-Size-Parameter $\alpha = 0,1$ und $\alpha = 0,3$.

---
[2]Das hier gezeigte Profil wurde erzeugt mit 50 regulären Verbrauchern und Erzeugern über 1800 Perioden (15 min). In diesem extremen Szenario bestimmt jeder Agent zu Beginn einer Periode

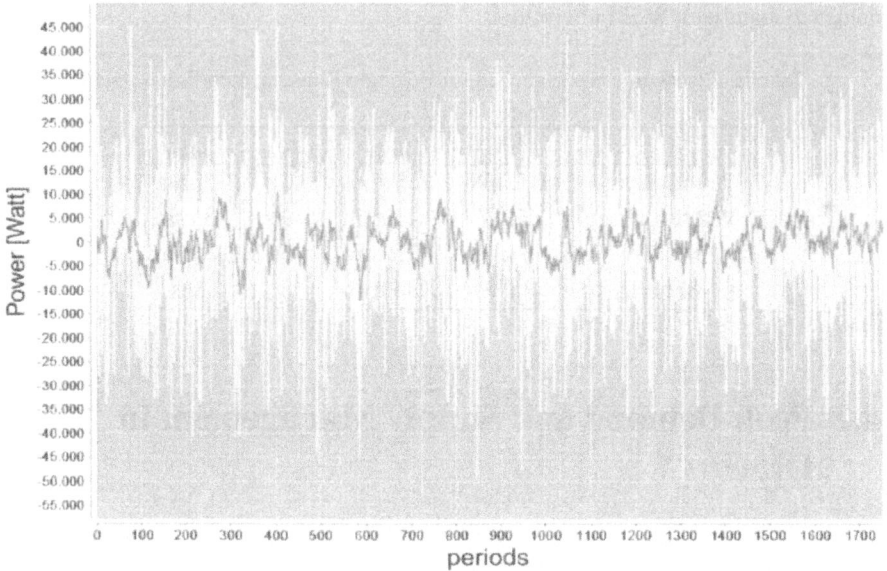

Abbildung 4.5: Entwicklung des gewichteten Mittelwertes von $P_{p,n}$ für $\alpha = 0,1$

Es ist zu beobachten, dass der gewichtete Mittelwert bei dem hier gezeigten stochastischen Beispiel für die Summenanschlussleistungen selbst Schwankungen unterliegt. Diese Schwankungen sind stärker ausgeprägt bei einem größeren Step-Size-Parameter α. Dies leuchtet unmittelbar ein, da der Step-Size-Parameter bestimmt, wie stark neue $P_{p,n}$ Werte für die Berechnung von $\overline{P}_{p,n}$ gewichtet werden. Bei stark schwankenden Werten ist es daher ratsam, einen niedrigen Step-Size-Parameter zu wählen, während das gewichtete Mittel über Werte, die einem starken Trend unterliegen, präziser mit einem größeren Step-Size-Parameter berechnet wird (für Untersuchungen zum Einfluss des Step-Size-Parameters auf die Effizienz – eingesparte elektrische Arbeit – wird auf das anschließende Kapitel 4.2.1 verwiesen).

Nachdem am Ende eines Verhandlungszyklus der gewichtete Mittelwert $\overline{P}_{p,n}$ berechnet wurde, wird mit $\Delta P_{p,n} = P_{p,n} - \overline{P}_{p,n}$ die Intensität und Richtung der Lastspitze gegen das gewichtete Mittel bestimmt (Verbrauchsspitze: $\Delta P_{p,n}$ ist positiv, Spitze im Leistungsüberschuss: $\Delta P_{p,n}$ ist negativ). $\Delta P_{p,n}$ soll mit Hilfe von

---

zufällig eine Leistungsaufnahme bzw. -einspeisung zwischen -3,7 kW und 3,7 kW.

4.2 Peak Demand and Supply Management in DEZENT

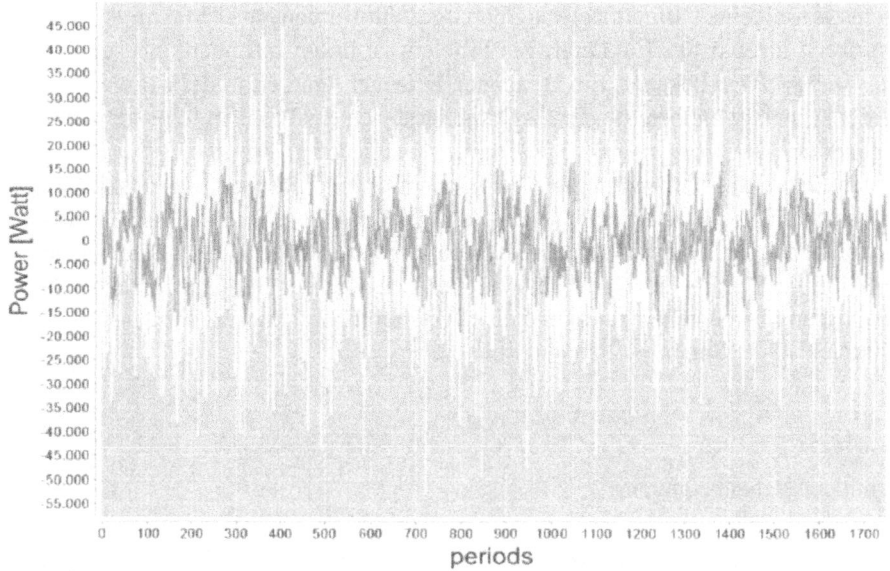

Abbildung 4.6: Entwicklung des gewichteten Mittelwertes von $P_{p,n}$ für $\alpha = 0,3$

Bedingten Konsumenten/Produzenten kompensiert werden durch die Aktivierung von Bedingten Konsumenten bei einem Leistungsüberschuss und der Aktivierung von Bedingten Produzenten bei einer Verbrauchsspitze[3].

Bedingte Erzeuger (Conditional Producers) repräsentieren zeitflexible Geräte unterschiedlichen Typs (siehe die vier Fallstudien in Kapitel 4.1.3). Das Erzeugen zusätzlicher Leistung ist gerätespezifisch mit unterschiedlichen Kosten verbunden. Die Leistungsbereitstellung durch ein stromgeführtes Blockheizkraftwerk, das seine Energie mit Brennstoffen erzeugt (in der Regel in Form von Biomasse) ist im Normalfall mit höheren Kosten verbunden als das Deaktivieren des Arbeitszyklus eines Kühlschranks. Die Kosten stammen dabei aus dem gültigen (beschränkten) Preisrahmen in DEZENT mit den in Kapitel 3.3 diskutierten Einschränkungen für Verbraucher und Erzeuger. Das Problem besteht also darin, *kostenminimal* zusätzlich benötigte Leistung für das Peak Management bereitzustellen.

Verwendet man den Kehrwert der Einzelkosten für die Formulierung des Pro-

---

[3]Nachfolgende Überlegungen beschränken sich auf die Betrachtung von Bedingten Konsumenten. Die Behandlung von Bedingten Produzenten erfolgt analog.

blems, so soll eine Differenzleistung bereitgestellt werden, unter Maximierung reziproker Einzelkosten. Ein derartiges Problem ist in der Informatik als sog. *0-1-Rucksackproblem* bekannt. Ein Bedingter Erzeuger kann entweder aktiviert werden oder inaktiv bleiben (0 oder 1). Damit lässt sich das Problem folgendermaßen definieren:

Am Ende eines Verhandlungszyklus n innerhalb einer Periode p steht eine Menge von Bedingten Erzeugern $\mathbf{P}_{cond}$ zur Verfügung, um eine Verbrauchsspitze $\Delta P_{p,n}$ zu kompensieren. Es existieren eine Kostenfunktion $c : \mathbf{P}_{cond} \to \mathbb{R}^+$, eine Nutzenfunktion $v : \mathbf{P}_{cond} \to \mathbb{R}^+$ (gibt an, wie viel Leistung der Bedingte Erzeuger bei Aktivierung bereitstellen kann) und eine Aktivierungsfunktion $x : \mathbf{P}_{cond} \to \{0,1\}$. Das Ziel ist, die Summe 4.2 zu maximieren.

$$\sum c(P_i) \cdot x(P_i), \underset{P_i \in P_{Cond}}{\forall} \qquad (4.2)$$

mit der Nebenbedingung

$$\sum v(P_i) \cdot x(P_i) \leq \Delta P_{p,n}, \underset{P_i \in P_{Cond}}{\forall} \qquad (4.3)$$

Unter Verwendung dieser klassischen Formulierung löst der BGM, der verantwortlich für die Verhandlungen in Verhandlungszyklus n ist, das Problem mittels Dynamischer Programmierung. Das Ergebnis ist eine kostenoptimale Teilmenge von Bedingten Erzeugern aus $\mathbf{P}_{cond}$, die aktiviert werden und damit in der nächsten Verhandlungsperiode entweder als Bedingte Verbraucher auftreten, die ihre unterbrochene Leistungsaufnahme oder Erzeugung aufnehmen bzw. unterbrechen können, oder als reguläre Verbraucher bzw. Erzeuger, da sie an einem Rand ihres flexiblen Betriebsintervalls angekommen sind.

Der Zustand der Bedingten Konsumenten und Produzenten wird, wie schon in Kapitel 3 erläutert, durch Tickets im System kommuniziert (siehe Kapitel 3.6). Nach Aktivierung von zusätzlichem Verbrauch oder zusätzlicher Erzeugung zum Zweck des Peak Demand and Supply Managements werden die Tickets der betreffenden Bedingten Konsumenten bzw. Produzenten angepasst und zusammen mit den Tickets der anderen Agenten als Ticketliste an den BGM der nächsten Verhandlungsebene weitergereicht (siehe Kapitel 3.6). Aktivierte Bedingte Agenten treten auf der nächsthöheren Verhandlungsebene als reguläre (auf unterster Ebene unbefriedigte) Konsumenten oder Produzenten auf. Die Aktivierung von Bedingten Erzeugern oder Verbrauchern zum Zweck des Peak Demand and Supply Management findet nur auf der (untersten) 0,4 kV-Verhandlungsebene statt, da mit dem Verfahren *lokale* Leistungsschwankungen ausgeglichen werden sollen. Die Aktivierung von Bedingten Agenten am Ende von Verhandlungszyklen höherer

4.2 Peak Demand and Supply Management in DEZENT   101

Ebenen könnte nach dem beschriebenen Modell jedoch unvorhersehbare Auswirkungen haben (und letztendlich sogar eine Verstärkung kurzfristiger Schwankungen auf der untersten Spannungsebene verursachen).

Das integrierte Peak Demand and Supply Management wird in Kapitel 4.4 ab Seite 123 in Pseudocode-Notation angegeben und auf seine Komplexität hin untersucht.

4.2.1 Modellsimulationen des Peak Demand and Supply Managements in DEZENT

Im Folgenden soll der Einfluss der vorgestellten Parameter $|P|$, t_{max}, t_{min} und t_{duty} auf die Effizienz des vorgestellten Peak Demand and Supply Management Verfahrens untersucht werden. Aus diesem Grund wurden Verhandlungen auf Basis des in den Abbildungen 4.5 und 4.6 gezeigten Versorgungsprofils durchgeführt. Um die Effizienz des Verfahrens zu bewerten, wurde die absolute notwendige Regelenergie bestimmt, die am Ende der Verhandlungen auf der untersten Spannungsebene durch die darüberliegenden Netze höherer Spannung bereit gestellt werden muss. Die absolute notwendige Regelenergie wird dabei durch die Fläche zwischen dem tatsächlichen (stochastischen) Lastprofil und einem erwarteten Lastprofil bestimmt (siehe Abbildung 4.7). Die Fläche zwischen diesen beiden Profilen hat die Einheit Wh (Wattstunden) und entspricht damit der elektrischen Arbeit, die notwendig ist, Abweichungen von einem erwarteten Lastverlauf (der die Fahrpläne der Kraftwerke bestimmt) auszugleichen. Die nachfolgend diskutierten Experimente sind in gestraffter Form bereits in [WLRK08a, WLRK08c] veröffentlicht worden.

Allgemeiner Einfluss der identifizierten Parameter

Es existiert ein naheliegender Zusammenhang zwischen der Anzahl der Bedingten Konsumenten/Produzenten, deren verfügbarer Einzelkapazität $|P|$, und der Effizienz des Verfahrens zur Verstetigung stochastischer Lastprofile und damit zur Verringerung der notwendigen elektrischen (Regel-)Arbeit. Mit größer werdenden Werten für $|P|$ steigt die Effizienz des Verfahrens. Dieser Effekt zeigt sich noch einmal deutlich in Experimenten unter realistischen Bedingungen in 4.2.1 und in der integrierten experimentellen Analyse des Gesamtsystems in Kapitel 6.

Um den Einfluss unterschiedlicher Belegungen der Parameter t_{max}, t_{min} und t_{duty} auf die Effizienz des Peak Demand and Supply Management Verfahrens zu bestimmen, werden Experimente mit den in den Abbildungen 4.5 und 4.6 gezeigten

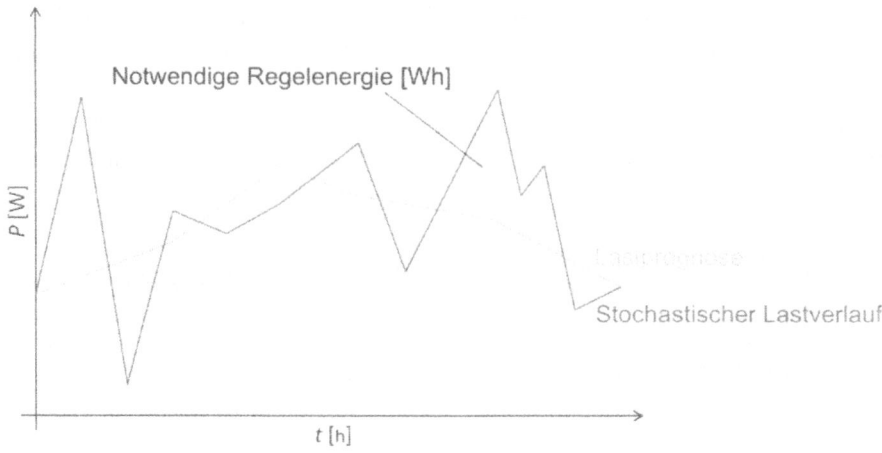

Abbildung 4.7: Bestimmung der absoluten notwendigen Regelenergie

Tabelle 4.3: Setup der Modellsimulationen zum allgemeinen Einfluss der identifizierten Parameter

Simulationszeit	$T = 1800$ Perioden (15 min)
Step-Size-Parameter	$\alpha = 0,1$
#reguläre Agenten	50 Verbraucher, 50 Erzeuger
Leistungsaufnahme	$0 \text{ kW} \leq need \leq 3,7 \text{ kW}$
Leistungseinspeisung	$-3,7 \text{ kW} \leq output \leq 0 \text{ kW}$
#Bedingte Agenten	5 Bed. Verbraucher, 5 Bed. Erzeuger
$|P|$	1 kW
t_{max}	5 – 150 Perioden
t_{min}	0 – 25 Perioden
t_{duty}	5 – 75 Perioden

stochastischen Lastprofilen durchgeführt. Die gezeigten Profile werden wie bereits in den Abbildungen 4.5 und 4.6 mit 50 regulären Verbrauchern und Erzeugern über 1800 Perioden (15 min) erzeugt. In diesem extremen Szenario bestimmt jeder Agent zu Beginn einer Periode zufällig seine Leistungsaufnahme bzw. -einspeisung zwischen -3,7 kW und 3,7 kW. Unter diesen Voraussetzungen kann in jeder Periode ein Agent, der in der Periode zuvor als Konsument aufgetreten ist,

4.2 Peak Demand and Supply Management in DEZENT

zu einem Produzent werden und umgekehrt. Für die Berechnung des gewichteten Mittelwerts $\overline{P}_{p,n}$ wird ein konstanter Step-Size-Parameter $\alpha = 0,1$ gewählt. Zur Verstetigung des stochastischen Lastprofils wird das System um 5 Bedingte Konsumenten und 5 Bedingte Produzenten ergänzt, die identische Parameter $|P|$, t_{max}, t_{min} und t_{duty} besitzen (bis auf ein unterschiedliches Vorzeichen der Leistung bei Konsumenten gegenüber Produzenten, siehe Tabelle 4.3). Diese Parameter werden in den folgenden Experimenten variiert. Jeder Bedingte Agent startet an einer zufällig gewählten Stelle außerhalb seines Betriebszyklus, nach dessen Ablauf ($t_{max} - \varepsilon$, für ein zufälliges $\varepsilon \leq t_{max}$) er in seinen Betriebszyklus der Länge t_{duty} wechseln muss. Außerhalb seines Betriebszyklus kann er zur Verstetigung kurzfristiger Lastspitzen aktiviert werden. Einmal aktiviert muss er für die Dauer von t_{min} Perioden in diesem Zustand bleiben, bevor er (falls er nicht regulär in seinen Betriebszyklus wechselt) wieder für das Peak Demand and Supply Management zur Verfügung steht.

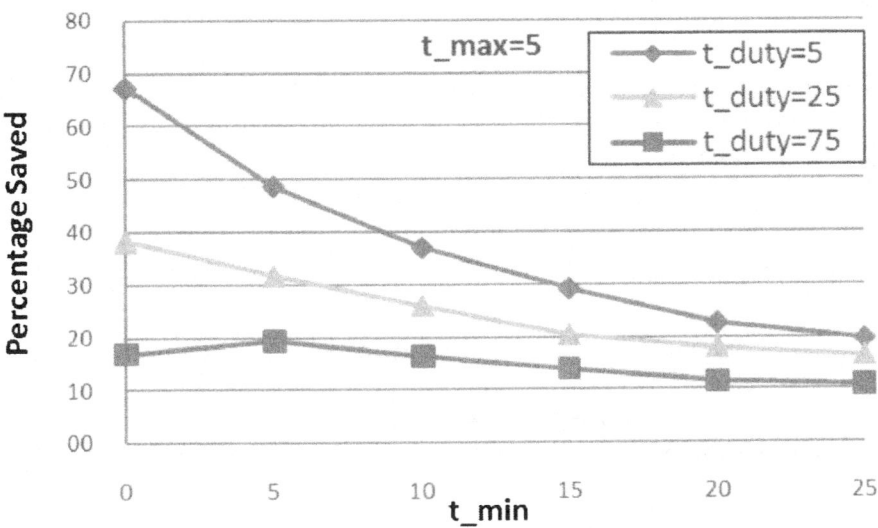

Abbildung 4.8: Eingesparte elektrische Arbeit für $t_{max} = 5$ Perioden und verschiedene t_{min} und t_{duty} Konfigurationen

Die Abbildung 4.8 zeigt die relative eingesparte notwendige (absolute) elektrische Arbeit zur Ausregelung des verstetigten Lastprofils durch ein übergeordnetes Netz in Abhängigkeit unterschiedlicher t_{min} und t_{duty} Belegungen und einer festen maximalen Zeitflexibilität $t_{max} = 5$ Perioden. Es ist ein allgemeiner Abfall in der Effizienz des Verfahrens mit steigenden Werten für t_{min} zu beobachten. Dieser Effekt ist zu erwarten, da steigende t_{min} Werte die kurzfristige Verfügbarkeit der Bedingten Akteure verringern, da Agenten, die als Bedingte Konsumenten bzw. Produzenten aktiviert werden, für die Dauer von t_{min} Perioden in dieser Rolle verbleiben. Solche Agenten können zwar kurzfristig eine positive oder negative Spitze ausgleichen, beeinflussen in den darauffolgenden $t_{min} - 1$ Perioden das stochastische Verhalten aber unvorhersehbar. Im schlimmsten Fall vergrößern diese Agenten die notwendige Regelarbeit in den darauffolgenden Perioden sogar.

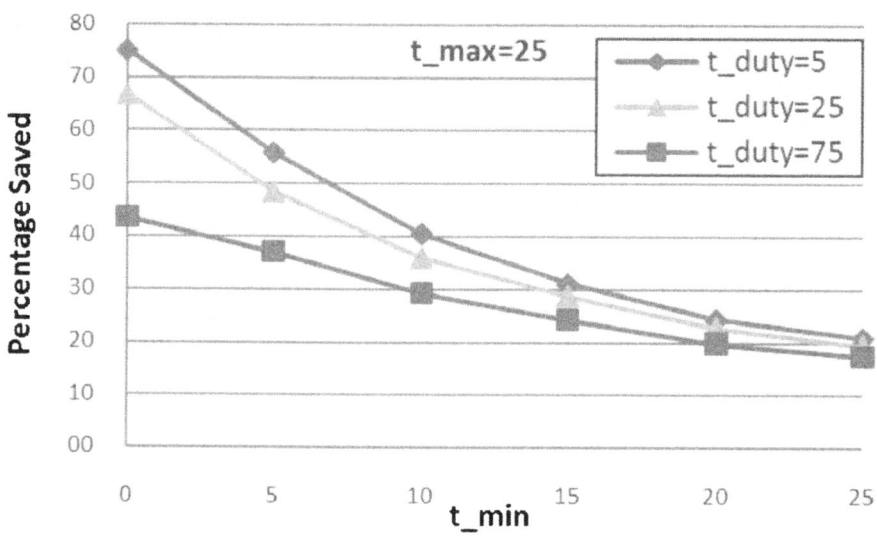

Abbildung 4.9: Eingesparte elektrische Arbeit für $t_{max} = 25$ Perioden und verschiedene t_{min} und t_{duty} Konfigurationen

Ein allgemeiner Abfall in der Effizienz des Verfahrens ist ebenfalls mit steigenden t_{duty} Werten zu beobachten. Dieser Effekt ist ähnlich zu begründen wie zuvor mit der geringeren Verfügbarkeit Bedingter Konsumenten bzw. Produzenten zur Verstetigung stochastischer Lastkurven. Höhere Werte für t_{duty} bedeuten längere reguläre Betriebszyklen, in denen die Akteure nicht zur Reduzierung der notwenigen Regelenergie beitragen können.

Bei den Experimenten mit unterschiedlichen Werten für t_{max} (siehe Abbildungen 4.9 und 4.10 für $t_{max} = 25$ bzw. $t_{max} = 150$ Perioden) ist zu beobachten, dass mit

4.2 Peak Demand and Supply Management in DEZENT

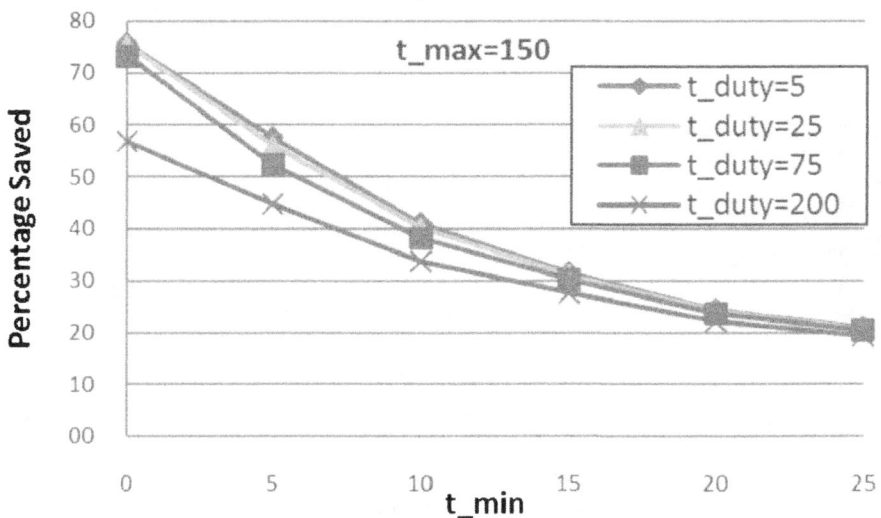

Abbildung 4.10: Eingesparte elektrische Arbeit für $t_{max} = 150$ Perioden und verschiedene t_{min} und t_{duty} Konfigurationen

steigenden t_{max} Werten, also höherer zeitlicher Verfügbarkeit, die Einflüsse kleiner Variationen von t_{min} und t_{duty} abnehmen. In Abbildung 4.10 mit $t_{max} \gg t_{min}$ und $t_{max} \gg t_{duty}$ existiert praktisch kein Unterschied zwischen Szenarien mit $t_{duty} = 5$, $t_{duty} = 25$ und $t_{duty} = 75$ Perioden. Für $t_{duty} = 200$, also $t_{max} < t_{duty}$ ist wieder die gleiche Tendenz (wenn auch wesentlich schwächer ausgeprägt) für die Effizienz des Verfahrens zu beobachten wie in den Experimenten zuvor.

Betrachtet man die Abbildungen 4.8 bis 4.10 so fällt auf, dass die Kurven in allen Szenarien eine maximale Energieersparnis nicht überschreiten. Die Basis für die maximale Effizienz des Peak Demand and Supply Management Verfahrens bildet die Kurve für den gewichteten Mittelwert $\bar{P}_{p,n}$. Gegen diese Kurve ist das Verfahren bestrebt, das stochastische Lastprofil zu verstetigen. Die Kurve für den gewichteten Mittelwert weist aber selbst verschieden starke Schwankungen für unterschiedliche Werte des Step-Size-Parameters α auf (siehe Abbildungen 4.5 und 4.6). Das gewichtete Mittel in Abhängigkeit von α berechnet sich nach:

$$\bar{P}_{p,n} := \bar{P}_{p-1,n} + \alpha \left(P_{p,n} - \bar{P}_{p-1,n} \right)$$

Bei hohen α-Werten erhöht sich der Einfluss jedes neuen Wertes auf den Mit-

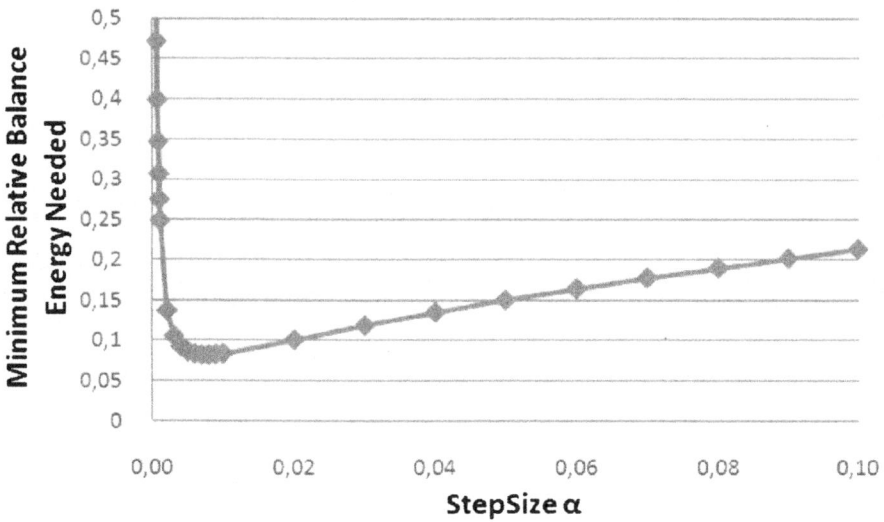

Abbildung 4.11: Minimale absolute notwendige elektrische Arbeit in Abhängigkeit des Step-Size-Parameters α

telwert und bei $\alpha = 1$ entspricht der gewichtete Mittelwert dem stochastischen Lastprofil selbst. Bei $\alpha = 0$ hingegen hat der gewichtete Mittelwert niemals einen anderen Wert als den initialen $P_{0,0}$ Wert. Die Abbildung 4.11 zeigt die minimale relative notwendige Regelenergie in dem gewählten stochastischen Szenario unabhängig von der Verfügbarkeit Bedingter Akteure. Die minimale notwendige Regelenergie ist dann die Fläche zwischen der Kurve für das gewichtete Mittel und einer ausgeglichenen Bilanz. Die minimal notwendige Regelenergie findet sich für $\alpha = 0,008$ bei etwa 8 % der ursprünglich notwendigen elektrischen Arbeit ohne eine Verstetigung der Lastkurve. Der Wert $\alpha = 0,008$ ist dabei jedoch kein universelles Minimum für das Verfahren, sondern bezieht sich auf das vorliegende Szenario aus den Abbildungen 4.5 und 4.6. In Szenarien, die stärkere und länger anhaltende Trends in die eine oder andere Richtung aufweisen, liegt das Minimum an anderer Stelle. Abbildung 4.12 zeigt das resultierende Lastprofil für $\alpha = 0,1$, $t_{min} = 5$, $t_{max} = 25$ und $t_{duty} = 25$ Perioden.

4.2 Peak Demand and Supply Management in DEZENT

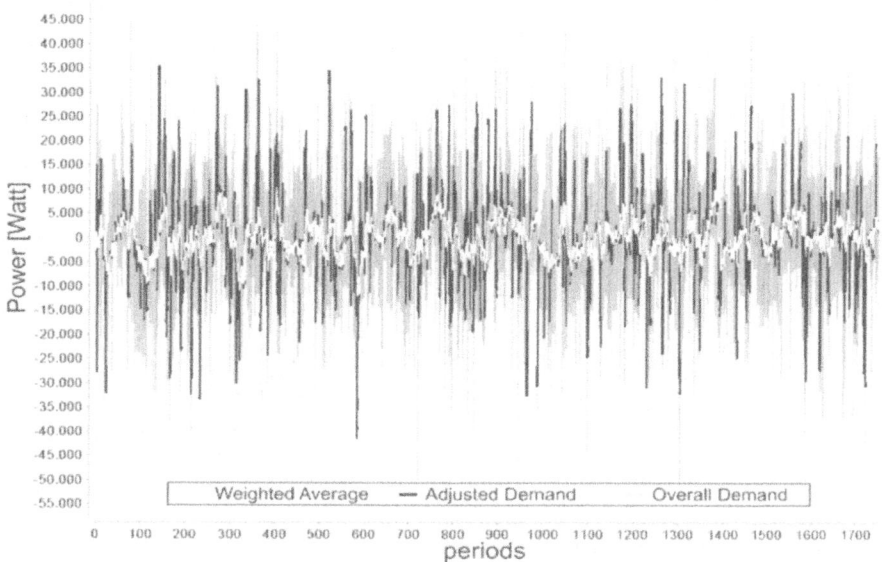

Abbildung 4.12: Verstetigung des stochastischen Lastprofils

Einfluss innerhalb eines 0,4 kV-Bilanzkreises mit realistischem Lastprofil

Im Folgenden soll der Einfluss von Peak Demand and Supply Management in einem realistischen Szenario untersucht werden. Zu diesem Zweck werden Verhandlungen auf Basis eines real gemessenen 0,4/10 kV-Feeder Lastprofils durchgeführt. Ein Feeder ist eine Verteil-/Umspannstation mit der Aufgabe, Strom von einem Netz in ein anderes Netz unterschiedlicher Spannungsebene zu speisen. Das Lastprofil eines solchen Feeders entspricht direkt der zur Ausregelung von Ungleichgewichten notwendigen elektrischen Arbeit und wird für die Einsatzplanung von Kraftwerken zur Deckung der Grundlast verwendet. Abweichungen von einem Einsatzplan müssen kostenintensiv und ineffizient als Reserveleistung vorgehalten werden. Die auszuregelnden Schwankungen haben eine Frequenz von wenigen Millisekunden und eine Amplitude von -10 % bis +10 % um den gemittelten Wert des Lastprofils (siehe Abbildung 4.13).

Der BGM-Agent eines 0,4 kV-Bilanzkreises in DEZENT sitzt typischerweise an der Verbundstelle zum übergeordneten 10 kV-Netz. Damit entspricht das Feeder Lastprofil exakt der zu verstetigenden Versorgungskonfiguration und damit der

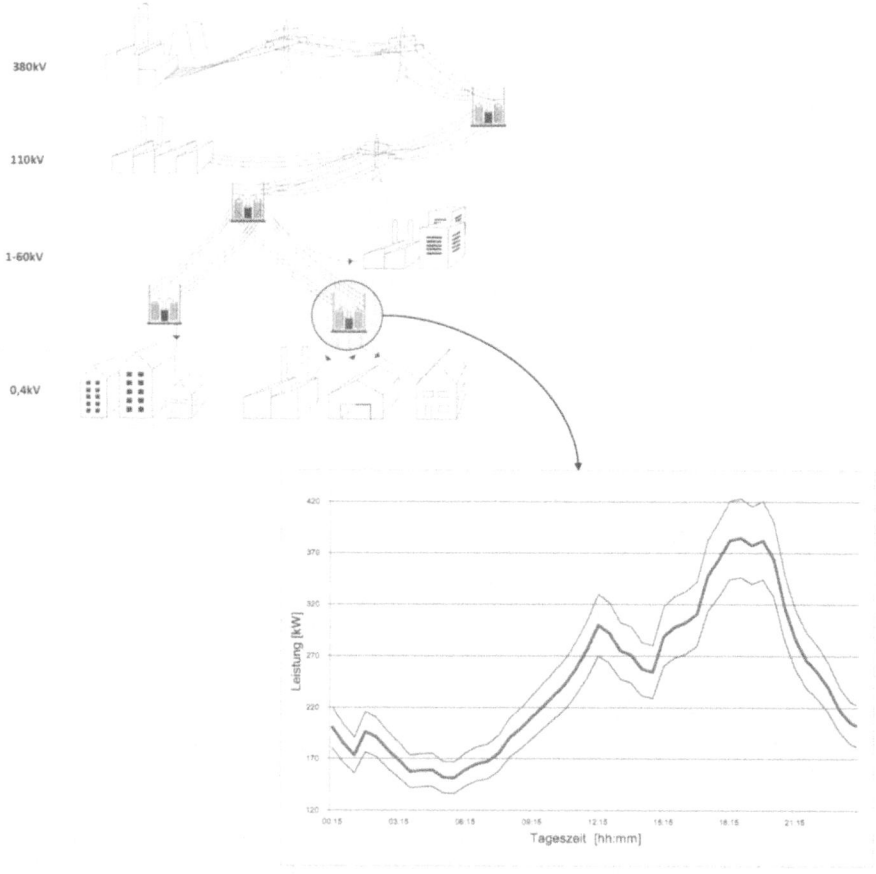

Abbildung 4.13: 0,4kV/10kV-Feeder Lastprofil für einen Durchschnittstag in der Übergangsjahreszeit (Frühling/Herbst)

Eingabe für das Peak Demand and Supply Management an einem BGM am Ende eines Verhandlungszyklus n. Ein 0,4 kV-Bilanzkreis hat über einen 0,4/10 kV-Feeder eine typische Anschlussleistung von 400 kW. Mit der Anschlussleistung eines Haushaltes von 10–40 kW enthält ein solcher Bilanzkreis bis zu 40 Einzelhaushalte. Das realistische Szenario geht daher von einem Bilanzkreis mit 40 Haushalten aus, der unterschiedliche Kombinationen an Geräten, die als Bedingte Konsumenten oder Bedingte Produzenten auftreten können, aufweist. Die Pa-

4.2 Peak Demand and Supply Management in DEZENT

rametrierungen und Zusammensetzung dieser Gerätekombinationen sind in den Tabellen 4.4 und 4.5 zusammengefasst.

Es wird angenommen, dass der Bilanzkreis über 30 Kühlschränke, 10 Heißwasserthermen, 5 BHKWs und 2 bzw. 4 Elektrobatterien verfügt, die zur Verstetigung des stochastischen Lastprofils beitragen. Die Batterien können entweder in Form stationärer Notstromaggregate oder aber in Form von Elektrofahrzeugen (angeschlossen an eine bidirektionale Ladestation) vorliegen. Die Experimente werden sowohl für Einzelgeräte als auch für Gerätegruppen unterschiedlicher Zusammensetzung durchgeführt. Die Ergebnisse sind in Tabelle 4.5 zusammengefasst dargestellt.

Tabelle 4.4: Parametrierung und Gerätemengen des realistischen Szenarios

	$|P|$	t_{max}	t_{min}	t_{duty}
Kühlschrank	0,2 kW	5 min	0 s	5 min
Wassertherme	2 kW	15 min	0 s	3 min
BHKW	3 kW	15 min	20 s	3 min
Batterie	3 kW	45 min	0 s	0 s
$A=\{30$ Kühlschränke$\}$, $B=\{10$ Wassertherme$\}$, $C=\{5$ BHKWs$\}$, $D=\{2$ Batterien$\}$, $E=\{4$ Batterien$\}$			
Step-Size-Parameter $\alpha = 0,1$			

In den Einzelgerät-Experimenten lässt sich beobachten, dass der Einfluss von 10 Heißwasserthermen auf die Reduzierung der notwendigen Regelenergie etwa dreimal so groß ist, wie der von 30 Kühlschränken. Dieser Effekt bestätigt die systematischen Experimente zum allgemeinen Einfluss der Modellparameter Bedingter Konsumenten und Produzenten. Ein Kühlschrank besitzt nur einen Bruchteil der zur Verstetigung von Lastspitzen durch Heißwassertherme bereitgestellten Kapazität $|P|$ (siehe Tabelle 4.4). Obwohl die Kapazitäten eines BHKW und einer Elektrobatterie identisch sind, ist der Einfluss von zwei Batterien jedoch sechsmal so groß, wie der Einfluss von zwei BHKW gleicher Kapazität. Die Ursache hierfür ist die Fähigkeit von Batterien, kontinuierlich (nach jedem 500 ms-Verhandlungsintervall) ein- und ausgeschaltet werden zu können, gegenüber BHKWs, die eine minimale Laufzeit des Verbrennungsmotors nach Aktivierung garantieren müssen. Dieser Einfluss des t_{min} Parameters wurde ebenfalls im vorherigen Abschnitt diskutiert.

In den Experimenten mit Gerätegruppen unterschiedlicher Zusammensetzung setzen sich die beobachteten Effekte jedoch nicht als Summen der beobachteten

Tabelle 4.5: Ergebnisse des realistischen Szenarios für unterschiedliche Gerätekombinationen

Gerätekombinationen	Prozentuale Regelenergieersparnis
A	22,39 %
B	61,32 %
C	5,77 %
D	31,19 %
E	50,97 %
$A \cup B$	69,40 %
$A \cup B \cup C$	70,91 %
$A \cup B \cup C \cup D$	74,34 %
$A \cup B \cup C \cup E$	75,70 %

Einzeleffekte zusammen. Während das Peak Demand and Supply Management ausschließlich auf der Basis von Kühlschränken die notwendige Regelenergie um 22,39 % reduziert und die alleinige Verwendung von Heißwasserthermen die notwendige Energie sogar um 61,32 % vermindert, erreicht eine Kombination beider Gerätegruppen nur eine gering erhöhte Effizienz von 69,4 % reduzierter Regelenergie. Eine Gerätekombination aus Kühlschränken, Heißwasserthermen und BHKWs reduziert die benötigte Regelenergie insgesamt nur um 70,34 %. Die Erweiterung dieser Gerätemenge um zwei Elektrobatterien erreicht eine Reduzierung der notwendigen elektrischen Arbeit um 74,34 %. Eine zusätzliche Erweiterung dieser Menge um zwei weitere Elektrobatterien auf insgesamt vier Exemplare steigert den beobachteten Effekt um weniger als 2 %. Peak Demand and Supply Management mit nur vier Elektrobatterien erreicht dagegen bereits eine Reduzierung der notwendigen Regelenergie um mehr als 50 %.

Die Ursache für dieses Phänomen ist die Tatsache, dass es relativ einfach ist, die größten Lastspitzen, die für etwa 70 % der benötigten Regelenergie verantwortlich sind, mit dem gezeigten Verfahren auszugleichen. Die Verstetigung schwächerer Lastspitzen, die für die verbleibenden 30 % verantwortlich sind, wird dagegen zunehmend schwieriger. Grund hierfür ist die Bestimmung des gewichteten Mittels um die erwartete Lastprognose. Wie bereits im vorherigen Abschnitt erläutert, gibt die Funktion für die Bestimmung des gewichteten Mittels durch ihre eigene Fluktuation eine – bei diesem Verfahren – minimal notwendige Regelenergie vor. Ein naheliegender Ansatz, diesem Problem zu begegnen, wäre es, anstelle des gewichteten Mittelwertes zur Bestimmung von Lastspitzen die statische Lastprognose selbst zu verwenden. Allerdings können unvorhergesehene Umwelteinflüsse starke Abweichungen von der Lastprognose hervorrufen, auf die dann nicht mehr dynamisch reagiert werden kann, was zur Folge haben könnte, dass Bedingte Konsumenten und Produzenten aktiviert würden, um kurzfristige Lastspitzen auszugleichen, die tatsächlich aber langfristige Tendenzen als Resonanz auf besondere Wetterverhältnisse darstellen. Ein vielversprechender Ansatz ist die Verwendung eines dynamischen Step-Size-Parameters α in Abhängigkeit der aktuellen Last- und Schwankungssituation. Die Perspektive dieses Ansatzes wird später in dieser Arbeit (Kapitel 8) noch diskutiert.

4.3 Virtuelle Konsumenten/Produzenten

Mit Berücksichtigung Bedingter Verbraucher und Erzeuger steht am Ende einer Verhandlungsperiode eine Verhandlungskonfiguration in Form von Einzelanschlussleistungen für die Dauer des kommenden Betriebsintervalls. Abhängig von der zugrunde liegenden Netztopologie und der Verteilung der Akteure auf die Anschlüsse ist eine solche Versorgungskonfiguration mit bestimmten Wirkleistungsverlusten verbunden, die in einem konventionellen Energieversorgungssystem auf den unteren Spannungsebenen nicht direkt mitkalkuliert werden, sondern als zusätzliches Ungleichgewicht in die Ausgleichsbilanzierung mit eingehen.

In der Einführung von Kapitel 4 wurde bereits herausgestellt, dass in DEZENT prinzipiell kein Unterschied zwischen dem Betrieb eines isolierten Netzes und dem Betrieb des Teilnetzes im Netzverbund an einem übergelagerten Netz gemacht werden soll. Das bedeutet, dass in DEZENT versucht wird, Leistungsungleichgewichte im laufenden Betrieb so früh wie möglich (so tief wie möglich) auszugleichen. In DEZENT werden Wirkleistungsverluste[4] mit der am Ende eines Verhandlungszyklus (inkl. Peak Demand and Supply Management) feststehenden Versorgungskonfiguration auf der bekannten Netztopologie berechnet und als sog. *Virtueller Verbraucher* (bei positiver Wirkleistungsbilanz) bzw. *Virtueller Erzeuger* (bei negativer Wirkleistungsbilanz) auf der nächsthöheren Verhandlungsebene ausgeschrieben.

Die Kosten für den Ausgleich von Verlustleistungen innerhalb eines 0,4 kV-Bilanzkreises werden auf alle beteiligten Akteure unter dem BGM dieses Bilanzkreises umgelegt. Hierzu werden die Preisauf- bzw. -abschläge für Verhandlungen auf höheren Spannungs-/Verhandlungsebenen genutzt (siehe Kapitel 3.4.1). Die Betriebskosten für alle beteiligten Akteure unter DEZENT (Betriebs- und Nut-

---

[4]Der Mangel an Blindleistung führt lediglich zu einem lokalen Absinken der Spannung und wird direkt vor Ort an einzelnen Geräten geregelt (siehe auch Kapitel 7.2).

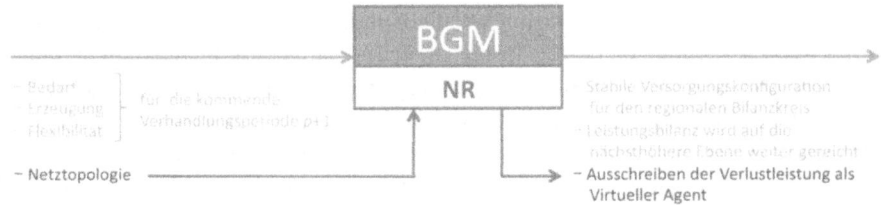

Abbildung 4.14: Erweiterte Aufgaben des BGM in DEZENT

zungskosten) werden später in dieser Arbeit (Kapitel 8) noch diskutiert. Die Berechnung der Verlustleistungen oder Leitungsverluste erfolgt mit dem Newton-Raphson-Verfahren (NR) zur Lastflussberechnung.

4.3.1 Das Newton-Raphson-Verfahren zur Lastflussberechnung

Das *Newton-Raphson-Verfahren* bzw. die *Newton-Raphson-Methode* ist ein Standardverfahren für die Lösung nichtlinearer Gleichungen und Gleichungssysteme[5]. Im Allgemeinen soll die Gleichung $f(x) = 0$ für eine stetig differenzierbare Funktion f gelöst werden. Im Folgenden wird das Verfahren beispielhaft erklärt. Das Lösen von nichtlinearen Gleichungssystemen dient später der Berechnung des Betriebszustandes eines elektrischen Energieübertragungssystems, indem für die einzelnen Knoten Gleichungen aufgestellt und mittels des Newton-Raphson-Verfahrens gelöst werden.

Im Folgenden wird als Beispiel die Berechnung der Wurzelfunktion gewählt. Diese leitet sich aus der Gleichung $f(x) = 0$ mit $f(x) = 1 - \frac{a}{x^2}$ her, wobei die Nullstelle $\sqrt{a}$ in diesem Beispiel iterativ bestimmt werden soll. In Abbildung 4.15 ist die Funktionsschar für verschiedene a graphisch dargestellt.

Die Funktion in Abbildung 4.15 schneidet die Abszisse (für $x > 0$) bei $x = \sqrt{a}$. Mit Hilfe des Newton-Raphson-Verfahrens wird der Schnittpunkt iterativ errechnet. Dazu sei x_0 ein beliebig gewählter Startwert aus dem Definitionsbereich von $f(x)$. Im ersten Schritt wird die Tangente am Punkt $(x_0, f(x_0))$ bestimmt. Diese lässt sich aus der Steigung $f'(x_0)$ am Punkt $(x_0, f(x_0))$ und dem Funktionswert auf der Ordinate $f(x_0)$ konstruieren. Als Tangentenfunktion erhält man: $t(x) = f'(x_0) \cdot (x - x_0) + f(x_0)$, siehe Abbildung 4.16.

Der nächste Schritt ist die Berechnung der Tangentenschnittstelle mit der Abszisse x_1. An dieser Stelle wird die nächste Tangente an die Funktion $f(x)$ gelegt

---

[5]Das Verfahren ist benannt nach Sir Isaac Newton und Joseph Raphson.

4.3 Virtuelle Konsumenten/Produzenten

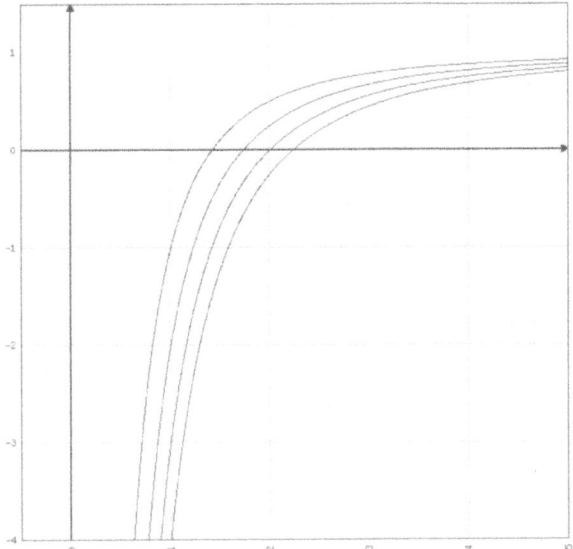

Abbildung 4.15: Kurvenschar $f(x;a)$ für $a = 2$, $a = 3$, $a = 4$ und $a = 5$

und das Verfahren so fortgeführt. Über n Iterationen ergibt sich dann folgende Entwicklung: $x_{n+1} = x_n - \frac{f(x_n)}{f'(x_n)}$.

In dem hier angegebenen Beispiel mit der Funktion $f(x) = 1 - \frac{a}{x^2}$ und deren Ableitung $f'(x) = \frac{2a}{x^3}$ ergibt sich $x_{n+1} = x_n - \frac{1 - \frac{a}{x_n^2}}{\frac{2a}{x_n^3}} = x_n - \frac{x_n^3}{2a} + \frac{x_n}{2} = \frac{x_n}{2}\left(3 - \frac{x_n^2}{a}\right)$.

Der iterative Verlauf der Berechnung ist in Tabelle 4.6 für verschiedene Werte von a zusammengefasst. Bereits nach wenigen Iterationen erreicht das Verfahren präzise Näherungswerte der Wurzelfunktion.

Anwendung auf elektrische Energieübertragungsnetze

In der Elektrotechnik werden mathematische und messtechnische Größen zur Beschreibung von Wechselstromnetzen komplexwertig dargestellt (in der Form: $a+jb$). Unter dem Einfluss einer sich stetig ändernden Spannung müssen für einige Komponenten eines Energieübertragungsnetzes auch die Veränderungen des elektrischen bzw. magnetischen Feldes berücksichtigt werden (z.B. Kondensatoren bzw. Spulen). Eine Beschreibung der auftretenden Phänomene im Zeitbereich ist aufgrund der periodisch wechselnden Spannungs- und Stromverhältnisse nur

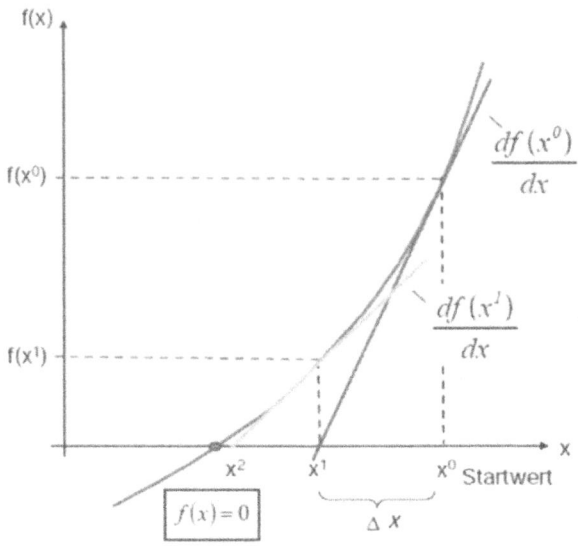

Abbildung 4.16: Vorgehensweise beim Newton-Raphson-Verfahren

Tabelle 4.6: Beispielverlauf des Newton-Raphson-Verfahrens

n	x_n mit $a=2$	x_n mit $a=3$	x_n mit $a=5$
0	1,5	2	3
1	1,4	1,6	1,8
2	1,4141	1,72	2,1
3	1,41421355	1,73203	2,22
4	1,4142135623731	1,7320508074	2,23601
⋮	⋮	⋮	⋮
$\sqrt{a}$	1,41421356237309	1,73205080757	2,236068

mithilfe von Differentialgleichungen möglich. Zur Betrachtung des Verhaltens eines Energieübertragungsnetzes unter dem Einfluss einer beliebigen Betriebskonfiguration – durch Spannungs- oder Stromquellen (Verbraucher und Erzeuger) – müsste daher eigentlich eine numerische Simulation über den betrachteten Zeitraum durchgeführt werden. Da in der elektrischen Energieversorgung jedoch im

4.3 Virtuelle Konsumenten/Produzenten

Allgemeinen eine quasi konstante Nennfrequenz von z.B. 50 Hz verwendet wird, sind die Übertragungsfunktionen linearer Elemente im Bildbereich der Fourier-Transformationen für die konstante Netzfrequenz komplexwertige Konstanten. Die über den Zeitbereich aufwendige Simulation wird – für den Fall einer festen Netzfrequenz – auf komplexwertige lineare Algebra im Bildbereich der Fourier-Transformation abgebildet. Sie muss komplexwertig sein, um zeitliche Zusammenhänge der modellierten Schwingungen darstellen zu können. Eine Verzögerung zwischen zwei Schwingungen von einer viertel Periode entspricht damit beispielsweise 90° bzw. dem Imaginärteil j.

Bei der Übertragung des Newton-Raphson-Verfahrens auf die Berechnung von Lastflüssen in Energieübertragungsnetzen wird das elektrische Netz auf Knoten und Kanten reduziert. Knoten werden dabei, je nach Verhalten (mit und ohne Spannungsregelung), in sog. *PQ*- oder *PU*-Knoten unterteilt. Die Kanten, die die einzelnen Knoten miteinander verbinden, werden in Form einer Matrix, der sog. Knotenadmittanzmatrix angegeben. Die Admittanzmatrix stellt die jeweiligen Leitwerte in komplexer Form dar, wobei die Zeilen den Quellknoten und die Spalten den Zielknoten entsprechen. In der auf diese Weise konstruierten Netzdarstellung wird ein Knoten als Referenzknoten (sog. *Slack*-Knoten) ausgezeichnet, dessen Leistung und Verhalten unspezifiziert bleibt und für dessen Belegung mit dem Newton-Raphson-Verfahren eine Lösung gesucht wird, so dass die inneren Abhängigkeiten der Leistungsflussgleichungen erfüllt werden. Die berechnete Leistungsbilanz am Slack-Knoten gibt an, wie viel Leistung (positiv oder negativ) an diesem Knoten aufgebracht werden muss, um die betrachtete Versorgungskonfiguration auf dem jeweiligen Netz zu stabilisieren. Nachfolgend sind die drei für den Lastfluss relevanten Knotenelemente aufgeführt.

PQ-Knoten PQ-Knoten repräsentieren alle Knoten ohne vorgegebene Spannung. PQ-Knoten regeln auf eine konstante vorgegebene Wirk- und Blindleistung. PQ-Knoten stehen in der Regel für Verbraucher im elektrischen Netz.

PU-Knoten PU-Knoten haben einen vorgegebenen Wirkleistungs- und Spannungsbetrag. PU-Knoten regeln ihre Blindleistung, um die Sollspannung zu erreichen. Meistens handelt es sich bei PU-Knoten um Kraftwerkseinspeisungen. Zu beachten ist für die Berechnung nach dem Newton-Raphson-Verfahren, dass die Blindleistungsgrenzen angegeben werden müssen. Wird die maximale Blindleistung eines Knotens während der Berechnung erreicht, so wird er für den Fortgang der Berechnung als PQ-Knoten mit eben dieser Blindleistung modelliert.

Slack-Knoten In einem elektrischen Netz, für das als Gleichungssystem eine zulässige (stabile) Lösung gefunden werden soll, muss für die Erfüllung innerer Abhängigkeiten der Leistungsflussgleichungen ein Slack-Knoten enthalten sein. Dieser Referenz- oder auch Bilanzknoten spiegelt die für den Betrieb notwenige Wirk- sowie Blindleistung wider. Die auf dem Netz anfallenden Leitungsverluste werden mit berücksichtigt.

Tabelle 4.7: Gegebene und gesuchte Werte der einzelnen Knotenarten

Knotenart	gegeben	gesucht
Referenzknoten (Slack)	U, δ_U	P, Q
Spannungsgeregelte Knoten (PU-Knoten)	U, P	δ_U, Q
Nicht spannungsgeregelte Knoten (PQ-Knoten)	P, Q	U, δ_U

Allgemein sind Bilanzkreise niedriger Spannung über einen Knoten (Transformator) an Netze oder DEZENT-Bilanzkreise höherer Spannung angebunden. In DEZENT erfolgt diese Kopplung über den BGM-Agenten, der an dieser Stelle des Netzes sitzt, Bedürfnisse verhandelt (siehe Kapitel 3.2) und die Lastkurve verstetigt (siehe Kapitel 4.2). Eine auf diese Weise berechnete Versorgungskonfiguration entspricht der Leitungsbilanz eines in einer Bilanzgruppe modellierten Teilnetzes, die von dem darüber liegenden Netz ausgeglichen werden muss und daher in DEZENT von dem BGM-Agenten auf der nächsthöheren Verhandlungsebene als Bedarf eines sog. *Virtuellen Agenten* ausgeschrieben und in die folgenden Verhandlungsebenen eingebracht wird. Der BGM entspricht dabei dem Slack-Knoten in der Lastflussrechnung und bestimmt so mit dem Newton-Raphson-Verfahren die benötigte Leistung des Virtuellen Agenten.

Die erfassten Werte für die Knoten und Kanten ergeben das zu lösende Gleichungssystem. Alle n Knoten in einem Netz haben die gleichen Parameter, unterscheiden sich jedoch nach gegebenen (bzw. regelbaren) und unbekannten Parametergrößen. Die betrachteten Parameter in den Netzgleichungen lauten:

- Eingespeiste/entnommene Wirkleistung P am Knoten i:

$$P_i = \sum_{j=1}^{n} [e_i \cdot (e_j \cdot g_{ij} - f_j \cdot b_{ij}) + f_i \cdot (f_i \cdot g_{ij} + e_j \cdot b_{ij})] \quad (4.4)$$

- Eingespeiste/entnommene Blindleistung Q am Knoten i:

4.3 Virtuelle Konsumenten/Produzenten

$$Q_i = \sum_{j=1}^{n} [f_i \cdot (e_j \cdot g_{ij} - f_j \cdot b_{ij}) + e_i \cdot (f_j \cdot g_{ij} + e_j \cdot b_{ij})] \quad (4.5)$$

- Spannungsbetrag U am Knoten i (aufgrund der einfacheren Lösbarkeit zumeist als U^2 angegeben):

$$U_i^2 = e_i^2 + f_i^2 \quad (4.6)$$

- Spannungswinkel δ_i am Knoten i:

$$\delta_i = \arctan(e_i, f_i) \quad (4.7)$$

Auf eine Erklärung der elektrotechnischen Bedeutungen der einzelnen Attribute wird im Nachfolgenden verzichtet, da sie für das informatische Verständnis der algorithmischen Komplexität des Verfahrens in DEZENT und dieser Arbeit nicht zwingend notwendig ist. Wichtig ist, dass die entsprechenden Werte gemessen und in die folgenden Berechnungen mit einbezogen werden können. Die Werte e_i und f_i repräsentieren den Real- bzw. Imaginärteil der komplexen Knotenspannung an Knoten i. Die Werte g_{ij} und b_{ij} stehen für den Real- bzw. Imaginärteil der komplexen Elemente der Knotenadmittanzmatrix. Der Spannungswinkel δ_i stellt anschaulich die zeitliche Verzögerung zwischen den Schwingungen der Knotenspannungen dar. Die dargestellten Parameter für P_i, Q_i, U_i und δ_i können wieder als Matrix geschrieben werden.

Knotenadmittanzmatrix Die Admittanzmatrix spiegelt die Leitungsverbindungen innerhalb des Netzes wieder. Außerhalb der ersten Hauptdiagonalen werden diese Kanten dabei als Kehrwert ihres komplexen Widerstandes in einer Matrix gespeichert. Dabei gibt die Zeile den Quell- und die Spalte den Zielknoten an. Innerhalb der ersten Hauptdiagonale entspricht ein Element der Summe der positiven Kehrwerte aller am jeweiligen Knoten angreifenden komplexen Impedanzen.

$$\overline{Y} = \begin{pmatrix} y_{11} & y_{12} & \cdots & y_{1n} \\ y_{21} & y_{22} & \cdots & y_{2n} \\ \vdots & \vdots & \ddots & \vdots \\ y_{n1} & y_{n2} & \cdots & y_{nn} \end{pmatrix}, y_{ij} = g_{ij} + j \cdot b_{ij} \quad (4.8)$$

Um nun das mit dem Newton-Raphson-Verfahren zu lösende Gleichungssystem aufzustellen, muss noch die Matrix J der partiellen Ableitungen der Leistungsflussgleichungen (die sog. *Jacobi*-Matrix) in Abhängigkeit von e_i und f_i eingeführt werden. Die Leistungsflussgleichungen werden aus den Knotengleichungen für die PU-, PQ- und Slack-Knoten gebildet. Auf die exakte Herleitung wird an dieser Stelle verzichtet und kann in den meisten Lehrbüchern zur Elektrotechnik nachgelesen werden [GJ94, Han87, Spr03].

ΔF ist die gesuchte Verbesserung der Spannungen, also der gesuchten Lösung. ΔX ist die festgestellte Abweichung des bisherigen Ergebnisses von den gemessenen Größen für P_i, Q_i und U_i.

$$J \cdot \Delta F = \Delta X \qquad (4.9)$$

$$\Delta F = J^{-1} \cdot \Delta X \qquad (4.10)$$

Die Matrix J kann in sechs Teilmatrizen $J_1, \ldots, J_6$ aufgeteilt werden. J_1 und J_2 beschreiben die Ableitungen für die Wirkleistung, J_3 und J_4 die Ableitungen für die Blindleistung und J_5 und J_6 entsprechen den Ableitungen für die spannungsgeregelten (PU-)Knoten. Die Matrix J hat dann den folgenden Aufbau:

$$J = \begin{bmatrix} J_1 & J_2 \\ J_3 & J_4 \\ J_5 & J_6 \end{bmatrix} \qquad (4.11)$$

Die Teilmatrizen $J_1, \ldots, J_6$ ergeben sich aus der Topologie und den Beziehungen der Knoten innerhalb des betrachteten elektrischen Netzes zueinander. Für die Berechnung wird mit einem (möglichst gut geschätzten) Anfangswert F_0 begonnen, aus dem die resultierenden Werte der Leistungsflussgleichungen X_0 berechnet werden. Aus dem Ergebnis dieser Iteration wird ΔX als Abweichung zu den Eingangsgrößen ermittelt. Mit ΔX und Gleichung 4.10 wird eine Verbesserung ΔF für F_0 abgeschätzt. Die Eingabe für die Iteration $k+1$ wird dann berechnet nach:

$$F_{k+1} = F_k + \Delta F \qquad (4.12)$$

Wie bereits erläutert und in Tabelle 4.6 dargestellt, konvergiert das iterative Newton-Raphson-Verfahren gegen die gesuchte Lösung der Leistungsflussgleichung. Die Ergebnisse jeder neuen Iteration nähern sich immer präziser dem gesuchten Ergebnis an. Dabei nimmt die Differenz zwischen zwei aufeinander folgenden Iterationsergebnissen immer weiter ab (das Newton-Raphson-Verfahren besitzt im gezeigten Beispiel in Tabelle 4.6 quadratische Konvergenzgeschwindigkeit). Bei der Berechnung der auszugleichenden Verlustleistung genügt in der Regel eine bis auf wenige Nachkommastellen präzise Genauigkeit, so dass das

4.3 Virtuelle Konsumenten/Produzenten

Verfahren in der Regel nach vier bis fünf Iterationen abgebrochen werden kann, da die Abschätzung des gesuchten Ergebnisses genau genug ist.

Rechnung an einem Beispielnetz

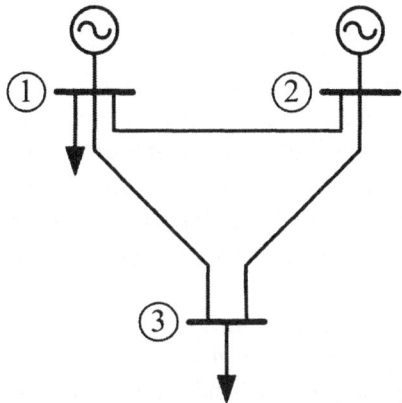

Abbildung 4.17: Beispielnetz für eine Anwendung des Newton-Raphson-Verfahrens

Zum besseren Verständnis wird im Folgenden ein einfaches Netz mit drei Knoten analysiert, die zugehörigen Gleichungen werden aufgestellt und mittels des Newton-Raphson-Verfahrens gelöst. Das Beispielnetz (siehe Abbildung 4.17) besteht aus drei Knoten: einem Referenzknoten (*Slack*, Knoten 1), einem spannungsgeregelten Knoten (*PU*, Knoten 2) und einem Knoten ohne Spannungsregelung (*PQ*, Knoten 3). Tabelle 4.8 gibt an, welche Werte an den einzelnen Knoten anliegen und welche Werte gesucht werden.

Tabelle 4.8: Beispielwerte für eine Anwendung des Newton-Raphson-Verfahrens

Knoten	Einspeisung		Last		Spannung	
	P_G	Q_G	P_L	Q_L	U_i	δ_i
1 (Referenzknoten)	?	?	1,0	0,5	1,0	0,0
2 (PU-Knoten)	1,5	?	0,0	0,0	1,0	?
3 (PQ-Knoten)	0,0	0,0	1,0	1,0	?	?

Der Index G steht für die Generatorleistung, also für die erzeugte Leistung des

Knotens. Der Index L stellt die Last, also die verbrauchte Leistung dar. Für die Beschreibung der Netztopologie wird die zuvor beschriebene Admittanzmatrix eingesetzt. Diese hat in dem gewählten Beispiel folgende Form:

$$\overline{Y}_k = j \begin{pmatrix} -20 & 10 & 10 \\ 10 & -20 & 10 \\ 10 & 10 & -20 \end{pmatrix}$$

Ein von 0 verschiedener Wert bedeutet, dass eine Verbindung von Knoten i (Spalte) zu Knoten j (Zeile) besteht. Die Verbindungen von Knoten i zu Knoten j mit $i = j$ entsprechen der Summe der angreifenden Admittanzen (das negative Vorzeichen entsteht durch die Invertierung der komplexen Zahl: $\frac{1}{j \cdot x} = -j \cdot \frac{1}{x}$). In dem vorliegenden Beispiel sind alle Knoten untereinander verbunden und zwischen allen Knoten herrscht die gleiche Admittanz (Querkapazitäten werden vernachlässigt).

Das weitere Vorgehen besteht im Aufstellen der zu lösenden Gleichungen. Dabei sind wiederum einige Umformungen nötig, die ein genaueres Verständnis der physikalischen Vorgänge im elektrischen Leistungsaustausch voraussetzen, an dieser Stelle aber übersprungen werden, da sie für das grundlegende Verständnis der Funktionsweise des Verfahrens nicht von Bedeutung sind. Es wird direkt mit der Aufstellung der Jacobi-Matrix J fortgefahren. Die Gleichungen für die Wirkleistung P_1, P_2 und P_3 nach Gleichung 4.4 sehen aus wie folgt:

$$P_1 = -10f_2 - 10f_3$$
$$1{,}5 = -10e_2 f_3 + 10f_2 + 10e_3 f_2$$
$$-1{,}0 = -10e_3 f_2 + 10f_3 + 10e_2 f_3$$

Die Gleichungen für die Blindleistung Q_1, Q_2 und Q_3 nach Gleichung 4.5:

$$Q_1 = 20 - 10e_2 - 10e_3$$
$$Q_2 = -10e_2 + 20 - 10e_2 e_3 - 10f_2 f_3$$
$$-1{,}0 = 20e_3^2 - 10e_2 e_3 - 10f_2 f_3 + 20f_3^2 - 10e_3$$

Letztlich die Gleichung für die Spannung $|U_2|^2 = 1{,}0$ an Knoten 2 nach Gleichung 4.6:

$$1{,}0 = e_2^2 + f_2^2$$

In Tabelle 4.8 ist dargestellt, welche Werte vorhanden sind und welche Größen gesucht werden. P_2 und P_3 sind bekannt, genauso wie Q_3 und U_1, wobei U_2 und

4.3 Virtuelle Konsumenten/Produzenten

U_3 mittels der Real- bzw. Imaginärteile der komplexen Knotenleistungen e_2, f_2, e_3 und f_3 errechnet werden können. Gesucht werden die Wirkleistung P_1 für Knoten 1 (Slack), die Blindleistungen Q_1 und Q_2 für Knoten 1 bzw. 2 (PU) sowie die Komponenten der komplexen Spannungen e_2, e_3, f_2 und f_3 der Knoten 2 bzw. 3 (PQ).

Im Folgenden wird die Jacobi-Matrix J aufgestellt. Diese wird, wie oben beschrieben, in $J_1, \ldots, J_6$ aufgeteilt, wobei J_1 und J_2 die Gleichungen für die Wirkleistung enthalten. Um das Newton-Raphson-Verfahren anwenden zu können, werden die Ableitungen von J gesucht. Es werden die partiellen Ableitungen nach f_2, f_3, e_2 und e_3 gebildet. Dadurch ergibt sich für J_1 und J_2 folgendes Bild:

$$J_1 = \begin{bmatrix} 10+10e_3 & -10e_3 \\ -10e_3 & 10e_2+10 \end{bmatrix}$$

$$J_2 = \begin{bmatrix} -10f_3 & 10f_2 \\ 10f_3 & -10f_2 \end{bmatrix}$$

Das Aufstellen der Matrizen für die Blindleistung und Referenzspannung folgt dem gleichen Prinzip. Die vollständige Gleichung auf die das Newton-Raphson-Verfahren angewendet wird, sieht folgendermaßen aus:

$$\begin{bmatrix} 10+10e_3 & -10e_3 & -10f_3 & 10f_2 \\ -10e_3 & 10e_2+10 & 10f_3 & -10f_2 \\ -10f_3 & 40f_3-10f_2 & -10e_3 & 40e_3-10e_2-10 \\ 2f_2 & 0 & 2e_2 & 0 \end{bmatrix} \begin{bmatrix} \Delta f_2 \\ \Delta f_3 \\ \Delta e_2 \\ \Delta e_3 \end{bmatrix} = \begin{bmatrix} \Delta P_2 \\ \Delta P_3 \\ \Delta Q_3 \\ \Delta U_2^2 \end{bmatrix}$$

Die Jacobi-Matrix beinhaltet also die partiellen Ableitungen, der Vektor ΔF die Differenz zwischen den letzten beiden Iterationswerten. Gestartet wird das Verfahren mit $e_i = 1,0$ und $f_i = 0,0$ mit $i \in \{1,2,3\}$. Es wird angenommen, dass dieser Zustandsvektor nicht weit von der gesuchten Lösung entfernt ist. Nach Berechnung von ΔX werden mit Hilfe von Gleichung 4.10 die Werte für f_2, f_3, e_2 und e_3 für die folgende Iteration ermittelt:

$$f_2 = 0,066$$
$$f_3 = -0,016$$
$$e_2 = 0$$
$$e_3 = -0,05$$

Die Werte für die nächste Iteration errechnen sich aus den Werten der vorherigen Iteration und den zuvor umgeformten Ausdrücken:

$$f_2 = 0,0 + 0,066 = 0,066$$

$$f_3 = 0,0 - 0,016 = -0,016$$

$$e_2 = 1,0 + 0,0 = 1,0$$

$$e_3 = 1,0 - 0,05 = 0,95$$

Die folgenden Iterationen werden nicht mehr betrachtet, da sich das Verfahren von nun an wiederholt. Es ist zu bemerken, dass bereits nach drei Iterationen (unter geeigneter Wahl der Startwerte) ausreichend präzise Werte für f_2, f_3, e_2 und e_3 zu erwarten sind.

$$f_2 = 0,0679$$

$$f_3 = -0,0179$$

$$e_2 = 0,9977$$

$$e_3 = 0,9446$$

Aus diesen Werten lassen sich mit den Gleichungen 4.4 und 4.5 die gesuchten Knotenleistungen errechnen:

$$P_1 = -0,5$$

$$Q_1 = 0,5773$$

$$Q_2 = 0,6117$$

sowie der gesuchte Spannungswert für Knoten 3:

$$(U_3)^2 = 0,8926$$

In Tabelle 4.9 sind alle Netzparameter nach der Lastflussberechnung eingetragen. Das Verfahren weist bereits nach der dritten Iteration ein annehmbares Ergebnis vor.

Tabelle 4.9: Errechnete Werte für eine Lastflussberechnung

Knoten	Einspeisung		Last		Spannung	
	P_G	Q_G	P_L	Q_L	U_i	δ_i
1 (Referenzknoten)	−0,5	0,708	1,0	0,5	1,0	0,0
2 (PU-Knoten)	1,5	0,825	0,0	0,0	1,0	3,893
3 (PQ-Knoten)	0,0	0,0	1,0	1,0	0,945	−1,086

4.4 Komplexität und Skalierbarkeit des erweiterten Verhandlungsalgorithmus

Nachfolgend wird diskutiert, wie sich die eingeführten Verfahren zur Verstetigung von Lastschwankungen sowie der Lastflussberechnung und Kompensation von Leitungsverlusten innerhalb der Deadlines der Betriebsintervalle alle 500 ms verhalten. Es soll gezeigt werden, dass die Ausführungszeit des integrierten (um das Netzmanagement erweiterten) DEZENT-Algorithmus wiederum nur mit der Anzahl der betrachteten Agenten (inkl. Bedingter und Virtueller Agenten) wächst. Andernfalls kann das Einhalten der End-to-End-Deadlines für den erweiterten Algorithmus nicht garantiert werden (falls die Ausführungszeit beispielsweise von der Menge auszugleichender Regelenergie oder von dem Umfang der zu kompensierenden Leitungsverluste abhängt).

Der um das verteilte Netzmanagement erweiterte DEZENT-Algorithmus lässt sich, wie schon in Kapitel 3.7 und nachfolgend in Abbildung 4.18 gezeigt, zusammengefasst darstellen. Gegenüber Abbildung 3.23 sind die Netzmanagement-Operationen CONDITIONALCONSUMERSPRODUCERS und VIRTUALCONSUMERSPRODUCERS hinzugekommen. Es ist zu beachten, dass die Prozedur CONDITIONALCONSUMERSPRODUCERS zum Peak Demand and Supply Management nur nach dem ersten Verhandlungszyklus ausgeführt wird, da das vorgestellte Vorgehen *lokale* Leistungsfluktuationen verstetigen soll und damit nur auf der untersten Verhandlungsebene eingesetzt wird.

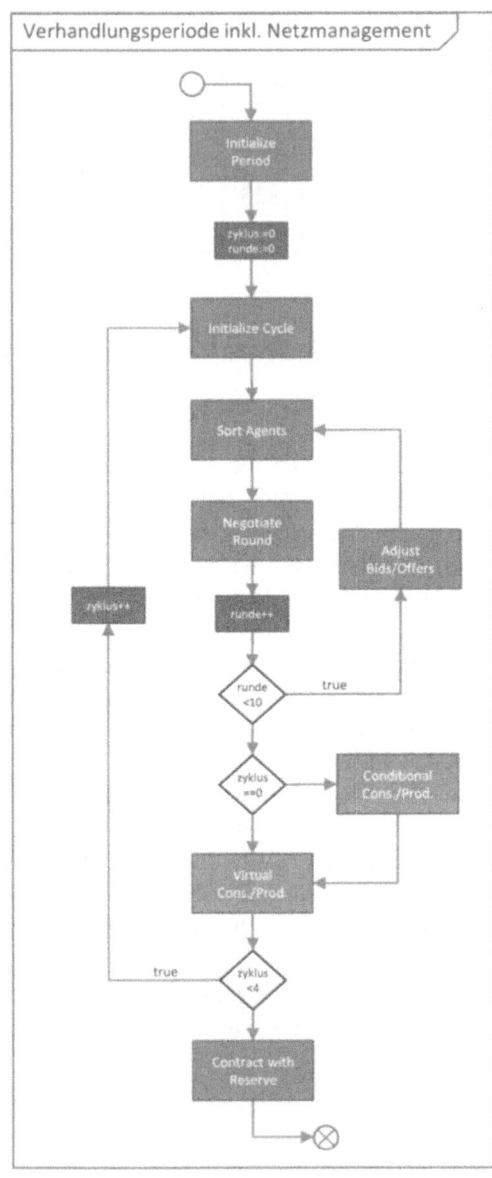

Abbildung 4.18: Schematische Darstellung des erweiterten Algorithmus entlang eines Verhandlungspfades

4.4.1 Die Prozeduren des erweiterten DEZENT-Algorithmus

Für eine Abschätzung der Komplexität und Skalierbarkeit des Algorithmus werden nachfolgend die Pseudocode-Listings der einzelnen Prozeduren angegeben.

CONDITIONALCONSUMERSPRODUCERS

1 Aktualisiere gewichtetes Mittel für die aktuelle Leistungsbilanz.
2 **if** Aktuelle Leistungsbilanz > gemittelte Leistungsbilanz
3 **then**
4   0-1-RUCKSACKPROBLEM[alle Bedingten Produzenten]
5 **if** Aktuelle Leistungsbilanz < gemittelte Leistungsbilanz
6 **then**
7   0-1-RUCKSACKPROBLEM[alle Bedingten Konsumenten]
8 Aktiviere die Bedingten Agenten.
9 Passe das Ticket der Bedingten Agenten an.
10 Füge die aktivierten Bedingten Agenten der Liste unbefriedigter Agenten hinzu.

In der Prozedur CONDITIONALCONSUMERSPRODUCERS wird das gewichtete Mittel für die Bestimmung von Lastspitzen aktualisiert und das Rucksackproblem mittels Dynamischer Programmierung gelöst. Die Aktualisierung des gewichteten Mittels benötigt konstante Zeit und ist daher zu vernachlässigen. Bei der Lösung des Optimierungsproblems durch Dynamische Programmierung wird die optimale Lösung des Problems aus optimalen Teilproblemlösungen zusammengesetzt. Dabei werden zuerst die optimalen Lösungen für die kleinsten Teilprobleme (mit jeweils nur einem Bedingten Agenten) direkt berechnet und danach zu Lösungen der nächstgrößeren Teilprobleme zusammengesetzt etc. Die Teilergebnisse werden auf diesem Weg in einer Tabelle gespeichert, so dass bei den nachfolgenden Berechnungen größerer Teilprobleme auf diese Teilergebnisse zurückgegriffen werden kann. Auf diese Weise werden laufzeitintensive Rekursionsschritte vermieden. Das Verfahren wird mit Hilfe einer Bellmannschen Optimalitätsgleichung durchgeführt, die die nachfolgende Form hat:

$$V(i+1,c) = \begin{cases} \min\{V(i,c), (v_{i+1} + V(i, c - c_{i+1}))\} & \text{falls } c_{i+1} \leq c, \\ V(i,c) & \text{sonst.} \end{cases}$$

Die Gleichung beschreibt, wie die Lösungen für ein Teilproblem aus den Lösungen der kleineren Teilprobleme konstruiert werden. Hierbei ist $V(i,c)$ die minimale Leistung, die von den Bedingten Agenten $\{1,\cdots,i\}$ exakt mit den Kosten c bereitgestellt werden kann. Es wird $V(i,c) = \infty$ gesetzt, falls diese Menge nicht existiert. Auf diese Weise entsteht für n Bedingte Agenten eine $n \times n \cdot c_{max}$ Matrix, wobei c_{max} die Kosten des Bedingten Agenten mit den höchsten Kosten darstellt (es werden reziproke Kosten für die Formulierung des Rucksackproblems verwendet, siehe Seite 99). Die Erzeugung eines jeden Eintrags der Matrix ist in konstanter Zeit möglich.

Sowohl die Aktivierung der Bedingten Agenten als auch das Anpassen der Tickets ist in konstanter Zeit möglich. Damit besitzt die Prozedur CONDITIONALCONSUMERSPRODUCERS eine Laufzeit von $O(n^2 \cdot c_{max})$. Sowohl die Aktivierungskosten Bedingter Erzeuger als auch Bedingter Verbraucher stammen aus dem beschränkten Preisrahmen in DEZENT (Kapitel 3.3), so dass c_{max} selbst beschränkt und als konstant zu vernachlässigen ist. Darüber hinaus findet das Peak Demand Supply Management nur auf der untersten Verhandlungsebene innerhalb eines BGM statt. Die Zahl Bedingter Agenten innerhalb eines BGM ist daher wieder durch die Auslegung der Anschlussleitungen innerhalb eines 0,4 kV-Bilanzkreises beschränkt (in den realistischen Studien in Kapitel 4.2.1 ist von etwa 50 Bedingten Agenten ausgegangen worden), so dass die Laufzeit für die Prozedur CONDITIONALCONSUMERSPRODUCERS in DEZENT als konstant angesehen werden kann. Die aktivierten Bedingten Agenten nehmen als unbefriedigte reguläre Agenten auf der nächsthöheren Ebene an den Verhandlungen teil. Das Hinzufügen der aktivierten Agenten zu der Liste unbefriedigter Agenten geschieht ebenfalls in konstanter Zeit.

VIRTUALCONSUMERSPRODUCERS
1   Stelle die Netzgleichungen auf.
2   **while** Ergebnis des NR-Verfahrens nicht genau genug
3   **do**
4   NEWTONRAPHSONITERATION[verhandelte Vers.-konfiguration]

Bei der Lösung der Lastflussgleichungen in der Prozedur VIRTUALCONSUMERSPRODUCERS ist die Durchführung einer Newton-Raphson-Iteration in konstanter Zeit möglich. Die Größe der hierbei verwendeten Matrizen und auch die Komplexität der Iteration werden durch die konstante Zahl an Betriebsmitteln (Knoten und Leitungen) bestimmt. Die Laufzeit der Prozedur wird demnach lediglich von der Konvergenzgeschwindigkeit des Verfahrens bestimmt. In der Praxis hat sich herausgestellt, dass das Verfahren nach höchstens fünf Iterationen mit erforderlicher Präzision konvergiert, so dass die Laufzeit der Prozedur VIRTUALCONSUMERSPRODUCERS insgesamt ebenfalls als konstant angesehen werden kann.

Zu Beginn des NR-Verfahrens wird ein Startpunkt (Anfangskonfiguration) „geraten" und die Iteration von dort aus begonnen. Da die Lastflussgleichungen je-

4.4 Komplexität und Skalierbarkeit des erweiterten Verhandlungsalgorithmus

doch nicht kontinuierlich differenzierbar sind, ist es möglich, dass bei ungünstiger Wahl des Startpunktes das Verfahren nicht konvergiert[6] (auf das allgemeine Problem der Konvergenz des NR-Verfahrens wird in Kapitel 7.3 eingegangen). Eine solche Nicht-Konvergenz wird allerdings ebenfalls nach fünf Iterationen bei Nichterreichen einer Lösung erkannt, so dass die Prozedur abgebrochen werden kann. Die Leitungsverluste werden dann nicht koordiniert innerhalb eines Bilanzkreises sondern mechanistisch durch die Ausgleichskapazität kompensiert (siehe Kapitel 2.1.2 zur Frequenzregelung).

Zusammengefasst lässt sich festhalten, dass die Verfahren sowohl zur Verstetigung von Lastspitzen unter Verwendung von Bedingten Agenten als auch zur Kompensation von Verlustleistungen mit Virtuellen Agenten konstante Ausführungszeiten besitzen. Die tatsächlichen Ausführungszeiten liegen innerhalb eines Bilanzkreises für die Lösung des Rucksackproblems im einstelligen Millisekundenbereich. Die NR-Lastflussrechnung benötigt auf dem schon in Kapitel 3.5 verwendeten Referenzsystem (Pentium III @600 MHz mit 512 MB RAM) zwischen 10-20 ms. Mit den in Kapitel 3.7 angestellten Überlegungen ergibt sich für die integrierten Kommunikations- und Koordinationsprozesse eine Ausführungszeit von etwa 100 ms.

---

[6] In praktischen Tests von DEZENT in einer Laborumgebung trat das Problem bei Verwendung der Betriebskonfiguration der vorhergehenden Verhandlungsperiode als Anfangskonfiguration nicht mehr auf.

5 Verteiltes Lernen

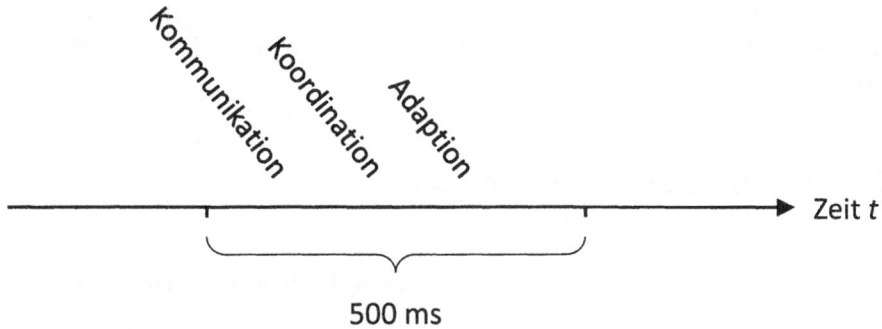

Abbildung 5.1: Integrierte Kommunikations-, Koordinations- und Adaptionsprozesse innerhalb des DEZENT-Betriebsintervalls

In diesem Kapitel soll der bis zu dieser Stelle entwickelte DEZENT-Algorithmus (die integrierten Kommunikations- und Koordinationsprozesse) um das verteilte Lernen und damit um den Adaptionsprozess erweitert werden (siehe Abbildung 5.1). Wie in Kapitel 1.4 diskutiert ist es zwingend erforderlich, dass die integriert durchgeführten Kom-munikations-, Koordinations- und Adaptionsprozesse die harten Echtzeitanforderungen in DEZENT erfüllen. Wie in Kapitel 3.2 beschrieben sind die Verhandlungen in DEZENT innerhalb einer Verhandlungsperiode unterteilt in Verhandlungszyklen. Die Anpassung der Preisrahmen sowie die Anpassung gewählter Strategien zwischen Zyklen (Anpassung sowohl der Startgebote bzw. -angebote als auch der Maximal- und Minimalgebote bzw. -angebote an enger werdende Preisrahmen) finden automatisch beim Weiterreichen unbefriedigter Agenten von einer Verhandlungsebene zur nächsten statt.

Zwischen Verhandlungsperioden (alle 500 ms) findet eine weitere Form der Anpassung statt. Die gewählten Strategien müssen unter Verzicht auf globale Informationen bewertet und der individuellen Situation angepasst werden. Verglichen mit menschlichen Entscheidungsintervallen und Reaktionszeiten sind 500 ms sehr kurz. Betriebsintervalle elektrischer Verbraucher in einem Haushalt haben in der Regel ebenfalls die vielfache Länge einer 500 ms-Verhandlungsperiode. Ein menschlicher Akteur kann Entscheidungen über Verhandlungsstrategien und deren Anpassung nur in für ihn wahrnehmbaren Intervallen sinnvoll vornehmen. Insbesondere kontinuierliche Entscheidungen innerhalb des Betriebsintervalls eines Verbrauchers sind für ihn nur schwer zu treffen. Aufgrund dieser Einschränkungen wird in DEZENT ein *Reinforcement Learning* Ansatz gewählt, der sich den bisher beschriebenen Verhandlungsstrukturen anpasst und so die Lücke zwischen menschlichen Akteuren und Softwareagenten schließt [SB98]. Darüber hinaus werden ausschließlich lokal verfügbare Informationen verwendet und auf Prognosemechanismen verzichtet. Dieser Mechanismus und die Integration in DEZENT wird im Folgenden besprochen.

5.1 Reinforcement Learning

Reinforcement Learning ist eine Variante des Maschinellen Lernens, bei der ein Agent aus numerischen Belohnungen lernt, die er durch die Interaktion mit seiner direkten Umgebung erhält. Reinforcement Learning kann immer dann angewendet werden, wenn sich ein Problem auf drei Signale reduzieren lässt, die in diskreten Zeitschritten zwischen einem Agenten und seiner Umwelt ausgetauscht werden: der aktuelle Systemzustand, die gewählte Aktion und der hiermit verbundene Profit (siehe Abbildung 5.2) [Mah96].

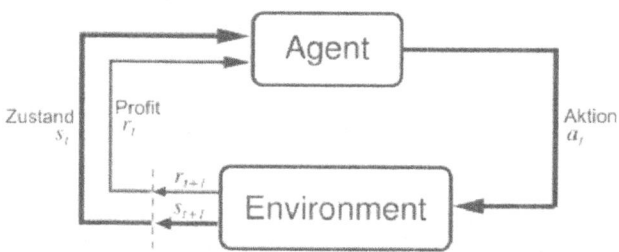

Abbildung 5.2: Interaktion zwischen Agent und Umwelt unter Reinforcement Learning (Quelle: [Mah96])

In Reinforcement Learning sieht sich ein Agent wiederholt mit der Wahl zwischen verschiedenen Aktionen konfrontiert. Nach jeder Aktion erhält der Agent eine numerische Belohnung (seinen Profit), die direkt von der gewählten Aktion abhängt. Das Ziel eines Agenten in Reinforcement Learning ist es, seinen Profit *langfristig* zu maximieren.

5.2 Kooperatives Lernen in DEZENT

Die größte Herausforderung in Reinforcement Learning ist der Tradeoff zwischen *Exploration* und *Exploitation*. Um eine hohe Belohnung zu erhalten, bevorzugt ein Agent bei dieser Auswahl solche Aktionen, die in der Vergangenheit bereits eine hohe Belohnung ausgeschüttet haben. Um allerdings neue und bessere Aktionen zu finden, muss ein Agent neue Aktionen „probieren" und aus den erhaltenen Belohnungen lernen. Ein Agent wählt also Aktionen mit bekannter Belohnung, um seinen kurzfristigen Profit zu erhöhen (Exploitation), muss aber auch Aktionen mit unbekannter Belohnung wählen, um seinen längerfristigen Profit zu erhöhen (Exploration). Das Problem in Reinforcement Learning ist, dass weder Exploration noch Exploitation exklusiv verfolgt werden können. Nur eine Kombination beider Strategien gewährleistet, dass ein Agent qualifizierte Entscheidungen trifft. Dies gilt insbesondere in hochdynamischen Umgebungen, in denen sich Belohnungen für gewählte Aktionen mit der Zeit verändern, so dass selbst Aktionen mit einer bekannten hohen Belohnung regelmäßig neu bewertet werden müssen [Pch03].

5.2 Kooperatives Lernen in DEZENT

Die Verhandlungskurven von Verbrauchern und Erzeugern (Gleichungen 3.5 bis 3.8 in Kapitel 3.4 ab Seite 51) sind durch individuelle Strategieparameter bestimmt. Die Parameter sind Tupel der Form $(s_{1C_i}, bid_{C_i}(0))$ für Konsumenten C_i bzw. $(t_{1P_j}, offer_{P_j}(0))$ für Produzenten P_j. Die Werte s_{1C_i}, t_{1P_j}, $bid_{C_i}(0)$ und $offer_{P_j}(0)$ werden dabei aus endlichen Mengen äquidistanter Werte gewählt. Die Mengen sind so gewählt, dass Excessive Bargaining (siehe Kapitel 3.4.2) ausgeschlossen wird. Jedes Tupel repräsentiert eine eindeutige *Verhandlungsstrategie* für C_i bzw. P_j. Eine Verhandlungsstrategie wird für die Dauer einer Verhandlungsperiode gewählt und nach Ablauf der Verhandlungen (inklusive der eventuellen Befriedigung an der Ausgleichskapazität) in einer Periode bewertet.

Definition 5.2.1
Sei $\mathbf{S}_{C_i}$ die Menge aller zulässigen s_{1C_i} mit $\underline{s}_{1C_i} \leq s_{1C_i} \leq \bar{s}_{1C_i}$, für die oberen und unteren Schranken $\bar{s}_{1C_i}$ bzw. $\underline{s}_{1C_i}$. Sei $\mathbf{T}_{P_j}$ die Menge aller zulässigen t_{1P_j} mit $\underline{t}_{1P_j} \leq t_{1P_j} \leq \bar{t}_{1P_j}$, für die oberen und unteren Schranken $\bar{t}_{1P_j}$ bzw. $\underline{t}_{1P_j}$. Sei $\mathbf{O}_{C_i}$ die Menge aller zulässigen Konsumentenstartgebote $bid_{C_i}(0)$ und $\mathbf{O}_{P_j}$ die Menge aller zulässigen Produzentenstartangebote $offer_{P_j}(0)$ mit:

$$\mathbf{O}_{C_i} := \left\{ bid_{C_i}(0) \,\middle|\, A_0 \leq bid_{C_i}(0) \leq A_0 + \frac{A_0 + B_0}{2} \right\} \quad (5.1)$$

und

$$\mathbf{O}_{P_j} := \left\{ \text{offer}_{P_j}(0) \,\middle|\, A_0 + \frac{A_0 + B_0}{2} \leq \text{offer}_{P_j}(0) \leq B_0 \right\} \quad (5.2)$$

Hierbei sind A_0 und B_0 die Grenzen des erlaubten Preisrahmens auf unterster Verhandlungsebene (siehe Kapitel 3.3). Dann heißt $\mathbf{S}_{C_i} \times \mathbf{O}_{C_i}$ *Strategieraum* von C_i und $\mathbf{S}_{P_j} \times \mathbf{O}_{P_j}$ *Strategieraum* von P_j.

Der Strategieraum eines Agenten ist also die endliche Menge aller Verhandlungsstrategien, aus denen der Agent vor einer neuen Verhandlungsperiode eine Strategie wählen muss.

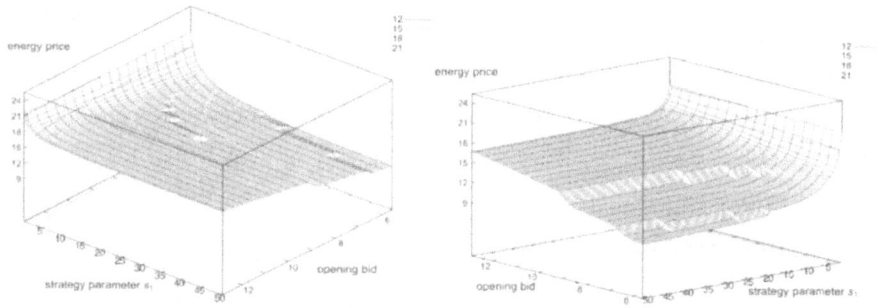

Abbildung 5.3: Preisentwicklung über einen statischen (Konsumenten-)Strategieraum

Abbildung 5.3 zeigt die Energiepreise für alle Strategien innerhalb des Strategieraums eines Produzenten. Das hier dargestellte Preisrelief wurde innerhalb einer ausgeglichenen Versorgungssituation erzeugt. In diesem Szenario verhandeln 25 Produzenten und 24 Konsumenten gleichbleibende Energiebedürfnisse mit konstant gehaltenen Strategien (die Strategieparameter $\text{offer}_P(0)$, s_1 bzw. $\text{bid}_C(0)$, t_1 wurden hierzu normalverteilt aus dem zulässigen Strategieraum gewählt). Ein Testkonsument geht dabei sequentiell alle Strategiewerte innerhalb seines Strategieraums durch. Die resultierenden Energiepreise dieses Testkonsumenten sind abhängig von der gewählten Strategie in Abbildung 5.3 dargestellt.

In umfangreichen Experimenten zur generellen Eignung von Reinforcement Learning in hochdynamischen verteilten Systemen wie DEZENT hat sich gezeigt, dass es unter Umständen nicht sinnvoll ist, zu jedem Zeitpunkt den vollständigen Strategieraum für die Auswahl neuer Strategien zu betrachten [WLM+08]. Zum einen sind extreme Strategien am Rand des gültigen Strategieraums (extrem hohe oder niedrige Startwerte mit sehr steilen oder flachen Verhandlungskurven)

5.2 Kooperatives Lernen in DEZENT

nur dann sinnvoll, wenn sich das System und die aktuelle Versorgungskonfiguration ebenfalls in einem extremen Zustand befinden (starke Über- oder Unterversorgung), der diese „Randstrategien" aufgrund der hohen Konkurrenz bei Geboten bzw. Angeboten rechtfertigt. Zum anderen hat sich gezeigt, dass ein verteiltes System unabhängiger Verbraucher und Erzeuger wie in DEZENT ab einer bestimmten Größe nicht beliebig schnell von einem Versorgungszustand in einen beliebigen zweiten Zustand springt, sondern durch die unabhängigen Reaktionen einzelner Akteure aufeinander und auf Änderungen in der Umgebung eine gewisse Trägheit bei dem Übergang zwischen zwei Versorgungszuständen besitzt. Damit ist aber die Wahrscheinlichkeit hoch, dass sich eine neue beste Strategie in näherer Umgebung zur letzten besten Strategie befindet. Es erscheint demnach sinnvoll, in der Umgebung bekannter guter Strategien nach besseren Strategien zu suchen (Exploration).

Für die Anpassung der Strategien wird daher eine Nachbarschaftsbeziehung auf den Strategieräumen $\mathbf{S}_{C_i} \times \mathbf{O}_{C_i}$ und $\mathbf{S}_{P_j} \times \mathbf{O}_{P_j}$ definiert:

Definition 5.2.2
Zwei Konsumentenstrategien $strategy'_{C_i}$ und $strategy''_{C_i}$ heißen k-**Nachbarn**, wenn für ein gegebenes $k \in \mathbb{R}$ gilt:

$$\left| s'_{1C_i} - s''_{1C_i} \right| \leq k \tag{5.3}$$

und

$$\left| bid'_{C_i}(0) - bid''_{C_i}(0) \right| \leq k \tag{5.4}$$

Zwei Produzentenstrategien $strategy'_{P_j}$ und $strategy''_{P_j}$ heißen k-**Nachbarn**, wenn für ein gegebenes $k \in \mathbb{R}$ gilt:

$$\left| t'_{1P_j} - t''_{1P_j} \right| \leq k \tag{5.5}$$

und

$$\left| offer'_{P_j}(0) - offer''_{P_j}(0) \right| \leq k \tag{5.6}$$

Diese k-**Nachbarschaften** sind Teilräume der Strategieräume $\mathbf{S}_{C_i} \times \mathbf{O}_{C_i}$ bzw. $\mathbf{S}_{P_j} \times \mathbf{O}_{P_j}$.

Der erzielte Energiepreis am Ende einer Verhandlungsperiode errechnet sich aus der Summe der Energieeinzelpreise gehandelter Energiequanten. Auf diese Weise erhält ein Agent am Ende einer Verhandlungsperiode einen Energiepreis für die von ihm gewählte Strategie. Konsumenten sind bestrebt, einen möglichst niedrigen Energiepreis zu zahlen. Produzenten haben das Ziel, hohe Energiepreise zu erzielen. Die Bewertung erzielter Energiepreise findet auf Basis normalisierter Größen (Energiepreise) statt. In Periode t erzielte Energiepreise $r_{C_i}(t)$ und $r_{P_j}(t)$ für einen

Konsumenten C_i und einen Produzenten P_j werden unter Verwendung der Ausgleichsgrenzkosten $\underline{A}$ und $\overline{B}$ (Fixpreise, die durch die zentrale Ausgleichskapazität vorgegeben werden; siehe auch Kapitel 3.3) folgendermaßen normalisiert:

$$r'_{C_i}(t) = \frac{r_{C_i}(t) - \underline{A}}{\overline{B} - \underline{A}} \qquad (5.7)$$

für Konsumenten, und gemäß

$$r'_{P_j}(t) = 1 - \frac{r_{P_j}(t) - \underline{A}}{\overline{B} - \underline{A}} \qquad (5.8)$$

für Produzenten.

5.2.1 Strategic Preferences

In DEZENT schwanken individuelle Erzeugung und Verbrauch unvorhersehbar. Agenten versuchen trotz dieses unvorhersehbaren Verhaltens, ihre Strategien so zu wählen, dass die erzielten Energiepreise ein günstiges Niveau behalten. Diese Auswahl geschieht auf Basis von sog. *Strategic Preferences*, die für alle Strategien kontinuierlich aktualisiert werden. Die Strategic Preference für eine in Periode t gewählte Strategie a wird nach Erhalt des Energiepreises $r(t)$ aus dem normalisierten Energiepreis $r'(t)$ wie folgt berechnet:

Regular Strategic Preference

$$\begin{aligned} p(0,a) &:= 0 \\ p(t+1,a) &:= p(t,a) + \alpha \left(r'(t) - p(t,a) \right) \end{aligned} \qquad (5.9)$$

Der Step-Size-Parameter $a, 0 < a \leq 1$ bestimmt dabei die Gewichtung jüngerer Preference-Werte bei der Berechnung des gewichteten Mittels. Je niedriger der Step-Size-Parameter α gewählt wird desto stärker werden jüngere Werte bei der Berechnung des Mittelwertes gewichtet. Unter bestimmten Bedingungen (wenn der letzte bekannte Wert für $r'(t)$ zu weit in der Vergangenheit liegt) erscheint es jedoch nicht sinnvoll, den Wert der Strategic Preference als gewichtetes Mittel über vergangene Werte zu berechnen. In diesem Fall wird der Wert der Strategic Preference auf den aktuellsten Wert gesetzt:

5.2 Kooperatives Lernen in DEZENT

Exceptional **Strategic Preference**

$$p(0,a) := 0$$
$$p(t+1,a) := r'(t) \tag{5.10}$$

Über Verhandlungsperioden hinweg werden die Strategien von jedem Agenten dynamisch nach ihren aktuellen Strategic Preferences sortiert. Die *beste* Strategie innerhalb einer Periode t ist die Strategie mit der höchsten Strategic Preference.

Die Auswahl einer Strategie für Periode $t+1$ erfolgt nach drei verfügbaren Betriebsmodi:

1. *Exploitation* wählt die derzeit *beste* Strategie.

2. *Explore$_1$* wählt zufällig eine Strategie *innerhalb* der k-Nachbarschaft der derzeit *besten* Strategie als nächste Strategie aus.

3. *Explore$_2$* wählt zufällig eine Strategie *außerhalb* der k-Nachbarschaft der derzeit *besten* Strategie als nächste Strategie aus.

Die Einführung zweier Explorationsmodi trägt den Überlegungen zur Suche nach neuen besten Strategien Rechnung. So kann in einem trägeren System häufiger in der k-Nachbarschaft einer guten Strategie gesucht werden, während in hochdynamischen Systemen mit starken unvorhersehbaren Schwankungen häufiger auch außerhalb dieser k-Nachbarschaft nach neuen Strategien gesucht werden muss. Allgemein sollte aber eine dynamische Gewichtung zwischen beiden Modi vorgenommen werden.

Der DECOLEARN-Algorithmus

Im Folgenden werden die bisher beschriebenen Eigenschaften zusammengefasst. Den nachfolgenden DECOLEARN (DEZENT *Collaborative Learning*) Algorithmus führt jeder Algorithmus vor Beginn einer neuen Verhandlungsperiode aus:

1. Verbraucher-/Erzeugerstrategien werden unter Verwendung von *Explore$_2$* initialisiert bzw. von den Akteuren vorgegeben.

2. Die Strategie a für Periode $t+1$ wird mit den folgenden Wahrscheinlichkeiten probabilistisch bestimmt:

    $P(Explore_1) = \varepsilon_1, P(Explore_2) = \varepsilon_2, P(Exploitation) = 1 - (\varepsilon_1 + \varepsilon_2)$,
    mit $0 \leq \varepsilon_1, 0 \leq \varepsilon_2$ und $0 \leq 1 - (\varepsilon_1 + \varepsilon_2) \leq 1$.

3. Mit dem ausgewählten Betriebsmodus wird die Verhandlungsstrategie a für Periode $t+1$ ausgewählt und eingestellt.

4. Wenn *Exploitation* oder *Explore*$_1$ als Betriebsmodus gewählt wurde, wird die *Strategic Preference* für die gewählte Strategie a am Ende der nächsten Periode gemäß Gleichung 5.9 als *Regular Strategic Preference* berechnet. Falls *Explore*$_2$ als Betriebsmodus gewählt wurde, wird die *Strategic Preference* für die gewählte Strategie a am Ende der nächsten Periode nach Gleichung 5.10 als *Exceptional Strategic Preference* berechnet.

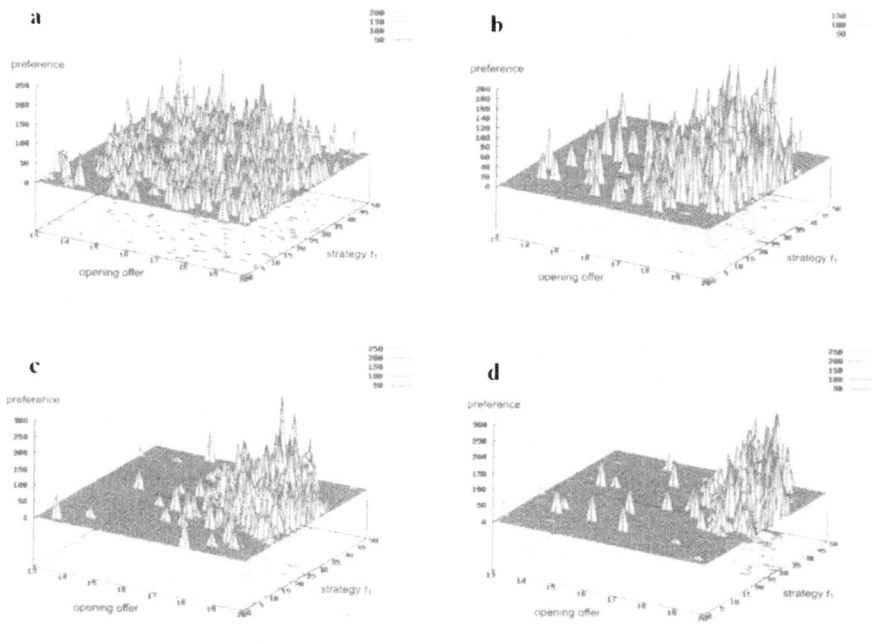

Abbildung 5.4: Anpassung von Produzentenstrategien in Unterversorgungssituationen

Abbildung 5.4 zeigt die Anpassung der Verhandlungsstrategien innerhalb eines Bilanzkreises in einer Unterversorgungssituation. Aufgetragen sind die verkauften Energiemengen gegen die entsprechenden (Produzenten-)Verhandlungsstrategien innerhalb dieses Bilanzkreises. Die Versorgungssituation verschiebt sich dabei von einer ausgeglichenen Situation in Abbildung 5.4.a hin zu einer Unterversorgungssituation in Abbildung 5.4.d. Es ist deutlich zu erkennen, dass die Produzenten

– angefangen bei normalverteilten Verhandlungsstrategien – ihre Strategien der geänderten Situation anpassen. Die Produzenten lernen, ihre Energiemengen bei höheren Startangeboten und flacheren Verhandlungskurven zu verkaufen. Dabei werden allerdings extreme Verhandlungsstrategien ausgelassen (Startangebote am oberen Rand des Preisrahmens und extrem flache Verhandlungskurven). Bei diesen extremen Strategiekombinationen ist das Risiko für die Produzenten selbst in Unterversorgungssituationen zu groß, bis zur Ausgleichskapazität und den damit verbundenen Tiefstpreisen durchzufallen.

5.3 Modellsimulation des DECOLEARN-Algorithmus

Im Folgenden soll der Einfluss des vorgestellten verteilten Algorithmus DECOLEARN auf das Verhandlungsverhalten in DEZENT untersucht werden. Zu diesem Zweck werden Verhandlungen mit einer dynamischen Anpassung der Verhandlungsstrategien nach DECOLEARN mit solchen Verhandlungen verglichen, in denen die Verhandlungsstrategien zu Beginn einmal ausgewürfelt und danach nicht wieder geändert werden. Im zweiten Szenario findet eine Dynamik in den Verhandlungen über die Zeit nur durch wechselnde Bedarfssituationen jedes einzelnen Agenten statt. Mit DECOLEARN sollen die Agenten in die Lage versetzt werden, auf diese Schwankungen in ihren Bedarfssituationen (und auf Anpassungen der Verhandlungsstrategien benachbarter Agenten) dynamisch mit der Wahl geeigneter Verhandlungsparameter zu reagieren. Die nachfolgenden Experimente dienen einer Analyse des allgemeinen Einflusses der DECOLEARN-Parameter. Eine integrierte experimentelle Analyse des Gesamtsystems unter DECOLEARN erfolgt in Kapitel 6.

In [WLHK06a, WLHK07a] konnte bereits gezeigt werden, dass selbst mit statischen (zufällig bestimmten) Verhandlungsstrategien eine große Mehrheit der teilnehmenden Agenten auf den ersten (tiefsten) beiden Verhandlungsebenen befriedigt wird[1]. Das möglichst frühe Abschließen von Verhandlungen in DEZENT ist mit einer Minimierung von Verlustleistungen verbunden und stellt einen besonders effizienten Betrieb des elektrischen Versorgungssystems dar. In DEZENT werden Vertragsabschlüsse auf der tiefsten Verhandlungsebene begünstigt bzw. auf höheren Verhandlungsebenen mit Preisauf- bzw. -abschlägen bestraft (siehe Kapitel 3.4.1). Eine Versorgung ausschließlich auf Basis regional geschlossener Verträge ist in DEZENT demnach nicht nur besonders effizient, sondern auch kostengüns-

---

[1] Selbstverständlich können die Verhandlungsstrategien für alle Agenten mit Absicht derartig ungünstig gewählt werden (extrem flach mit höchsten bzw. niedrigsten Startgeboten/-angeboten), dass alle Agenten erst an der Ausgleichskapazität befriedigt werden würden.

tiger für alle Beteiligten.

Die in diesem Kapitel durchgeführten Experimente sollen zeigen, dass DECO-LEARN zwei Kriterien erfüllt:

1. Die Nutzung der Ausgleichskapazität am Ende einer Periode soll minimiert werden. Das bedeutet, dass so wenige Agenten wie möglich (bis auf die Befriedigung eventueller Ungleichgewichte in der Lastbilanz) außerhalb der verteilten Verhandlungen in DEZENT befriedigt werden sollen.

2. Alle Agenten sollen möglichst früh in einer Verhandlungsperiode (so tief in der Verhandlungshierarchie wie möglich) befriedigt werden.

Tabelle 5.1: Experimentelles Setup für die Modellsimulationen

Verhandlungsebenen	3
#BGM auf Ebene 0	60
#BGM auf Ebene 1	12
#BGM auf Ebene 2	1
#Agenten pro BGM auf Ebene 0	50
#Konsumenten (50 W Anschlussleistung)	2160
#Produzenten (50-300 W Anschlussleistung)	840
Simulationszeit	7200 Perioden (1 Stunde)
$A_1 = 5$ ¢, $B_1 = 20$ ¢, $sim = 1,2$ ¢, $allowance = 50$ W/Periode, Shrinking Factor$= 20$ %, $urg_0 = 1$	
$\underline{s}_{1C_i}, \underline{t}_{1P_i} = 0,5, \bar{s}_{1C_i}, \bar{t}_{1P_i} = 50$	
$\alpha = 0,3, k = 2, \varepsilon_1 = 0,45, \varepsilon_2 = 0,05$	

Für eine fallstudienhafte Analyse der DECOLEARN-Eigenschaften wird eine Serie von Experimenten mit 3000 Agenten durchgeführt (nachfolgende Experimente sind bereits in [WLM+08] veröffentlicht worden). In diesen Experimenten finden die Verhandlungen auf insgesamt drei Verhandlungsebenen statt, bevor unbefriedigte Bedürfnisse an eine zentrale Ausgleichskapazität weitergereicht werden. Auf die normalerweise vorhandene vierte Verhandlungsebene in DEZENT (vor Erreichen der Ausgleichskapazität am Ende einer Periode) wird in diesen Experimenten aufgrund der niedrigen Agentenzahl verzichtet.

Die Lastkurven der einzelnen Erzeuger werden auf Basis realer Daten für Wind- und Photovoltaikanlagen erstellt. Die so modellierten REA haben dabei in diesem

5.3 Modellsimulation des DECOLEARN-Algorithmus

Experiment unterschiedliche Anschlussleistungen zwischen 50-300 W. Die Verbraucher werden ebenfalls auf Basis realer Daten für den ausgewählten Zeitraum modelliert (für eine ausführliche Beschreibung der verwendeten Lastprofile siehe Aufbau der integrierten Experimente in Kapitel 6.4). Der experimentelle Aufbau und die Verhandlungshierarchie ist in Tabelle 5.1 angegeben. Die Experimente sind auf dem Linux-HPC-Cluster der Technischen Universität Dortmund (LiDO) [lid08] durchgeführt worden. Dabei wurden jeweils 7200 Perioden (1 Stunde) unter Verwendung realer Lastprofile für die teilnehmenden Verbraucher und Erzeuger simuliert. Die resultierenden Lastkurven sind in Abbildung 5.5 gezeigt.

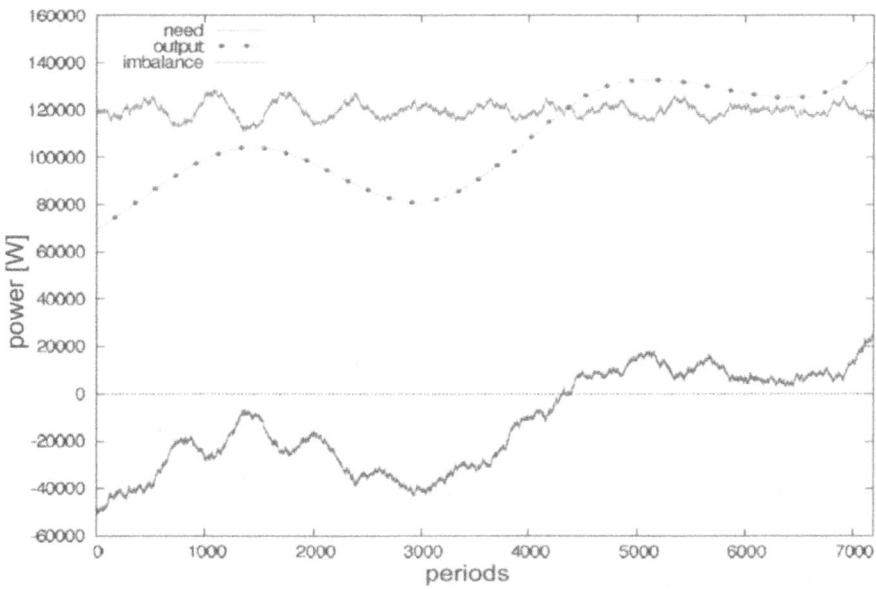

Abbildung 5.5: Verlauf der Gesamtlast über die Simulationszeit

Die Lastprofile in Abbildung 5.5 zeigen einen akkumulierten Energiebedarf, der um 120 kW pro Periode mit einer Amplitude von etwa 10kW schwankt. Die Gesamtenergieerzeugung oszilliert mit einer Periode von etwa 2000 Sekunden (4000 Perioden). Dieses verhältnismäßig stetige Verhalten wird durch den größeren Einfluss der Windenergieanlagen, die weniger starken kurzfristigen Schwankungen unterliegen (gegenüber der Einspeisung durch die Photovoltaik), in dem vorliegenden Szenario verursacht. Über die Simulationszeit hinweg steigt die Gesamtenergieerzeugung von etwa 70kW pro Periode auf etwa 140 kW pro Periode. Die Gesamtenergiebilanz weist demnach eine Unterversorgung innerhalb der ersten 4300 Perioden auf und eine Überversorgung danach. Die resultierende Energiebilanz ist als dritte Kurve am unteren Rand von Abbildung 5.5 eingezeichnet.

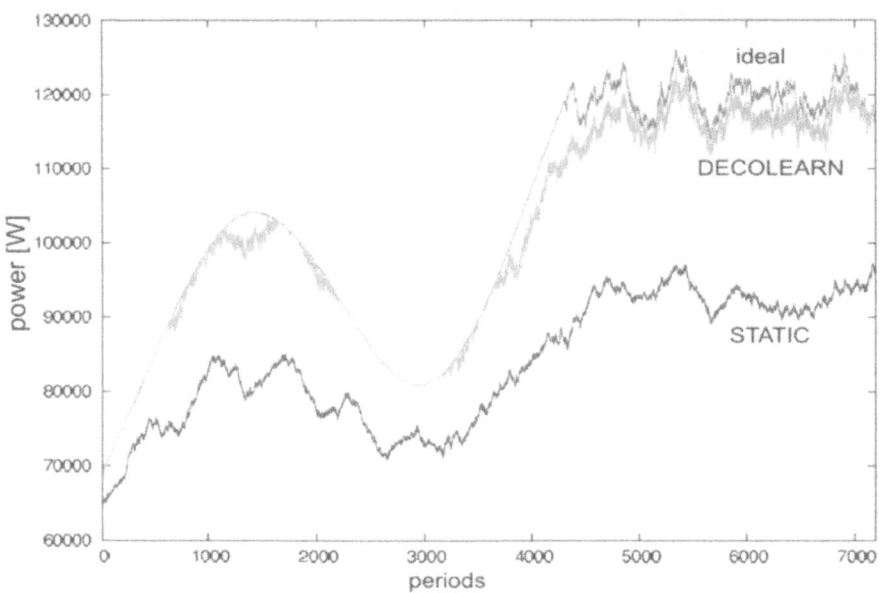

Abbildung 5.6: Innerhalb von 3 Verhandlungsebenen verhandelte Energie

Um die Effizienz des verteilten Lernens zu testen, wird die insgesamt verhandelte Energie am Ende der drei Verhandlungsrunden gegen die Simulationszeit aufgetragen (*DECOLEARN*, siehe Abbildung 5.6). Diese Werte werden mit der maximal verhandelbaren Energie verglichen (*ideal*, dies entspricht dem Minimum von Erzeugung und Verbrauch in jeder Periode) und dem Verhalten der Verhandlungen unter statischen Verhandlungsstrategien (*STATIC*), die zu Beginn der Simulation für jeden Agenten ausgewürfelt werden und über die verbleibende Simulationszeit hinweg konstant bleiben. Alle Simulationen werden 50 mal wiederholt. Die gemittelten Ergebnisse sind in Abbildung 5.6 dargestellt.

Unter den gewählten Voraussetzungen sind die Agenten in dem statischen Szenario nicht in der Lage, ihre Verhandlungsstrategien dynamisch an die wechselnde Versorgungssituation anzupassen. Aus diesem Grund ist die Effizienz der stati-

5.3 Modellsimulation des DECOLEARN-Algorithmus

schen Verhandlungen (Gesamtmenge der verhandelten Energie auf den drei Verhandlungsebenen) über den gesamten Simulationszeitraum hinweg deutlich niedriger als in den Vergleichsszenarien (ideal, DECOLEARN). Verhandlungen unter Verwendung des DECOLEARN-Algorithmus hingegen verhalten sich beinahe ideal und deutlich besser als unter statischen Verhandlungsstrategien.

Nach etwa 4000 Perioden ändert sich das Verhalten unter DECOLEARN deutlich. Nach 4000 Perioden schwankt die maximal auf den 3 Verhandlungsebenen umsetzbare Energie stärker als zuvor (das Maximum wird nach 4000 Perioden durch den stärker schwankenden Gesamtbedarf bestimmt). In diesem Bereich hat DECOLEARN Schwierigkeiten, innerhalb der k-Nachbarschaft der individuellen Agenten-Strategieräume geeignete Strategien zu finden, die sich den schnell wechselnden Bedingungen anpassen.

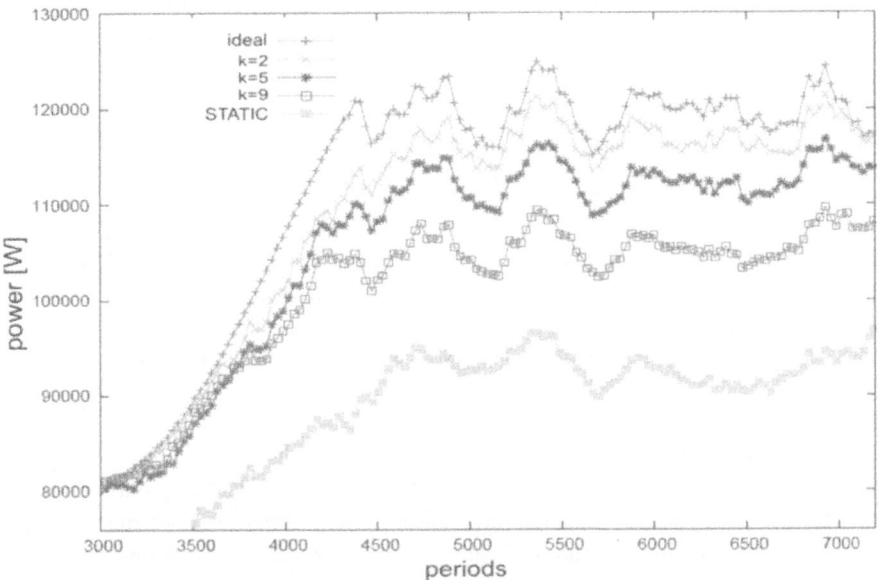

Abbildung 5.7: Experimente in Abhängigkeit von der Größe der k-Nachbarschaft

Um den Einfluss der k-Nachbarschaft auf die Performanz in diesem Bereich genauer abschätzen zu können, werden für den Simulationszeitraum ab Periode 3000 Experimente mit unterschiedlichen Belegungen für den Parameter k durchgeführt (siehe Abbildung 5.7). Mit wachsendem k, also zunehmender Größe der

k-Nachbarschaft, wird es für DECOLEARN deutlich schwieriger, geeignete Verhandlungsparameter zu finden, die sich schnell genug der Dynamik der Lastbilanz anpassen.

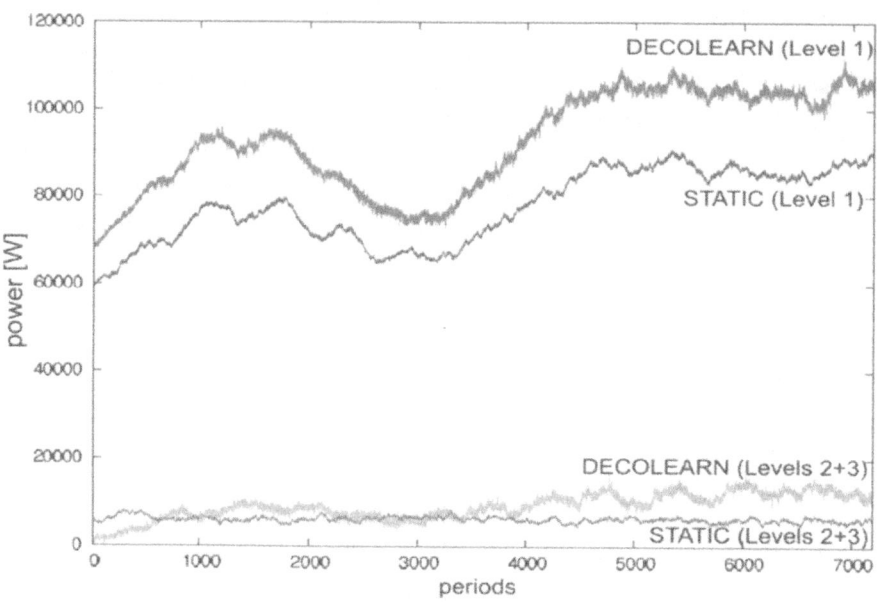

Abbildung 5.8: Verhandelte Energie auf den Verhandlungsebenen 1-3

Um DECOLEARN unter dem Kriterium frühestmöglicher Verhandlungen zu betrachten, (siehe oben) werden die Experimente unter dem Gesichtspunkt betrachtet, wie viel Energie auf welcher Verhandlungsebene umgesetzt werden. Abbildung 5.8 zeigt, wie viel Energie auf welcher Ebene bei der Verwendung der zwei Algorithmen umgesetzt wird. Es ist deutlich zu erkennen, dass die höhere Effizienz von DECOLEARN besonders auf der ersten (untersten) Verhandlungsebene zu tragen kommt.

Die Idee hinter dem DECOLEARN-Algorithmus, der auf Basis von Reinforcement Learning Mechanismen für DEZENT entwickelt wurde, jeden Agenten in die Lage zu versetzen, zu individuell günstigsten Preisen zu verhandeln und daher möglichst früh innerhalb einer Periode Verträge mit regional verfügbaren Verhandlungspartnern zu schließen, findet sich in den durchgeführten systematischen Experimenten bestätigt. Dieser Effekt lässt sich selbst in einer hochdynamischen Umgebung erreichen. Die Frage nach der Rechtmäßigkeit eines Vergleiches von DECOLEARN mit der zuvor beschriebenen zufälligen Auswahl statischer Verhandlungsparameter mag an dieser Stelle gerechtfertigt sein, jedoch lässt sich dieser statische Algorithmus durchaus als eine „degenerative" Variante des DECOLEARN-Algorithmus betrachten. Mit der Wahl der DECOLEARN-Parameter $P(\text{Explore1}) = \varepsilon_1 = 0$, $P(\text{Explore2}) = \varepsilon_2 = 0$ und damit $P(\text{Exploitation}) = 1 - (\varepsilon_1 + \varepsilon_2) = 1$ sowie der Vergrößerung der k-Nachbarschaft auf den gesamten Strategieraum erhält man eine statische Variante des Algorithmus, die sich exakt wie der zuvor beschriebene statische Algorithmus verhält. Es werden also lediglich unterschiedliche (extreme) Ausführungen des DECOLEARN-Algorithmus miteinander verglichen. In Kapitel 6 findet eine umfangreichere integrierte experimentelle Analyse des Gesamtsystems statt.

5.4 Komplexität und Skalierbarkeit von DECOLEARN

Nach der Erweiterung des DEZENT-Algorithmus um DECOLEARN soll nachfolgend – wie bereits in den Kapiteln 3.7 und 4.4 – die Komplexität des verteilten Lernens in DEZENT abgeschätzt werden. Abbildung 5.9 zeigt die periodischen Aktionen eines lernenden Agenten in DEZENT unter Verwendung von DECOLEARN.

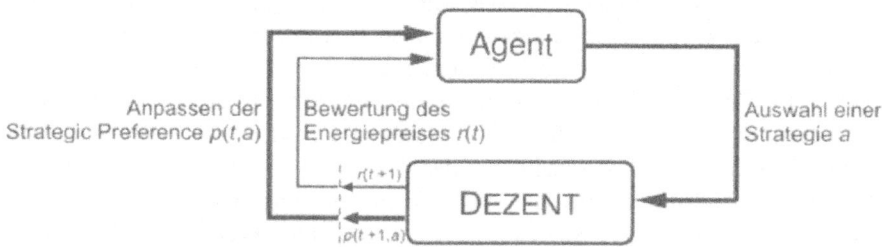

Abbildung 5.9: Aktionen eines Agenten unter Verwendung von DECOLEARN

Vor Beginn einer Periode wählt ein Agent eine Strategie für die folgende Verhandlungsperiode aus. Hierzu stehen ihm drei Modi zur Verfügung: *Exploitation*, *Explore$_1$* und *Explore$_2$*. Die Auswahl einer Strategie aus einer endlichen Menge möglicher Verhandlungsstrategien benötigt konstante Laufzeit und wird daher im Folgenden für die Abschätzung der Komplexität von DECOLEARN vernachlässigt.

Nach Abschluss des letzten Verhandlungszyklus und Erhalt des Tickets mit dem erzielten Verhandlungsergebnis normalisiert der Agent den erhaltenen Preis und berechnet auf Basis dessen die Strategic Preference für die gewählte bewertete Strategie. Sowohl die Umrechnung des Verhandlungspreises als auch die Aktualisierung der Strategic Preference ist in konstanter Zeit durchzuführen. Im Anschluss an die Berechnung der neuen Strategic Preference für die gewählte Verhandlungsstrategie müssen die Strategien entsprechend ihrer Strategic Preferences sortiert werden. Hierbei wird immer ein Element (die jüngst veränderte Preference) in eine bereits vorsortierte Liste einsortiert, was für n Listenelemente (Verhandlungsstrategien) in $O(\log n)$ Schritten möglich ist. Dies gilt bereits für die Bewertung des ersten Verhandlungsergebnisses, da zu Beginn alle Strategic Preferences mit einem konstanten Wert initialisiert werden. Das Einsortieren des ersten angepassten Strategic Preference-Wertes in eine Liste identischer Einträge ist sogar in konstanter Zeit möglich. Da die Menge der für einen Agenten möglichen Strategien endlich ist, wird sowohl das Anpassen der Strategic Preferences als auch das Sortieren der Datenstruktur insgesamt in konstanter Zeit möglich.

Mit DECOLEARN lernen die Agenten in DEZENT unabhängig voneinander allein auf Basis von Verhandlungsergebnissen. Es ist keine weitere Kommunikation zwischen den Agenten untereinander oder mit ihrer Umgebung erforderlich, um Verhandlungsstrategien zu bewerten und adäquat anzupassen (siehe Kapitel 5.3). Die Bewertung einer Verhandlungsstrategie, die Berechnung der Strategic Preferences und die Auswahl einer neuen Strategie haben bereits auf dem schon in den Kapiteln 3.5 und 4.4 herangezogenen Referenzsystem (Pentium III @600 MHz mit 512 MB RAM) eine Ausführungszeit von unter einer Millisekunde. Da der Adaptionsprozess außerhalb der Kommunikations- und Koordinationsprozesse und unabhängig von der Anzahl von Konsumenten und Produzenten durchgeführt werden kann (auch während noch laufender Verhandlungen auf höheren Ebenen), hat die Erweiterung des DEZENT-Systems um den Aspekt des verteilten Lernens mit DECOLEARN nach den oben gemachten Überlegungen keinen Einfluss auf die Laufzeitkomplexität von DEZENT und somit auf die Skalierbarkeit des Gesamtsystems.

6 Experimentelle Untersuchungen

In den vorangegangenen Kapiteln wurde das DEZENT-Agentensystem modelliert (Kapitel 3.1), der Verhandlungsalgorithmus (Kapitel 3.2) entwickelt und sukzessiv um die Komponenten der Bedingten Agenten (Kapitel 4.1) und des verteilten Lernens (Kapitel 5) erweitert. Das erste formulierte Hauptziel (siehe Kapitel 1.2) von DEZENT ist, dass die erzielten Preise für Konsumenten und Produzenten günstiger sind, als unter zentralem Management in einem konventionellen Versorgungssystem (siehe Kapitel 2.1). Die zweite wichtige Anforderung an das DEZENT-System ist, dass die entwickelten Prozesse für die Kommunikation, Koordination, Adaption und Stabilität (siehe Kapitel 1.4) die harten Echtzeitanforderungen in DEZENT erfüllen, d.h. hier, innerhalb einer Verhandlungsperiode von 500 ms Länge abgeschlossen sind.

Zur Erfüllung des ersten Zieles wurden in Kapitel 3.3 enge Preisrahmen für die Verhandlungen eingeführt, da die Kosten für regenerative Energieerzeugung im bottom-up-Management deutlich niedriger liegen als Kosten für fossile Energieumwandlungsanlagen. Innerhalb dieser begrenzten Preisrahmen soll es Betreibern regenerativer Energieumwandlungsanlagen möglich sein, neben den Kosten für Abschreibung und Wartung der dezentralen Anlagen in angemessenem Rahmen Gewinn zu erwirtschaften. Da Produzenten gleichzeitig Konsumenten sind (und umgekehrt), wird hiermit erreicht, dass Gewinne und Verluste weder einseitig verteilt sind noch extrem akkumuliert werden. In Abwesenheit von großen reinen Erzeugern (Großkraftwerken) sind die Preisrahmen ökonomisch akzeptabel, da einerseits die Selbstversorgung im Vordergrund steht und andererseits die Preisrahmen für top-down-Versorger (langfristige Einsatzplanung, Transport von fossilen Ressourcen und zentral erzeugter Energie) nicht lohnend sind. Beim Weiterreichen unbefriedigter Agenten auf höhere Verhandlungsebenen werden die festen Preisrahmen enger. Hierdurch und in Kombination mit der Gestalt der Verhandlungskurven kann erwartet werden, dass die günstigsten Verträge zwischen Konsumenten und Produzenten stets auf der untersten Verhandlungsebene erzielt werden (siehe Kapitel 3.4.1). Dieser Anreiz für einen bevorzugt lokalen Ausgleich reduziert Transportwege und minimiert Verlustleistungen, wodurch die Gesamtversorgung insgesamt effizienter wird. Verträge werden zwischen Agenten mit „ähnlichen" Geboten und Angeboten geschlossen. Der Energiepreis des geschlossenen Vertrags wird als das arithmetische Mittel aus dem „ähnlichen" Gebot-Angebot-

Paar berechnet. Damit hierbei nicht Energiepreise verhandelt werden, die zu stark von individuellen Preisvorstellungen abweichen, wurde ein gültiger Ähnlichkeitsbereich – eine sog. *similarity* – definiert, in dem Verträge zwischen unterschiedlich hohen Geboten und Angeboten geschlossen werden. Die Annäherung eines Konsumenten-Produzenten-Paares findet auf Basis ihrer Verhandlungsparameter – ihrer „Strategien" – statt. Diese Strategien werden von Periode zu Periode auf Basis von verteilten Lernprozeduren angepasst. Der Erfolg des Lernalgorithmus hängt dabei von dem Wechsel zwischen Erforschen neuer Strategien (Exploration) und dem Ausnutzen von Wissen über bewährte Strategien (Exploitation) ab.

Das zweite Ziel – das Einhalten der Echtzeitbedingungen in DEZENT – ist für die Prozesse Kommunikation, Koordination und Adaption untersucht worden (Kapitel 3.7, 4.4 und 5.4). Das Einhalten von Stabilitätsgrenzen in DEZENT in Echtzeit (Stabilitätsprozess) wird im letzten Kapitel dieser Arbeit (Kapitel 7) gesondert diskutiert. Das Einhalten dieser entscheidenden Randbedingung (dem erfolgreichen Abschließen der DEZENT-Prozeduren innerhalb von 500 ms) wird in den folgenden Experimenten nicht mehr betrachtet, da die profilgestützten Simulationen einer großen Zahl von Erzeugern und Verbrauchern auf dem verwendeten System (die Simulationen werden wie schon im vorangegangenen Kapitel 5.4 auf dem Linux-HPC-Cluster der Technischen Universität Dortmund (LiDO) [lid08] unter Vernachlässigung tatsächlicher Kommunikationszeiten durchgeführt) eine Untersuchung des Echtzeitverhaltens nicht ermöglichen. Das DEZENT-System soll in diesem Kapitel auf sein Verhalten (Energiepreise und Verstetigung von Lastprofilen) in Abhängigkeit von Parameterveränderungen der oben beschriebenen Modelleigenschaften untersucht werden. Dabei werden die Experimente unter Vernachlässigung der bislang diskutierten Stabilitätsoperationen durchgeführt (Virtuelle Agenten, siehe Kapitel 4.3), da die tatsächlichen Leistungsflüsse in der zur Verfügung stehenden Simulationsumgebung nicht integriert betrachtet werden können.

Für die Untersuchung von DEZENT werden Methoden aus der *Experimentellen Informatik* gewählt (die Methodik findet sich bei vielen Vorgehensweisen unter verschiedenen Bezeichnungen in der Literatur wieder: *Experimental Computer Science* [Fei07], *Experimental Algorithmics* [McG07], *Incremental Experimentation* [WL97], *Experimental Engineering*), die im professionellen Umfeld immer stärker Beachtung finden. Eine iterative und inkrementelle Herangehensweise erlaubt Rückschlüsse und Erkenntnisse aus Einsätzen und Tests unter realistischen Bedingungen, die richtungsweisend für Verbesserungen und weiterführende Entwicklungen sind. Dies findet sich u.a. in Vorgehensmodellen zur Softwareentwicklung, wie dem *Rational Unified Process* [JBR99, Ver00] oder dem *Agile Modeling* [Mar02, SW07] wieder, bei denen ein iteratives, inkrementelles und testgetriebenes Vorgehen im Vordergrund steht. Firmen wie Google oder IBM bewerten Er-

6 Experimentelle Untersuchungen

weiterungen der Funktionalität komplexer Softwaresysteme zuerst durch umfangreiche öffentliche Betatests im realen Umfeld, bevor diese in die Hauptproduktlinienentwicklung aufgenommen werden. In Berichten der National Science Foundation (NSF) und der National Academy of Sciences (NAS) [FS79, oS94] wird die Experimentelle Informatik als die Entwicklung von bzw. das Experimentieren mit komplexen Hard- oder Softwaresystemen definiert. Experimentelle Informatik wird nach dieser Definition als Gegenpol zur *Theoretischen* Informatik gesehen. Als solche umfasst die Experimentelle (*Praktische*) Informatik an Hochschulen sämtliche Forschung, die sich mit der Entwicklung realer Systeme beschäftigt und damit einen direkten Einfluss auf den technologischen Fortschritt hat (Realzeitsysteme zur Steuerung verteilter Fertigungs- und Produktionsanlagen, Robotik, Realzeitsteuerung von Energienetzen etc.) [Har95].

Das Hauptziel Experimenteller Informatik ist die Entwicklung und Analyse von Hard- oder Softwaresystemen, weniger zu Studien- und Analysezwecken als vielmehr zum *Nachweis ihrer technischen und informatischen Machbarkeit* bei begrenzten Möglichkeiten einer praxisnahen „exakten" formalen Analyse, besonders im Fall verteilter Systeme.

Bei DEZENT handelt es sich um ein System zur Realzeitsteuerung eines Energieversorgungssystems, für das der Nachweis geführt werden soll, dass die entworfene dezentrale Steuerung und Führung einer Vielzahl kooperierender heterogener Systeme mit konfligierenden Zielen im stabilen Betrieb hinsichtlich der notwendigen Reserveleistung und Preisgestaltung günstiger sein kann als bei konventioneller und zentral organisierter Versorgung (siehe Kapitel 1.2). Für das weitere experimentelle Vorgehen lassen sich zwei Hypothesen aus dieser formulierten Zielsetzung aufstellen:

1. *Die dezentrale Verwaltung und Steuerung kooperierender Erzeuger und Produzenten in* DEZENT *ist kostengünstiger als eine zentral organisierte Versorgung nach gegenwärtigem Modell.*

2. *Die notwendige zentral bereitgestellte Reserveleistung in* DEZENT *ist geringer als unter zentral organisierter Versorgung nach gegenwärtigem Modell.*

Für diese beiden Grundthesen lassen sich Vorhersagen treffen und Schlussfolgerungen ziehen, die sich auf konkrete messbare Qualitätsmerkmale in DEZENT beziehen, welche im Folgenden vorgestellt werden.

6.1 Qualitätsmerkmale und Systemparameter in DEZENT

Beobachtbare und aus der Motivation der vorliegenden Arbeit (siehe Kapitel 1.2) heraus relevante Qualitätsmerkmale in DEZENT zur Untersuchung und Bewertung der beiden zuvor genannten Hypothesen sind:

Energiepreise. Individuelle und gemittelte Verhandlungsergebnisse (Energiepreise) für Konsumenten und Produzenten. Bei Haushalten, die ihren (gemittelten) Bedarf durch installierte regenerative Energieumwandlungsanlagen decken können, muss der Gesamtumsatz ΔU (die Differenz aus dem gemittelten Umsatz durch Einnahmen aus Energieeinspeisung $\overline{U}_{Producer}$ und den gemittelten Kosten aus dem Energieerwerb $\overline{U}_{Consumer}$) ausreichend hoch sein, um die initialen Investitionen abschreiben und die Anlagen warten zu können (siehe hierzu auch die vereinfachte Berechnungsgrundlage in Kapitel 3.1): $\Delta U = \overline{U}_{Producer} - \overline{U}_{Consumer}$. Insgesamt sollen die Gesamtkosten in DEZENT (auch für Akteure ohne Einnahmen aus Einspeisevergütungen) unter den festen Verbraucherpreisen in konventionellen zentral organisierten Versorgungssystemen liegen. Das gilt ebenso für den Vergleich von Preisen für das Einspeisen von Energie in konventionelle Versorgungssysteme (feste Vergütung) und der Einspeisung unter DEZENT.

Verhandlungshöhe. Die Verhandlungs- bzw. Spannungsebene, auf die ein Agent bei den bottom-up-Verhandlungen bis zur vollständigen Befriedigung seiner Bedürfnisse hochgereicht wird. Eine vollständige Befriedigung aller Bedürfnisse auf der untersten Verhandlungsebene bedeutet einen lokalen Ausgleich innerhalb des 0,4 kV Bilanzkreises. Dagegen bedeuten höhere Verhandlungsebenen weitere Transportentfernungen für gehandelte Leistungen. Mit größeren Transportentfernungen steigen Wärme- und Feldverluste auf den Leitungen. Damit ist die Verhandlungshöhe ein indirektes Maß für den Umfang der Verlustleistung des Systems. Umgekehrt sind Versorgungskonfigurationen, die alle Bedürfnisse ausschließlich lokal und auf unterster Verhandlungsebene befriedigen (jeder Bilanzkreis wäre ein sog. Inselnetz), verlustleistungsminimal.

Verstetigung der Versorgungsprofile. (Glättung kurzfristiger Schwankungen in den Lastgangkurven). Dem Problem der zunehmenden kurzfristigen Leistungsschwankungen bei vermehrter Integration regenerativer Energieumwandlungsanlagen in das bestehende Netz wird in DEZENT mit dem Verfahren des „Peak Demand Supply Management" (siehe Kapitel 4.2) auf Basis Bedingter Erzeuger und Verbraucher begegnet. Die Effizienz des Verfahrens lässt sich direkt mit der Reduzierung der notwendigen elektrischen Arbeit zur Ausregelung von kurzfristigen Abweichungen von prognostizierten Lastgangkurven messen. Die notwendige elektrische Regelarbeit entspricht dabei der Fläche zwischen der Lastprognose, nach der die Einsatzplanung konventioneller Kraftwerke zur Deckung der Grundlast erfolgt, und der tatsächlichen Lastgangkurve (siehe Abbildung 4.7 auf Seite 102).

Tabelle 6.1: Modellparameter und beeinflusste Qualitätsmerkmale

	Modellparameter	Qualitätsmerkmal
Verhandlungs-algorithmus	*similarity*, Größe des Preisrahmens $[A_k, B_k]$, *allowance*, Shrinking Factor Sr Verbraucher-/Erzeugerbedürfnisse: *output*, *need*	Energiepreise, Verhandlungshöhe
Bedingte Kunden	Anzahl, $|P|, t_{min}, t_{max}, t_{duty}$	Verstetigung der Versorgungsprofile
Verteiltes Lernen	$k, \varepsilon_1, \varepsilon_2$ Preisauf- und -abschläge Größe des Strategieraums	Energiepreise, Verhandlungshöhe

Die Modellierung des DEZENT-Systems in dieser Arbeit hat mit der Entwicklung eines Verhandlungsalgorithmus für Verbraucher- und Erzeugeragenten begonnen (Kapitel 3.2). Das Modell wurde daraufhin inkrementell um Bedingte Verbraucher bzw. Erzeuger erweitert (Kapitel 4.1) und danach um ein Verfahren zum periodenübergreifenden Lernen (Kapitel 5) ergänzt. Jede dieser Modellerweiterungen verwendet Modellparameter, die direkten Einfluss auf die zuvor identifizierten Qualitätsmerkmale haben. Diese Modellparameter der einzelnen DEZENT-Modellierungsschritte in Verbindung mit den beeinflussten Qualitätsmerkmalen sind in Tabelle 6.1 dargestellt.

6.2 Experimentelle Vorgehensweise

Die Experimente an DEZENT sollen Variationen der Modellparameter auf ihren Einfluss auf die zuvor identifizierten Qualitätsmerkmale hin untersuchen. Dabei wird im Folgenden zwischen *externen* und *internen* Modellparametern in DEZENT unterschieden. Externe Modellparameter werden durch unvorhersehbare Umwelteinflüsse (Sonneneinstrahlung, Windstärke/-stetigkeit) bestimmt. Die Modellparameter *need* und *output* sind solche externen Parameter, während die anderen in Tabelle 6.1 angegebenen Modellparameter interne (globale statische) Parameter sind, mit denen das DEZENT-System konfiguriert wird (z.b. die *similarity* oder die Größe des von den Agenten verwendeten Strategieraums).

Die Lastkurven von Verbrauchern und Erzeugern werden allgemein als „stochastisch" bezeichnet. Das tatsächliche Verhalten ist aber nicht rein zufällig, sondern weist ganz bestimmte charakteristische Strukturen auf: Lastgangkurven von Windrädern weisen beispielsweise kaum kurzfristige Schwankungen auf (Unstetigkeiten), da die Trägheit der Schwungmasse der verbauten Rotoren kein extrem kurzfristiges Beschleunigen bzw. Abbremsen zulässt. Bei Photovoltaikanlagen hingegen bricht die Energieumwandlung bei einer plötzlichen Verschattung plötzlich ab, was zu extremen (charakteristischen) Sprüngen in den entsprechenden Lastgangkurven führt. Bei einer formal-theoretischen Analyse werden Algorithmen meist mit zufällig erzeugten Probleminstanzen auf ihr Verhalten hin analysiert. Diese zufälligen Probleminstanzen sollen „realistische" *Average-Case*-Szenarien nachbilden (es ist in der Regel einfacher, Algorithmen in Worst-Case-Szenarien zu untersuchen; realistischer ist aber die Betrachtung von Average-Case-Szenarien [BBD+04]). Zufällig erzeugte Probleminstanzen entsprechen in der Regel jedoch nicht der Realität und liefern deutlich abweichende Resultate von in der Realität gefundenen Ergebnissen [Hoo94]. Sind keine realen Eingabeinstanzen verfügbar, können realistisch strukturierte Eingaben nachgebildet werden.

Erzeugen realistischer Eingabeinstanzen für Permutation Flow-Shop Scheduling Probleme

Zunächst soll die Erzeugung und Bedeutung möglichst realitätsnaher Eingabeinstanzen exemplarisch am Beispiel sog. Permutation Flow-Shop Scheduling Probleme (PFSP) veranschaulicht werden, für die diese Problematik in der Literatur ausgiebig untersucht wurde. In [WWHB02] wird gezeigt, dass die Berechnung unterer Schranken für den *Makespan* von PFSPs stark von der Struktur der Eingabeinstanzen abhängt. In einem $n \times m$ PFSP müssen n Jobs in identischer Reihenfolge auf m Maschinen ausgeführt werden. Ein Job darf dabei nicht auf mehreren Maschinen gleichzeitig ausgeführt werden, und das Unterbrechen von Jobs ist nicht erlaubt (*non-preemptive*). Jeder Job besitzt eine maschinenspezifische Laufzeit. Das Ziel ist die Minimierung des Makespans, also der Zeit bis alle Jobs auf allen Maschinen ausgeführt worden sind. Scheduling-Algorithmen für PFSPs werden typischerweise mit zufälligen Eingabeinstanzen evaluiert. Realistische PFSP-

6.2 Experimentelle Vorgehensweise

Instanzen sind allgemein jedoch stärker strukturiert in dem Sinne, dass ein Job zwar mehrere maschinenspezifische Laufzeiten haben kann, die reale Bandbreite möglicher Laufzeiten jedoch Job-spezifisch beschränkt ist. Typischerweise haben auch alle Jobs auf einer „langsameren" Maschine längere Laufzeiten als auf „schnelleren" Maschinen. Es ist unklar, ob Scheduling-Algorithmen, die gute Ergebnisse für zufällige Eingaben liefern, auch gute Ergebnisse für strukturierte, also realistischere Eingaben liefern. In [Rin76, WBWH02] werden zwei Möglichkeiten vorgeschlagen, strukturierte Eingaben für PFSPs zu erzeugen: *Job-Korrelation* und *Maschinen-Korrelation*. Bei der Job-Korrelation werden die maschinenspezifischen Ausführungszeiten eines Jobs aus einem engen Intervall gewählt, das charakteristisch für den jeweiligen Job ist (beispielsweise aus statistischen Voruntersuchungen). Bei der Maschinen-Korrelation werden die Ausführungszeiten eines Jobs aus einem engen Intervall gewählt, das charakteristisch für die jeweilige Maschine ist (wiederum aus statistischen Voruntersuchungen). Ein Beispiel für jobkorrelierte und maschinenkorrelierte Probleminstanzen ist in Abbildung 6.1 dargestellt.

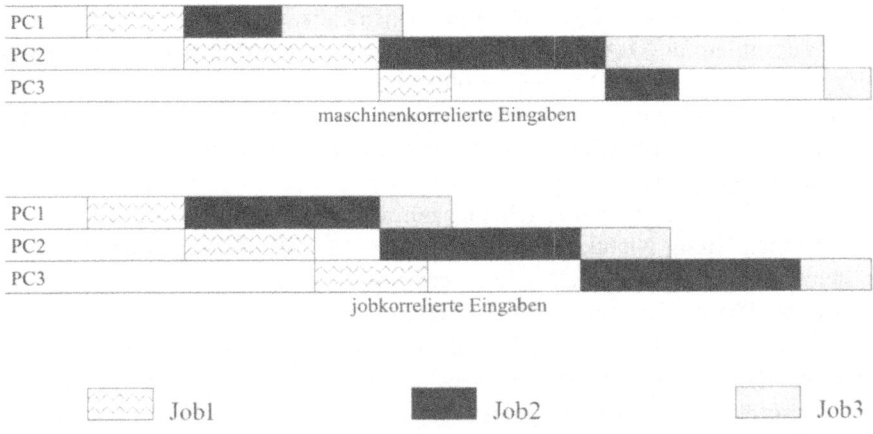

Abbildung 6.1: Jobkorrelierte und maschinenkorrelierte Ausführungszeiten (Makespan) mit 3 Jobs auf 3 Maschinen (Quelle: [WWHB02])

Der Unterschied im Verhalten von Algorithmen auf zufälligen und realistischen bzw. strukturierten Eingabeinstanzen kann erheblich sein. Experimente in [WWHB02] zu unteren Schranken für den Makespan von PFSPs zeigen, dass viele Benchmark-Algorithmen auf zufälligen und maschinenkorrelierten Eingaben sehr gut arbeiten [Tai90, Tai93] mit jobkorrelierten Eingaben jedoch sehr schlechte untere Schranken besitzen. Es können aber Algorithmen gefunden werden, die auch mit jobkorrelierten und maschinenkorrelierten Eingaben sehr gute Ergebnisse liefern [Rin76].

Die Folgerung für die Untersuchung von DEZENT ist, dass stochastische/probabilistische Methoden keine allgemein gültigen Einsichten liefern, die für Anwendungen in der realen Praxis gebraucht werden können. Daher werden nach ähnlichen Überlegungen wie zu PFSPs realistisch strukturierte Eingaben für DEZENT erzeugt.

Erzeugen realistischer Eingabeinstanzen für DEZENT

In dieser Arbeit werden die experimentellen Untersuchungen an DEZENT auf Basis *realer Lastgangkurven* für Verbraucher und Erzeuger durchgeführt. Hierzu werden aufgezeichnete Verbrauchsprofile einzelner Haushalte verwendet, die einerseits stochastischer (unvorhersehbarer) Natur sind, andererseits aber wegen der zugrunde liegenden Verbraucherprozesse charakteristische Strukturen aufweisen. Für die Erstellung einer möglichst realitätsnahen Fallstudie werden zur Erzeugung von Lastprofilen für REA sowohl ein Simulator für Photovoltaik-Lastgangkurven eingesetzt, als auch reale Einspeiseprofile von Windkraftanlagen verwendet. Mit diesen Daten werden in DEZENT die externen *need*- und *output*-Modellparameter konfiguriert, um den DEZENT-Algorithmus experimentell auf sein Verhalten in einer realitätsnahen Fallstudie zu untersuchen.

Bei der Untersuchung von verteilten, natürlichen und selbstorganisierenden Systemen treten häufig Nichtkontinuitäten in den Qualitätsmerkmalen des Gesamtsystems bei der kontinuierlichen Änderung von Modellparametern auf. Beispiele für solche „Phasenübergänge" sind das plötzliche Verschwinden von Magnetismus beim Erhitzen von Metallen [Kau93] oder die Modellierung von Agentenkolonien nach natürlichem Vorbild (Honigbienen) [LT08]. Hier treten bei bestimmten Populationsgrößen und Erkundungsraten (*scouting rate*) Sprünge in der Effektivität des Foraging-Verhaltens der gesamten Agentenkolonie auf. Auch bei der Simulation von DEZENT sind solche Nichtkontinuitäten zu erwarten, da es sich hierbei um ein hochkomplexes verteiltes System handelt. Dabei sind Phasenübergänge in den Parameterbereichen interner Modellvariablen, wie der *similarity* oder den ε-Parametern, für das Verhältnis zwischen Exploration und Exploitation in den Lernprozeduren in DEZENT denkbar, die ein sprunghaftes Verhalten in der Preisentwicklung, der Verhandlungshöhe oder dem Regelenergiebedarf bewirken.

Beim Vergleich mehrerer (wiederholt durchgeführter) Experimente sind Varianzen in den bewerteten Qualitätsmerkmalen (Verhandlungspreise, Regelenergie) zu erwarten. Diese Abweichungen können einerseits durch die Änderungen in der Umgebung (externe Modellparameter) verursacht werden (unvorhersehbare Bedürfnisse von Verbrauchern und Erzeugern) und andererseits durch die probabilistischen Auswahlprozesse jedes einzelnen Agenten beim Lernen und Anpassen seiner Verhandlungsstrategie am Ende einer Periode ($Exploration_{1/2}$ vs. $Exploitation$ mit den Wahrscheinlichkeiten ε_1 und ε_2). Ein direkter Vergleich mit dem Ziel, Aussagen über den Einfluss einzelner Modellparameter auf Qualitätsmerkmale zu treffen, wäre auf diese Weise nicht möglich, da die Ursache für Abweichungen nicht eindeutig externen oder internen Modellparametern zugeordnet werden kann. Um den Einfluss von einzelnen Modellparametern auf identifizierte Qualitätsmerkmale experimentell analysieren zu können, wird bei der Wiederholung von Experimenten darauf geachtet, dass die beobachtete Umgebungsdynamik (Verbrauchs- und Erzeugungsprofile) über den Simulationszeitraum hinweg reproduziert werden kann. Dies wird durch die Verwendung von Profildaten erreicht (Verbrauchs-, Photovoltaik- und Windkraftprofile). Da diese profilbasierte Dynamik der Umwelt hierbei unabhängig von den Agentenentscheidungen während der Verhandlungen in DEZENT ist, werden beim Vergleich mehrerer Experimente mit identischer Umgebungsdynamik Abweichungen in den Qualitätsmerkmalen nunmehr nur noch durch die probabilistischen „internen" Auswahlprozesse des DEZENT-Systems verursacht. Die Varianz – die Summe der quadrierten Abweichungen vom Mittelwert – wird in Form von Standardabweichungen angegeben und als Phänomen des (probabilistischen) Reinforcement Learning in DEZENT berücksichtigt.

6.3 Erzeugen einer Klasse realitätsnaher Konfigurationen

Für die experimentelle Bewertung von DEZENT im Hinblick auf die identifizierten Qualitätsmerkmale (und damit hinsichtlich der aufgestellten Hypothesen) ist nach der bis zu diesem Punkt geführten Diskussion eine Klasse realistischer (strukturierter) Konfigurationen zu erzeugen. Nur so lässt sich der Nachweis einer prototypischen technischen und informatischen Machbarkeit führen. Eine adäquate Konfiguration interner Modellparameter wird nachfolgend diskutiert und ist zusammengefasst in den Tabellen 6.2 bis 6.4 dargestellt. Für die geeignete Belegung eines bestimmten Parameters werden die Ergebnisse der stichprobenartigen Experimente über die Einflüsse der Modellparameter aus den Kapiteln 3.5, 4.2.1 und 5.3 herangezogen.

Die Experimente sollen zeigen, dass das dezentrale bottom-up-Management in

Tabelle 6.2: Parameterbereiche der internen Modellparameter (Preisbildung)

Modellparameter	Parameterbereich	Beschreibung in Kapitel
Grenzkosten	$\underline{A} = 4$ ¢, $\overline{B} = 24$ ¢	
Preisrahmen $[A_k, B_k]$	$A_k = 5$ ¢/kWh $B_k = 23$ ¢/kWh	
Shrinking Factor Sr	$Sr = 20\,\%$	siehe Kapitel 3.3
Ähnlichkeitsbereich *similarity*	$similarity = 2$ ¢	
allowance	$allowance = 25 \frac{kW}{Periode}$	

Tabelle 6.3: Parameterbereiche der internen Modellparameter (Peak Management)

Modellparameter	Parameterbereich	Beschreibung in Kapitel
Anzahl Bedingter Agenten n pro BGM	$n = 10$	
Zeitflexible Kühlschränke	$|P| = 0,2$ kWh, $t_{max} = 5$ min, $t_{min} = 0$ s, $t_{duty} = 5$ min	
Zeitflexible Heißwasserthermen	$|P| = 2$ kWh, $t_{max} = 15$ min, $t_{min} = 0$ s, $t_{duty} = 3$ min	siehe Kapitel 4.1.5
Elektrobatterie	$|P| = 3$ kWh, $t_{max} = 45$ min, $t_{min} = 0$ s, $t_{duty} = 0$ s	
Step-Size-Parameter α	$\alpha = 0,1$	

DEZENT „günstigere" Preise sowohl für Konsumenten als auch für Produzenten bedeutet. Aus diesem Grund müssen für die Preisrahmen realistische Grenzkosten

6.3 Erzeugen einer Klasse realitätsnaher Konfigurationen

Tabelle 6.4: Parameterbereiche der internen Modellparameter (DECOLEARN)

Modellparameter	Parameterbereich	Beschreibung in Kapitel
Grenzen des Strategieraums	$\bar{s}_{1C}, \bar{t}_{1P} = 100$ untere Grenzen gegeben durch *Excessive Bargaining*	(Kapitel 3.4.2)
Größe der k-Nachbarschaft im Strategieraum	$5 \leq k \leq 15$	
Wahrscheinlichkeit ε_1 für *Explore*$_1$	$0 \leq \varepsilon_1 \leq 1$	siehe Kapitel 5.2
Wahrscheinlichkeit ε_2 für *Explore*$_2$	$0 \leq \varepsilon_2 \leq 1 - \varepsilon_1$	
Wahrscheinlichkeit für *Exploitation*	$P(Exploitation) = 1 - (\varepsilon_1 + \varepsilon_2)$	

angenommen werden, um aussagekräftige Ergebnisse in Bezug auf die aufgestellte Hypothese zu erhalten. Wie in Kapitel 3.3 beschrieben, liegt der beschränkte Rahmen $[A_k, B_k]$ möglicher Energiepreise für $k \in \{0, 1, 2\}$ innerhalb der festen Grenzkosten für die Einspeisevergütung $\underline{A}$ und die Verbraucherpreise $\overline{B}$ der Ausgleichskapazität: $\underline{A} < A_k < B_k < \overline{B}$. Mit Verbrauchskosten von 24 ¢/kWh (heute schon ein realistischer Preis) und einer Einspeisevergütung von 4 ¢/kWh (in einigen Jahren nach Ablauf der degressiven Einspeisevergütung und ohne weitere Subventionen durch das EEG) wird für die Experimente ein gültiger Preisrahmen von $A_k \geq 5$ ¢/kWh und $B_k \leq 23$ ¢/kWh bei einem Shrinking Factor von $Sr = 20\ \%$ angenommen. Erste experimentelle Untersuchungen in Kapitel 3.5 haben gezeigt, dass bei enger werdenden *similarity*-Werten die Wahrscheinlichkeit für das erfolgreiche Abschließen von Verträgen bei statischen Verhandlungsstrategien abnehmen sollte. Umgekehrt sollte die Zahl erfolgreicher Verträge bei größer werdenden *similarity*-Werten zunehmen. Ab einer *similarity*-Größe von $\geq 25\ \%$ des vorgegebenen Preisrahmens traten in den stichprobenartigen Experimenten allerdings keine erkennbaren Unterschiede mehr in der Zahl erfolgreich abgeschlossener Verträge auf. Für die nachfolgenden Experimente wird ein *similarity*-Parameter von 2 ¢ angenommen. Eine derartige Belegung ist praktisch sinnvoll, da geschlossene Verträge auf Basis größerer *similarity*-Werte innerhalb eines Preisrahmens von $\overline{B} - \underline{A} = 18$ ¢ zu stark von individuellen Preisvorstellungen und -vorgaben abweichen können (und u.U. sogar Grenzkosten für einen wirtschaftlich sinnvollen Betrieb einzelner Anlagen verletzen). Die ersten Experimente in Kapitel 3.5 wurden mit statischen Verhandlungsstrategien durchgeführt. Daher ist zu erwarten, dass der Erfolg der Verhandlungen (die Anzahl auf den untersten Verhandlungsebenen befriedigter Konsumenten und Produzenten) in den integrierten Experimenten deutlich höher ist, da die Agenten mit DECOLEARN ihre Strategien dynamisch anpassen und adaptiv auf einen engeren Ähnlichkeitsbereich reagieren können. Der *allowance*-Parameter wird zur Vermeidung von bösartigen Strategien (siehe Kapitel 3.4.3) auf 25 kW pro Periode gesetzt. Damit ist ein Haushalt der 0,4 kV-Ebene in der Lage, seine Anschlussleistung voll auszuschöpfen (0,4 kV·63 A=25,2 kW). Bösartige Strategien einzelner Verbraucher, die das System durch Anfordern extrem hoher Leistungen zu stören beabsichtigen (und andere Verbraucher damit auf höhere Verhandlungsebenen treiben), würden durch diese Maßnahme jedoch vorzeitig unterbrochen.

Die Modellsimulationen, die in Kapitel 4.2.1 zur Analyse des Einflusses der Geräteparameter auf die Qualität des Peak Demand and Supply Management durchgeführt wurden, vermitteln einen Eindruck über eine geeignete Wahl für die Konfigurationsbereiche der Bedingten Agenten. In diesen Experimenten zeigte sich, dass bereits eine geringe Zahl zeitflexibler Bedingter Akteure ausreicht (4 Elektrobatterien), um die notwendige Reserveleistung eines Bilanzkreises um die Hälfte zu reduzieren. In der folgenden realitätsnahen Fallstudie soll gezeigt werden, dass DEZENT bei der Verwaltung eines verteilten Energiesystems mit Szenarien – die schon heute realistisch sind – deutliche Vorteile gegenüber zentral organisierten (konventionellen) Versorgungssystemen besitzt. Die Szenarien für die nachfolgenden integrierten Experimente werden daher mit einer niedrigeren Anzahl (10) Bedingter Akteure konstruiert als in Kapitel 4.2.1. Es werden folgende Konfigurationen für Bedingte Akteure (nach Kapitel 4.1) pro 0,4 kV-Bilanzkreis angenommen, die realistisch für die betrachteten zeitflexiblen Gerätetypen sind:

Zeitflexible Kühlschränke. Ein 0,4 kV-Bilanzkreis wird mit 7 Kühlschränken, die ihre Betriebszyklen zeitflexibel an Lastspitzen anpassen können, konstruiert. Die Parameter des Peak Demand and Supply Managements in DEZENT eines dynamisch geregelten Kühlschranks sind: $|P| = 0{,}2$ kW, $t_{max} = 5$ min, $t_{min} = 0$ s und $t_{duty} = 5$ min.

Zeitflexible Heißwasserthermen. In einem 0,4 kV-Bilanzkreis nehmen 2 dy-

6.3 Erzeugen einer Klasse realitätsnaher Konfigurationen

namisch geregelte Heißwasserthermen am Peak Demand and Supply Management in DEZENT teil. Die Parameter sind: $|P| = 2$ kW, $t_{max} = 15$ min, $t_{min} = 0$ s und $t_{duty} = 3$ min.

Elektrobatterien. In den Experimenten in Kapitel 4.2.1 wurde demonstriert, dass bereits eine niedrige Zahl von 2–4 Elektrobatterien einen großen Einfluss auf die notwendige Regelenergie hat. Da Elektrofahrzeuge derzeit jedoch noch kaum genutzt werden, sind die Szenarien mit nur einer Elektrobatterie pro Bilanzkreis konstruiert. Es steht demnach in den Fallstudien durchweg eine Elektrobatterie pro Bilanzkreis zur Verfügung (in Form eines oder mehrerer Elektrofahrzeuge oder einer hierfür vorgesehenen Speicherreserve), die am Peak Demand and Supply Management in DEZENT teilnehmen kann. Die Parameter sind: $|P| = 3$ kW, $t_{max} = 45$ min, $t_{min} = 0$ s und $t_{duty} = 0$ s.

Für die Belegung des Step-Size-Parameters α zur rechtzeitigen Erkennung kurzfristiger Leistungsspitzen wird ein Wert von $\alpha = 0{,}1$ angenommen, da bei niedrigen Werten hierfür der wirksamste Bereich für die Belegung von α zur schnelleren Erkennung von kurzfristigen Leistungsspitzen liegt, wie sie in realistischen Experimenten zu erwarten sind. In den stichprobenartigen Experimenten mit rein stochastischen Lastverläufen wurde ein Optimum von $\alpha = 0{,}008$ für die Erkennung kurzfristiger (stochastischer) Leistungsspitzen gefunden (siehe Kapitel 4.2.1). Die in den nachfolgenden Experimenten verwendeten Lastverläufe setzen sich zusammen aus aufgezeichneten Lastprofilen (siehe Anhang A.1) einzelner realer Verbraucher und Erzeuger. Diese individuellen Lastprofile sind unvorhersehbar. Die Profile weisen jedoch charakteristische Verbrauchs- bzw. Erzeugungsmuster auf: Reale Verbraucherprofile haben typischerweise Verbrauchsspitzen in den Mittags- und Abendstunden, wenn der Verbrauch durch den Einsatz von Küchen- und Unterhaltungselektronik steigt (siehe Anhang A.1). Regional benachbarte Photovoltaikanlagen haben durch den Sonneneinstrahlungswinkel im Tagesverlauf ein vergleichbares Einspeiseprofil, auch wenn die Einspeisung einzelner Anlagen durch unvorhersehbare Verschattung der Anlage kurzfristig zusammenbrechen kann (bei regional benachbarten Anlagen tritt dieses Phänomen zeitlich versetzt – durch Wolkenbewegungen – bei allen Anlagen nacheinander auf; siehe Anhang A.2). Die Überlagerung einer Vielzahl solcher (individuell stochastischer) Verbraucher- und Erzeugerprofile weist daher deutliche Tendenzen auf, die dem charakteristischen Nutzer-/Anlagenverhalten geschuldet sind (die Lastgangkurven sind also *strukturiert*; siehe hierzu auch die vorangegangene Diskussion über den Unterschied zwischen zufälligen und realistischen Eingabeinstanzen für PFSPs). Die Belegung mit $\alpha = 0{,}1$ hat sich bereits in Kapitel 4.2.1 bei Fallstudien mit realen Lastprofilen als geeignet erwiesen und wird daher auch in den nachfolgenden

Experimenten verwendet.

Der Strategieraum möglicher Verhandlungsstrategien in DEZENT hat zwei Dimensionen: Die möglichen Startgebote bzw. -angebote und die möglichen Strategieparameter s_{1C}, t_{1P}. Die möglichen Startgebote bzw. -angebote werden durch die Größe des Preisrahmens vorgegeben. Für eine geeignete Wahl der Parameter der Lernprozeduren, wie z.B. der Größe des Strategieraums, können keine Überlegungen anhand realistischer Fallstudien (wie zuvor angestellt) durchgeführt werden, da DECOLEARN als Teil von DEZENT erst mit dieser Arbeit Anwendung findet. In den Experimenten über die Wirksamkeit des DECOLEARN-Algorithmus in Kapitel 5.3 wurde daher einem praktischen Einsatz des Verfahrens vorgegriffen und für das verteilte Lernen experimentell eine Parametrierung gefunden, die es den Agenten ermöglichte, flexibel auf unvorhersehbare Änderungen der Versorgungssituation (in einer ersten realitätsnahen Fallstudie) zu reagieren. Diese Parametrierung wird auch für die nachfolgend durchgeführten Fallstudien verwendet.

Je höher die Strategiewerte s_{1C}, t_{1P} von den Agenten gewählt werden, desto flacher verlaufen die Verhandlungskurven der betreffenden Konsumenten bzw. Produzenten. Für Werte größer 100 verändert sich die Gestalt der Kurven innerhalb der zur Verfügung stehenden 10 Verhandlungsrunden kaum noch (siehe Abbildung 3.12 auf Seite 52). Die Obergrenze von $\bar{s}_{1C}, \bar{t}_{1P} = 100$ verhindert extrem flache Kurven, was ein schnelleres Abschließen von Verträgen begünstigt. Die untere Grenze für die Strategieparameter wird durch die untere Schranke zur Vermeidung von Excessive Bargaining bestimmt und hängt von der Größe des Preisrahmens und der *similarity* ab (siehe Kapitel 3.4.2). Für den gewählten festen Preisrahmen und eine *similarity* von 2 ¢ ergeben sich zur Vermeidung von Excessive Bargaining die in Tabelle 6.5 angegebenen unteren Schranken für $\underline{s}_{1C}, \underline{t}_{1P}$ (nach Gleichung 3.14 auf Seite 60):

Tabelle 6.5: Untere Schranken für s_{1C}, t_{1P} zur Vermeidung von Excessive Bargaining

similarity	1,0	1,5	**2,0**	2,5	3,0	3,5	4,0	4,5	5,0
$\underline{s}_{1C}, \underline{t}_{1P}$	8,99	5,99	**4,48**	3,58	2,97	2,54	2,21	1,96	1,75

In den stichprobenartigen Experimenten zu DECOLEARN hat eine Verkleinerung der k-Nachbarschaft bessere Ergebnisse bei starken Schwankungen in der Gesamtenergiebilanz geliefert, da Agenten häufiger neue Strategien „ausprobieren", die weiter entfernt von der zuletzt gewählten Strategie liegen. Je größer die k-Nachbarschaft gewählt wird, desto statischer verhalten sich die Agenten (siehe Abbildung 5.7 auf Seite 141). Ein akzeptabler Parameterbereich im Vorgriff auf einen praktischen Einsatz in unvorhersehbaren (aber strukturierten) Lastsituationen erstreckt sich von $k = 5$ bis $k = 15$. Die Wahl der Wahrscheinlichkeiten ε_1 und ε_2 für die Betriebsmodi *Explore$_1$* und *Explore$_2$* und der Wahrscheinlichkeit für *Exploitation* von $1 - (\varepsilon_1 + \varepsilon_2)$ deckt alle zu berücksichtigenden Verhaltensstrategien ab: für $\varepsilon_1 = \varepsilon_2 = 0$ verhält sich DECOLEARN vollständig statisch und wählt in jeder Periode erneut die letzte Strategie ($P(Exploitation) = 1$). Für $\varepsilon_2 = 1$ verhält sich DECOLEARN vollständig randomisiert und wählt in jeder Periode zufällig eine neue Strategie. Mit $\varepsilon_1 = 1$ und $k = 0$ würde in jeder neuen Periode die beste Strategie innerhalb der k-Nachbarschaft wieder gewählt werden. Da die k-Nachbarschaft für $k = 0$ aber nur eine Strategie enthält, ist das Verhalten identisch mit dem statischen Verhalten bei $\varepsilon_1 = \varepsilon_2 = 0$. Aus diesem Grund wird diese Parameterkombination in den folgenden Experimenten nicht berücksichtigt. Es wird daher $5 \leq k \leq 15$ betrachtet.

6.4 Aufbau des experimentellen Beispielnetzes

Der Aufbau des experimentellen Beispielnetzes und die Zusammensetzung der Bilanzkreise ist in Abbildung 6.2 dargestellt. Das Netz besitzt vier Verhandlungsebenen. Die vierte Ebene ist die Reserveebene mit der Ausgleichskapazität zu festen Energiepreisen. Auf der untersten (0,4 kV) Ebene existieren 6 Bilanzkreise, die aus jeweils 40 Haushalten bestehen und von einem BGM verwaltet werden (BGM 4-8). Von den 40 Haushalten sind jeweils 20 mit Photovoltaikanlagen ausgestattet. Ein Bilanzkreis weist zudem die zuvor beschriebene Konfiguration an zeitflexiblen Geräten auf, die am Peak Demand and Supply Management in DEZENT teilnehmen (7 Kühlschränke, 2 Heißwasserthermen, 1 Elektrobatterie, siehe Tabelle 6.3). Auf der nächst höheren (10/20 kV) Verhandlungsebene des DEZENT-Agentensystems werden jeweils 3 Bilanzkreise unter einem BGM zusammengefasst (BGM 2-3). Auf der dritten (110 kV) Verhandlungsebene werden alle Bilanzkreise unter einem BGM zusammengeführt (BGM 1). Außerdem ist auf dieser Verhandlungsebene ein Windpark an das Netz angeschlossen. Auf der vierten (380 kV) Verhandlungsebene befindet sich die Ausgleichskapazität in Form eines Verbundnetzes oder eines entsprechend dimensionierten Kraftwerks. Die Agenten schließen auf dieser Ebene Energieverträge zu festen vorher definierten Grenzkosten – 4 ¢/kWh oder 24 ¢/kWh als Einspeisevergütung bzw. Verbraucherpreis – ab (siehe Kapitel 3.3).

Auf Basis des konstruierten Beispielnetzes soll eine realitätsnahe Fallstudie durchgeführt werden. Für simulative Untersuchungen an DEZENT ist die Realität jedoch nur zu berücksichtigen, wenn man einen Ausschnitt aus der Realität unter möglichst realitätsnahen Verhältnissen abbildet. Für die Abbildung des Leis-

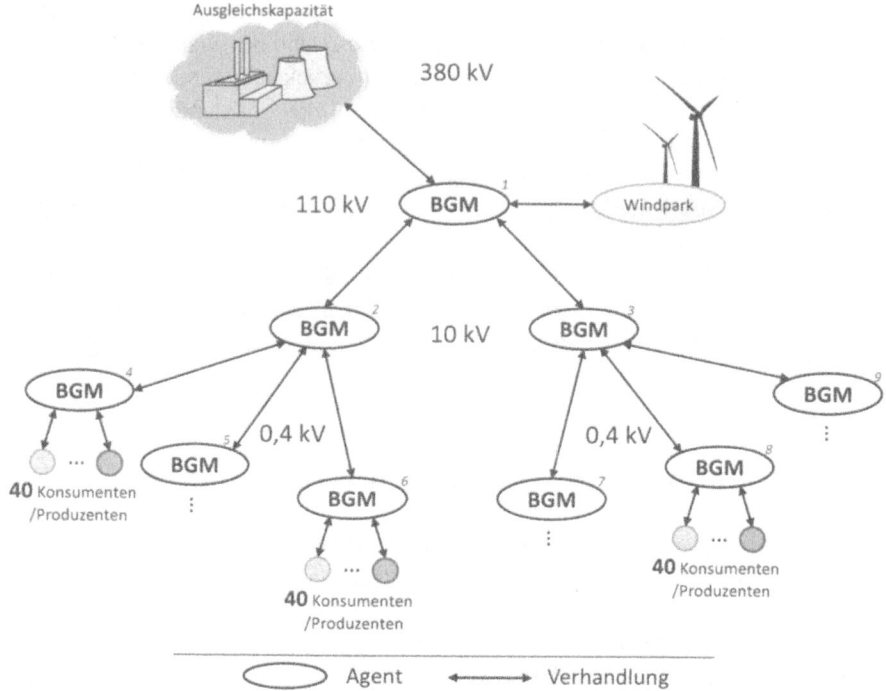

Abbildung 6.2: Aufbau des experimentellen Netzes

tungsbedarfs und der Leistungserzeugung eines jeden Agenten werden daher reale Lastgangkurven aus einer internen Studie des Lehrstuhls für Energiesysteme und Energiewirtschaft an der Technischen Universität Dortmund verwendet, die über den Zeitraum von einer Woche im Dezember 2008 mit elektronisch auslesbaren Stromzählern (sog. Smart Meters) im Raum Dortmund erfasst wurden. Die vorliegende Studie umfasst 5 eindeutige Lastgangprofile, die für die nachfolgenden Fallstudien herangezogen werden. Wie bereits in Kapitel 6.3 erwähnt, unterscheiden sich individuelle Verbraucherlastprofile zwar voneinander, weisen aber charakteristische Strukturen und Tendenzen auf, die mit typischem Nutzerverhalten einhergehen. Um auf die notwendige Zahl von 240 Haushaltsprofilen für eine realitätsnahe Fallstudie zu kommen, werden die 5 Lastprofile auf die 240 zu simulierenden Haushalte verteilt. Um eine größere Klasse von Bilanzkreisen zu betrachten, die sich aus den zur Verfügung stehenden Lastprofilen rekrutieren, werden die 5 Lastprofile zufällig auf die 240 zu simulierenden Haushalte verteilt und zufällig

6.4 Aufbau des experimentellen Beispielnetzes

in einem Intervall von ±5 min verschoben (eine solche Verschiebung des zugrunde liegenden charakteristischen Verbraucherverhaltens kann auch in der Realität beobachtet werden). Die 5 Lastgangkurven sind in Anhang A.1 abgebildet.

Die Photovoltaikprofile werden auf Basis eines Simulationswerkzeugs zur Erzeugung realistischer Lastgangkurven für Photovoltaikanlagen unterschiedlicher Leistung und in Abhängigkeit vom Aufstellungsort erstellt [Kle06]. Für den Aufstellungsort der PV-Anlagen wird Dortmund in Nordrhein-Westfalen angenommen, und deckt sich mit dem Ort der internen Studie zur Erfassung der Haushaltslastgangkurven. Eine solche generierte PV-Lastgangkurve ist exemplarisch in Anhang A.2 abgebildet.

Zur Bestimmung der Einspeiseleistung aus Windkraftanlagen werden die Daten einer Studie zur Integration von Windenergie in den deutschen Elektrizitätsmarkt verwendet [Sch07]. Die Daten werden zunächst normalisiert und danach entsprechend skaliert, um die mittlere Leistung der Windkraftanlage auf die Differenz der mittleren Erzeugungs- und Verbrauchsleistung in den Bilanzkreisen der untersten Verhandlungsebene auszugleichen (siehe Tabelle 6.6; Leistungseinspeisung hat ein positives und Verbrauch ein negatives Vorzeichen). Im resultierenden Szenario wird – über den Tag gemittelt – also genauso viel Energie eingespeist wie verbraucht.

Die anschließenden Fallstudien sollen zeigen, dass der Betrieb eines verteilten Energiemanagementsystems mit DEZENT, verglichen mit einem konventionellen elektrischen Energieversorgungssystem unter zentral organisierter Kontrolle, *schon heute* günstiger wäre. Das in Abbildung 6.2 gezeigte und wie beschrieben konstruierte experimentelle Szenario verfügt über eine (gemittelte) *vollständige Überdeckung* der Versorgung mit erneuerbaren Energien. Eine solche Überdeckung ist schon heute typisch für viele Gemeinden in Deutschland, die ihren Bedarf „vollständig" aus erneuerbaren Energien decken. Durch die verwendeten REA und die unvorhersehbaren Lastprofile, sowohl bei der Erzeugung als auch auf Seiten der Verbraucher, ist die Leistungsbilanz jedoch nicht zu jedem Zeitpunkt ausgeglichen. So weist die Leistungsbilanz beispielsweise mittags eine deutliche Überversorgung mit Energie aus Photovoltaikanlagen auf, nachmittags und abends bei steigendem Verbrauch jedoch eine deutliche Unterversorgung. Zu diesen Über- bzw. Unterlastzeiten werden die Ungleichgewichte an der zentralen Ausgleichskapazität befriedigt.

Mit den Experimenten soll gezeigt werden, dass in diesem komplexen und realitätsnahen Szenario sowohl günstigere Energiepreise als auch eine Reduzierung notwendiger (kurzfristiger) Regelenergie mit DEZENT möglich sind. Es soll untersucht werden, ob sich das gefundene Verhalten von DEZENT, das bislang nur in idealisierten Modellsimulationen untersucht wurde, auch innerhalb der nachfolgenden integrierten, realitätsnäheren Experimente beobachten lässt.

Tabelle 6.6: Eckdaten der verwendeten Lastgangkurven

	Leistungs-minimum	Leistungs-maximum	Mittlere Leistung	Netzweiter Mittelwert
Haushaltsprofile	−110,7 W	−5944,0 W	−499,9 W	**−120,0 kW**
Photovoltaikprofile	0 W	2430,0 W	460,7 W	**55,3 kW**
Windkraftprofil	0 W	481,7 kW	64,7 kW	**64,7 kW**

Die Leistungsbilanz (vor Erreichen der vierten und letzten Verhandlungsebene) in der konstruierten Fallstudie ist nicht zu jedem Zeitpunkt ausgeglichen. Die überschüssige (positive oder negative) Leistung muss von Regelkraftwerken (siehe auch Kapitel 2.1.2) kompensiert werden. Die, wie beschrieben zusammengesetzten, Bilanzkreise haben in Summe (ohne Maßnahmen zur Verstetigung der Lastgangkurven in DEZENT) die in Abbildung 6.3 gezeigte Leistungsbilanz (sichtbar für die Ausgleichskapazität). In dieser Abbildung hat die Leistungseinspeisung ein positives Vorzeichen und der Verbrauch ein negatives Vorzeichen. Deutlich zu identifizieren sind die folgenden Zeitintervalle:

- Zu erkennen ist der Leistungsüberschuss in den ersten 46000 Perioden (bis etwa 6 Uhr), der durch die starke Windeinspeisung in diesem Zeitraum hervorgerufen wird (für das Windkraftprofil siehe Abbildung A.7 auf Seite 253).

- Im Simulationszeitraum von Periode 55000 bis etwa Periode 111000 (7:30 Uhr − 15:20 Uhr) schlägt sich der erhöhte Leistungsbedarf der Haushalte einerseits und die Einspeisung aus den Photovoltaikanlagen andererseits nieder (siehe Abbildungen A.1 − A.5 und Abbildung A.6 ab Seite 249). Die resultierende Bilanz in dem Zeitintervall hat eine glockenförmige Gestalt mit deutlichen Bedarfsspitzen bei Verschattung der Photovoltaikanlagen.

- Die Leistungsbilanz im verbleibenden Zeitraum zeigt eine deutliche Bedarfsunterversorgung von Periode 114000 bis Periode 153500 (15:50 Uhr − 21:20 Uhr). Die Unterversorgung wird durch den deutlich höheren Bedarf in dem betrachteten Zeitraum (nachmittags bis abends) und den Wegfall der Einspeisung aus Photovoltaikanlagen verursacht.

6.4 Aufbau des experimentellen Beispielnetzes

- Von Periode 153500 bis Periode 158500 (21:20 Uhr – 22:00 Uhr) ist eine deutliche Versorgungsspitze zu erkennen, da es ab etwa 21:00 Uhr erneut zu einer starken Einspeisung aus der Windkraftanlage kommt, die eine Spitze in der Zeit von 21:20 Uhr – 22:00 Uhr hat und so die große Überversorgung in der Leistungsbilanz verursacht.

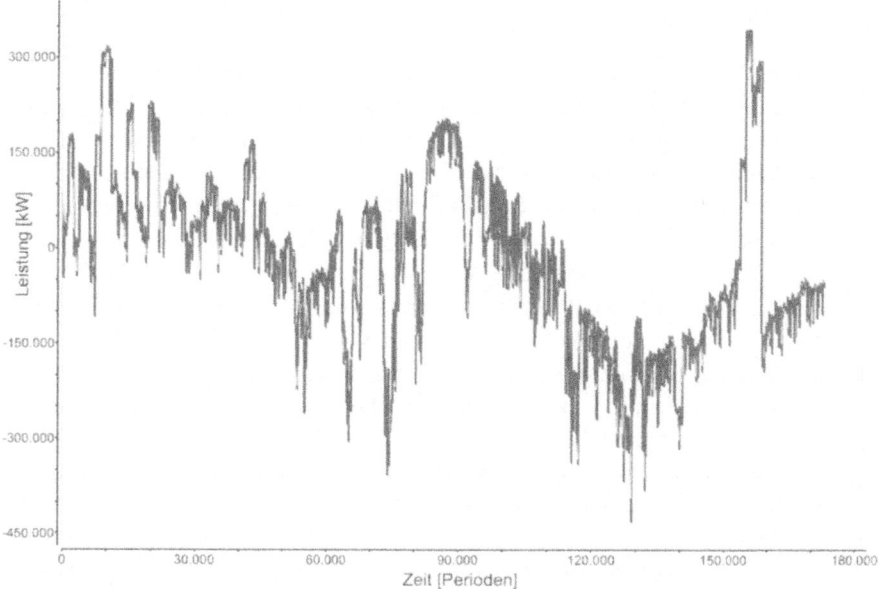

Abbildung 6.3: Systemweite Leistungsbilanz im Testszenario über den Simulationszeitraum von 24 h

Das derart konstruierte Szenario stellt eine realitätsnahe Fallstudie dar. Es spiegelt die schon heute übliche Situation in Regionen mit hoher Durchdringung dezentraler Energieumwandlungsanlagen wider, die ihren gemittelten Bedarf vollständig aus erneuerbaren Energiequellen decken.

Im Folgenden sollen Experimente zu den identifizierten Qualitätsmerkmalen (Energiepreise, Verhandlungshöhe, zunächst jedoch ohne Betrachtung der Regelenergievermeidung) in Abhängigkeit von den Versorgungssituationen und den Parametern für das verteilte Lernen $\varepsilon_1, \varepsilon_2$ und k durchgeführt werden. Innerhalb des konstruierten 24 h-Szenarios lassen sich Zeitintervalle identifizieren, die verschiedene und für die nachfolgenden Untersuchungen interessante Verbrauchs- und Einspeisekombinationen aufweisen. So existieren Zeiträume systemweiter Über-

und Unterversorgung. Zu unterschiedlichen Zeiten wird der Bedarf durch Erzeugung auf unterschiedlichen Versorgungsebenen gedeckt (lokal durch auf unterster Spannungsebene installierte Photovoltaikanlagen, auf Höchstspannungsebene durch angeschlossene Windparks und zuletzt durch die Ausgleichskapazität auf höchster Ebene). Zu diesem Zweck werden die zuvor diskutierten vier Zeiträume und noch zwei weitere betrachtet, für die unterschiedliche Phänomene erwartet werden können:

T_1: Periode 0 bis Periode 46000 (0:00 Uhr – 6:00 Uhr). Innerhalb dieses ersten Zeitintervalls herrscht ein Leistungsüberschuss aus der Windenergieeinspeisung. Die überschüssige Energie wird jedoch erst auf Ebene 3 (siehe Abbildung 6.2) in die Verhandlungen eingebracht, und damit auf letzter Verhandlungsebene, bevor unbefriedigte Agenten an der Reservekapazität zu ungünstigsten Fixpreisen befriedigt werden. Es ist zu erwarten, dass die Erzeugerpreise sehr niedrig ausfallen, da die überschüssige Energie von der Ausgleichskapazität zu Niedrigstpreisen abgenommen wird. Dieser Umstand zusammen mit der Tatsache, dass die Energie auch erst auf Ebene 3 in die Verhandlungen eingebracht wird, lässt erwarten, dass die mittlere Verhandlungshöhe nur leicht unterhalb von Ebene 4 liegt. Für Konsumenten bedeutet dies aber umgekehrt (da keine weiteren Produzenten verfügbar sind), dass sie auch frühestens auf Ebene 3 verhandelt werden können. Es ist also auch für Konsumenten mit entsprechend hohen Verhandlungsebenen zu rechnen. Es ist weiterhin zu erwarten, dass es für die Agenten schwierig sein wird, eine geeignete Strategie in dieser Situation zu finden: Ein Verpassen des einzig verfügbaren Produzenten auf Ebene 3 hat für einen Konsumenten eine sofortige Befriedigung auf höchster Ebene zu Höchstpreisen zur Folge. Da aber auch der Windpark-Producer neue Strategien ausprobiert, kann eine Veränderung der Produzentenstrategie, die in einer flacheren Kurve resultiert, einen sofortigen Misserfolg der Verhandlungen für viele Verbraucher nach sich ziehen, die bislang Verträge mit diesem Produzenten geschlossen haben. Diese stark unvorhersehbare Situation für die Agenten zusammen mit dem plötzlichen Preisanstieg bei Verhandlungsmisserfolgen lässt eine hohe Varianz in den Verbraucherpreisen erwarten. Für das Peak Management ist eine deutlich geringere Effizienz zu erwarten, da das Peak Demand and Supply Management in DEZENT nur in Bilanzkreisen der untersten Verhandlungsebene eingesetzt wird und daher keinen Einfluss auf kurzfristige Schwankungen nehmen kann, die von der Windkraftanlage verursacht werden.

T_2: Periode 55000 bis Periode 111000 (7:30 Uhr – 15:20 Uhr). In diesem Zeitraum

6.4 Aufbau des experimentellen Beispielnetzes

herrscht eine Überversorgung durch Einspeisung aus Photovoltaikanlagen. Es ist zu erwarten, dass aufgrund der Überversorgung auf der einen Seite die Verbraucherpreise deutlich niedriger ausfallen, auf der anderen Seite die Erzeugerpreise ebenfalls sehr niedrige Werte annehmen, da ein Großteil der Erzeuger auf die höchste Verhandlungsebene durchfällt und zu den ungünstigsten Vergütungssätzen der Ausgleichsreserve befriedigt wird. Da der Verbrauch bereits auf unterster Verhandlungsebene befriedigt werden kann, sind niedrige Verhandlungshöhen für Verbraucher zu erwarten. Aufgrund der Tatsache, dass ein Großteil der erzeugten Leistung erst an der Ausgleichskapazität abgenommen wird, werden die durchschnittlichen Verhandlungshöhen für Erzeuger jedoch deutlich höher liegen. In dem beobachteten Zeitraum treten jedoch auch deutliche Einbrüche in der Versorgung auf (durch plötzlich auftretende Verschattung der Photovoltaikanlagen). Zu diesen Zeiten herrscht eine deutliche Unterversorgung. Diese drastischen Schwankungen lassen hohe Varianzen sowohl bei den beobachteten Preisen als auch bei den Verhandlungshöhen erwarten. Da unvorhersehbare kurzfristige Leistungsspitzen ausschließlich durch Verbrauch und Erzeugung auf der untersten Ebene verursacht werden, ist zu erwarten, dass das Peak Management zur Regelenergievermeidung die notwendige Reserveleistung deutlich reduziert.

T_3: Periode 114000 bis Periode 153500 (15:50 Uhr – 21:20 Uhr). In dem beobachteten Zeitraum herrscht eine deutliche und durchgängige Unterversorgung bei nur geringer Einspeisung aus Windkraft. Es sind sehr hohe Verbraucherpreise zu erwarten, da der Bedarf in dieser Zeit nahezu ausschließlich über die Ausgleichskapazität gedeckt werden muss. Aufgrund der Unterversorgung ist mit hohen Erzeugerpreisen zu rechen, die allerdings eine starke Varianz aufweisen, da ein Misserfolg bei den Verhandlungen des Windpark-Producers auf der dritten Ebene sofort zu einem drastischen Preisabfall führt. Sowohl für Verbraucher als auch Erzeuger ist mit hohen Verhandlungshöhen zu rechnen.

T_4: Periode 83000 bis Periode 90000. Von etwa 11:30 Uhr – 12:30 Uhr besteht eine durchgängige Überversorgung mit Solarenergie aus den lokalen und verbrauchernah auf unterster Verhandlungsebene installierten Photovoltaikanlagen. Es sollten ähnliche Beobachtungen zu machen sein wie in Intervall T_2. Aufgrund der beständigeren Versorgungssituation innerhalb des relativ kurzen beobachteten Zeitraums von 1 h (es treten keine Verschattungen auf) ist jedoch mit geringeren Varianzen in den durchschnittlichen Energiepreisen rechnen.

T_5: Periode 153600 bis Periode 158000. Bei Intervall T_5 handelt es sich um die bereits diskutierte Überversorgungsspitze von etwa 21:20 Uhr – 22:00 Uhr. Prinzipiell sollten ähnliche Phänomene wie in Zeitintervall T_1 zu beobachten sein, da auch hier eine Überversorgung bei ausschließlicher Einspeisung auf der dritten Verhandlungsebene herrscht. Aufgrund der geringen Fluktuation der Windanlageneinspeisung in den hier beobachteten 40 Minuten ist jedoch mit einer geringeren Varianz bei den Erzeugerpreisen zu rechnen.

T_6: Periode 0 bis Periode 172800 (0:00 Uhr – 23:59 Uhr). Für den vollständigen Simulationszeitraum sind Verbraucherpreise zu erwarten, die durchschnittlich deutlich unterhalb der festen Grenzkosten liegen, sowie Erzeugerpreise, die deutlich oberhalb der festen Grenzvergütung durch die Ausgleichskapazität liegen. Aufgrund des Umfangs des beobachteten Zeitraums ist hierbei jedoch mit einer hohen Varianz zu rechnen, sowohl bei den durchschnittlichen Verbraucher- als auch den Erzeugerpreisen.

In den besprochenen Zeiträumen $T_1 - T_6$ sollen 21 regelmäßige Parametervariationen von DECOLEARN $(k, \varepsilon_1, \varepsilon_2)$ untersucht werden. Das Setup mit den unterschiedlichen Parameterkonfigurationen ist in Tabelle 6.7 angegeben. Die betrachteten Zeiträume $T_1 - T_6$ sind in Abbildung 6.4 dargestellt, dabei umfasst das Intervall T_6 den vollständigen Simulationszeitraum von 172800 Perioden (24 h).

6.5 Experimentelle Untersuchung von DEZENT ohne Peak Management

Die Experimente werden zunächst ohne Peak Demand and Supply Management durchgeführt. Hierzu werden die 10 zeitflexiblen Geräte in jedem Bilanzkreis statisch mit periodischen Betriebsintervallen geführt. Die Abbildungen 6.6 bis 6.18 zeigen die über den jeweiligen Zeitraum $(T_1 - T_5)$ gemittelten Verbraucher- und Erzeugerpreise für die Parameterkonfigurationen 1 – 21. Aufgetragen sind die Verbraucher- und Erzeugerpreise und die Standardabweichung der Messreihe (die Quadratwurzel der Varianz) als Fehlerbalken an jeden Messpunkt. Zur besseren Lesbarkeit sind die Messpunkte der Verbraucherpreise und die Messpunkte der Erzeugerpreise mit Verbindungslinien versehen worden. Durch die mehr oder weniger willkürliche Reihenfolge der Parameterkonfiguration lässt sich aus den Verbindungslinien keine Entwicklung interpretieren oder ein Trend ablesen. Die Verbindungslinien erleichtern jedoch das Erkennen von Ausreißern, Höchst- und Tiefstwerten.

6.5 Experimentelle Untersuchung von DEZENT ohne Peak Management

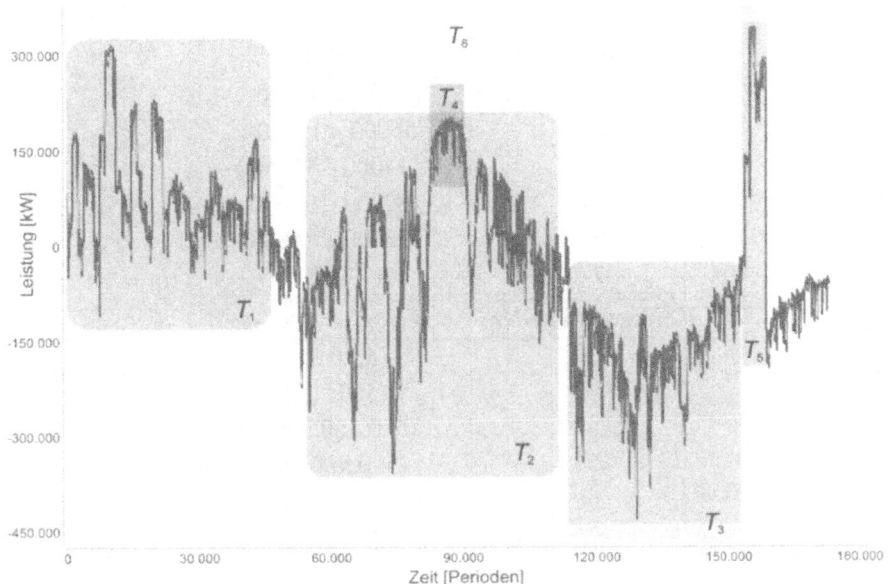

Abbildung 6.4: Betrachtete Zeitintervalle innerhalb des 24 h-Testszenarios

Die Abbildungen 6.7 bis 6.33 zeigen die über den jeweiligen Zeitraum ($T_1 - T_6$) gemittelten Verhandlungshöhen für die Parameterkonfigurationen 1 – 21. Aufgetragen sind die Kauf- und Verkaufshöhen und die Standardabweichung der Messreihe als Fehlerbalken an jeden Messpunkt. Zur besseren Lesbarkeit sind auch hier die Messpunkte der Verbraucherpreise und die Messpunkte der Erzeugerpreise wieder mit Verbindungslinien versehen worden.

Die nachfolgende Diskussion der Ergebnisse ist entsprechend der Beobachtungszeiträume $T_1 - T_5$ organisiert. Dabei werden die Fallstudien zunächst unter Verzicht auf Peak Demand and Supply Management studiert und danach noch einmal unter Anwendung des Peak Managements in DEZENT. Die abschließende Diskussion der Ergebnisse für den vollständigen Simulations-/Beobachtungszeitraum T_6 wird hinten angestellt und erfolgt mit Kapitel 6.7.

Tabelle 6.7: Betrachtete Simulationszeiträume und Konfigurationen von DECOLEARN

Zeitraum	Perioden
T_1	0 – 46000
T_2	55000 – 111000
T_3	114000 – 153500
T_4	83000 – 90000
T_5	153600 – 158000
T_6	0 – 172800
KonfigurationsNr.	$(k; \varepsilon_1; \varepsilon_2; 1-(\varepsilon_1+\varepsilon_2))$
1	(5; 0; 0; 1)
3	(5; 0; 1; 0)
4	(5; 0,3; 0,3; 0,3)
5	(5; 0,5; 0; 0,5)
6	(5; 0,5; 0,5; 0)
7	(5; 1; 0; 0)
8	(10; 0; 0; 1)
9	(10; 0; 0,5; 0,5)
10	(10; 0, 1, 0)
11	(10; 0,3; 0,3; 0,3)
12	(10; 0,5; 0; 0,5)
13	(10; 0,5; 0,5; 0)
14	(10; 1; 0; 0)
15	(15; 0; 0; 1)
16	(15; 0; 0,5; 0,5)
17	(15; 0; 1; 0)
18	(15; 0,3; 0,3; 0,3)
19	(15; 0,5; 0; 0,5)
20	(15; 0,5; 0,5; 0)
21	(15; 1; 0; 0)

6.5.1 Beobachtungszeitraum T_1 (0:00 Uhr – 6:00 Uhr) ohne Peak Management

Tabelle 6.8: Zusammengefasste Ergebnisse für den Beobachtungszeitraum T_1 ohne Peak Management

Entnommene Arbeit	–455,10 kWh	
Eingespeiste Arbeit	1028,53 kWh	
Arbeitsbilanz	573,43 kWh	
Mittlerer Verbraucherpreis	17,84 ¢/kWh	17,38 ¢/kWh
(mittlere Standardabweichung)	2,91 ¢/kWh	2,90 ¢/kWh
Mittlerer Erzeugerpreis	7,27 ¢/kWh	7,51 ¢/kWh
(mittlere Standardabweichung)	1,43 ¢/kWh	1,49 ¢/kWh
Mittlere Kaufhöhe	3,47	3,42
(mittlere Standardabweichung)	0,24	0,23
Mittlere Verkaufshöhe	3,72	3,69
(mittlere Standardabweichung)	0,19	0,20
	mit Konfigurationen 1, 8, 15	*ohne Konfigurationen 1, 8, 15*

Wie bereits diskutiert herrscht innerhalb dieses ersten Zeitintervalls ein Leistungsüberschuss aus der Windenergieeinspeisung von 637,43 kWh (siehe Tabelle 6.8). Die summierten Lastprofile der Verbraucher und Erzeuger sind in Abbildung 6.5 dargestellt (in der Reihenfolge von oben nach unten stellen die drei Kurven dar: Gesamterzeugung, Gesamtbilanz und Gesamtverbrauch). Die überschüssige Energie wird erst auf der dritten Verhandlungsebene in das System eingebracht, und damit auf der letzten Verhandlungsebene, bevor unbefriedigte Agenten an der Reservekapazität zu Fixpreisen von 24 ¢ befriedigt werden. Eine Betrachtung der Erzeugerpreise in Abbildung 6.6 ergibt einen mittleren Erzeugerpreis von 7,27 ¢ pro kWh und bestätigt damit die Erwartung niedriger Werte. Die Ursache hierfür ist, dass die überschüssige Energie von der Ausgleichskapazität zum Niedrigstpreis von 4 ¢ pro kWh abgenommen wird. Dieser Umstand zusammen mit der Tatsache, dass die Energie auch erst auf Ebene 3 in die Verhandlungen eingebracht wird, führt dazu, dass die durchschnittliche Verhandlungshöhe für Erzeuger bei 3,72 liegt. Für Konsumenten bedeutet dies aber umgekehrt, dass sie auch frühestens auf Ebene 3 verhandelt werden können. Dies führt zu einer mittleren Verhandlungshöhe von 3,47 für Verbraucher.

Bei Betrachtung der Abbildungen 6.6 und 6.7 fallen die Messwerte bei den

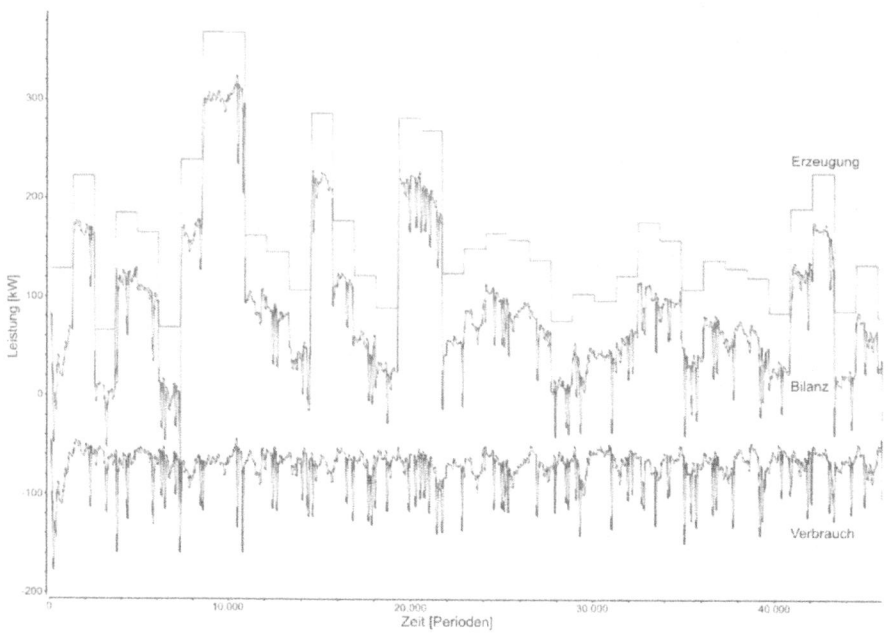

Abbildung 6.5: Lastprofil des betrachteten Zeitraums T_1

Parameterkonfigurationen 1, 8, 15 deutlich aus der Reihe. Die Preise bei diesen DECOLEARN-Konfigurationen sind für Verbraucher und Erzeuger durchweg die schlechtesten. Darüber hinaus sind die Preise bei den drei Konfigurationen für Verbraucher und Erzeuger jeweils gleich hoch bzw. gleich niedrig. Der Grund für die gleichbleibenden und vergleichsweise schlechten Energiepreise (der mittlere Verbraucherpreis liegt bei 20,66 ¢/kWh und der mittlere Erzeugerpreis liegt bei 5,87 ¢/kWh) liegt in der Belegung der einzelnen Parameter dieser drei Parameterkonfigurationen. Bei den Konfigurationen 1, 8, und 15 liegt die Wahrscheinlichkeit für die *Exploitation*-Aktion während des verteilten Lernens bei 1. Der Strategieraum wird also zu keinem Zeitpunkt erforscht, und die Agenten behalten über den gesamten Simulationszeitraum hinweg ihre zu Beginn zufällig gewählten Strategien bei. Die Variation der Größe der k-Nachbarschaft von $k = 5$ bis $k = 15$ in den drei Parameterkonfigurationen bleibt somit bedeutungslos, da niemals eine Strategie innerhalb der k-Nachbarschaft oder außerhalb dieser zufällig gewählt wird. Die schlechten Verhandlungsergebnisse bei diesen drei Parameterkonfigurationen sind also Resultat der statischen und dadurch unflexiblen Verhandlungsstrategien. Aus

6.5 Experimentelle Untersuchung von DEZENT ohne Peak Management

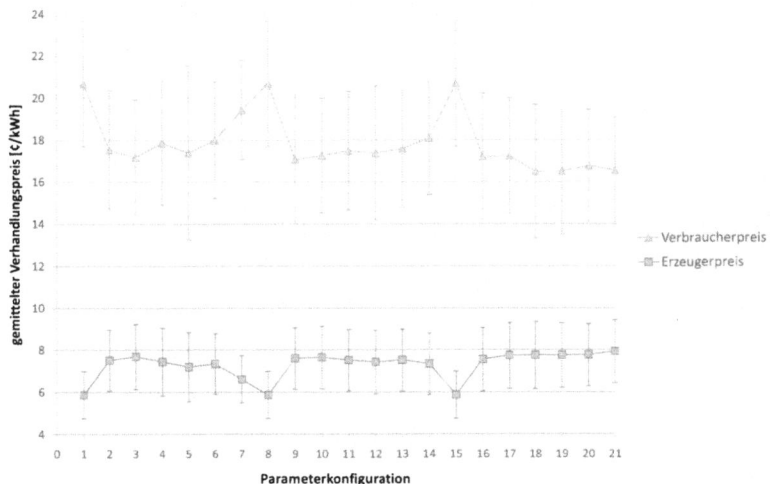

Abbildung 6.6: Gemittelte Verbraucher- und Erzeugerpreise im Zeitraum T_1 ohne Peak Management

diesem Grund sind für diesen und alle folgenden Beobachtungszeiträume die mittleren Preise und Verhandlungshöhen in Tabelle 6.6 mit und ohne diese kritischen Parameterkonfigurationen angegeben, um eine Verfälschung der Werte durch die fehlende Flexibilität zu berücksichtigen.

Die in diesem Beobachtungszeitraum herrschende Versorgungssituation mit nur einem Produzenten auf Verhandlungsebene 3 hat zur Folge, dass ein Verpassen des einzig verfügbaren Produzenten auf Ebene 3 für einen Konsumenten eine sofortige Befriedigung an der Ausgleichskapazität auf höchster Ebene zu 24 ¢/kWh zur Folge hat. Durch die Dynamik bei der Wahl neuer Verhandlungsstrategien und damit die Gestalt der Verhandlungskurven ist die Standardabweichung für Verbraucher in diesem Beobachtungszeitraum mit 2,91 ¢/kWh relativ groß, da die Wahrscheinlichkeit hoch ist, mit einer neuen Strategie den einen verfügbaren Produzenten (den Windpark) zu verpassen. Da für den Erzeuger als mögliche Verkaufshöhe frühestens Ebene 3 möglich wird, ist die Standardabweichung bei der Verkaufshöhe mit 0,19 vergleichsweise niedrig. Dies gilt auch für die Varianz der Erzeugerpreise. Der Grund hierfür ist allerdings, dass der größte Teil der eingespeisten Energie aufgrund der Überversorgung zu festen und gleich bleibenden Grenzkosten von 4 ¢/kWh eingespeist wird.

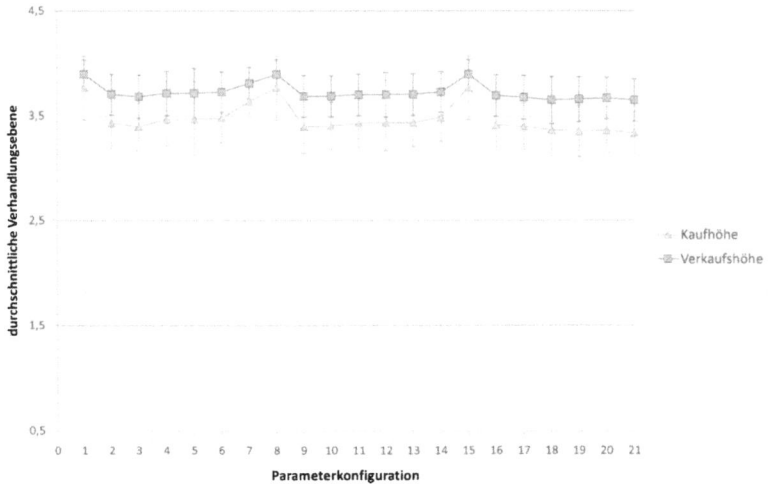

Abbildung 6.7: Durchschnittliche Verhandlungshöhe im Zeitraum T_1 ohne Peak Management

6.5.2 Beobachtungszeitraum T_2 (7:30 Uhr – 15:20 Uhr) ohne Peak Management

Tabelle 6.9: Zusammengefasste Ergebnisse für den Beobachtungszeitraum T_2 ohne Peak Management

Entnommene Arbeit	−1260,67 kWh	
Eingespeiste Arbeit	1287,43 kWh	
Arbeitsbilanz	26,76 kWh	
Mittlerer Verbraucherpreis	18,29 ¢/kWh	17,60 ¢/kWh
(mittlere Standardabweichung)	1,85 ¢/kWh	2,07 ¢/kWh
Mittlerer Erzeugerpreis	9,57 ¢/kWh	10,22 ¢/kWh
(mittlere Standardabweichung)	2,31 ¢/kWh	2,53 ¢/kWh
Mittlere Kaufhöhe	2,76	2,57
(mittlere Standardabweichung)	0,51	0,58
Mittlere Verkaufshöhe	2,78	2,60
(mittlere Standardabweichung)	0,48	0,54
	mit Konfigurationen 1, 8, 15	*ohne Konfigurationen 1, 8, 15*

6.5 Experimentelle Untersuchung von DEZENT ohne Peak Management 173

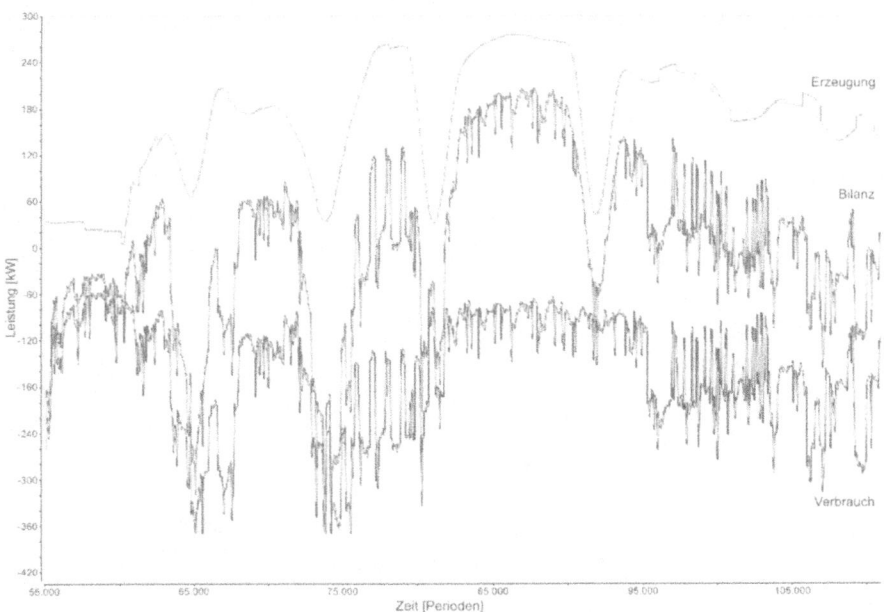

Abbildung 6.8: Lastprofil des betrachteten Zeitraums T_2

In dem vorliegenden Zeitraum herrscht eine Überversorgung durch Einspeisung aus Photovoltaikanlagen von 26,76 kWh (siehe Tabelle 6.9). Die summierten Lastprofile der Verbraucher und Erzeuger sind in Abbildung 6.8 dargestellt (in der Reihenfolge von oben nach unten stellen die drei Kurven dar: Gesamterzeugung, Gesamtbilanz und Gesamtverbrauch). Aufgrund der Überversorgung fallen die Verbraucherpreise mit 17,60 ¢/kWh im Vergleich zum Maximalpreis von 24 ¢/kWh deutlich niedriger aus. Die Erzeugerpreise nehmen mit 10,22 ¢/kWh ebenfalls recht niedrige Werte an, da ein Großteil der Erzeuger wegen der starken Überversorgung auf die höchste Verhandlungsebene durchfällt und zu dem ungünstigsten Vergütungssatz von 4 ¢/kWh an der Ausgleichsreserve befriedigt wird.

Da der Verbrauch bereits auf unterster Verhandlungsebene befriedigt werden kann, werden für Verbraucher niedrigere Verhandlungshöhen als die gefundene mittlere Höhe von 2,57 erwartet. Bei genauerer Betrachtung der Leistungsbilanz im vorliegenden Beobachtungszeitraum fallen in der ersten Hälfte jedoch deutliche Unterversorgungsspitzen auf, die durch Verschattungen der Photovoltaikanlagen verursacht werden. Zu Beginn dieser veränderten Versorgungssituation fallen die Konsumenten zu einem großen Teil unmittelbar an die Ausgleichskapazität durch.

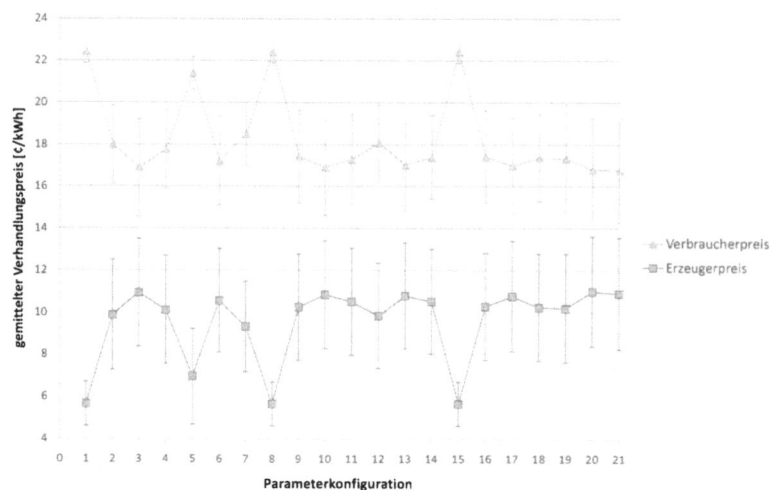

Abbildung 6.9: Gemittelte Verbraucher- und Erzeugerpreise im Zeitraum T_2 ohne Peak Management

Der Grund hierfür ist, dass die Konsumenten in den länger andauernden Überversorgungssituationen zuvor gelernt haben, flachere Verhandlungskurven mit niedrigeren Startgeboten abzugeben und sich so auf das Überangebot eingestellt haben. Bei einer plötzlichen und drastischen Änderung dieser Situation brauchen die Agenten einige Perioden, um sich an die geänderte Situation anzupassen (siehe hierzu auch Kapitel 5.3). Die Varianz sowohl in den Preisen als auch in den gefunden Verhandlungshöhen ist dementsprechend groß (siehe Tabelle 6.9).

Bei der Betrachtung der Abbildungen 6.9 und 6.10 fallen neben den bereits im vorangegangenen Beobachtungszeitraum T_2 diskutierten Parameterkonfigurationen 1, 8 und 15 (statisches DECOLEARN-Verhalten) auch die Parameterkonfigurationen 5 und 12 auf. Bei der Parameterkonfiguration 5 ($k = 5$; $\varepsilon_1 = 0{,}5$; $\varepsilon_2 = 0$) sind die Auswahlwahrscheinlichkeiten für die drei Aktionen des DECOLEARN-Algorithmus ($Explore_1$, $Explore_2$ und $Exploitation$) so beschaffen, dass im Anschluss an jede Periode nur mit den beiden Aktionen $Explore_1$ und $Exploitation$ eine neue Verhandlungsstrategie gewählt wird. Das bedeutet, dass niemals außerhalb der (mit k = 5 vergleichsweise stark) begrenzten k-Nachbarschaft nach neuen Strategien geforscht wird. Für den Agenten bedeutet dies aber eine deutlich eingeschränkte Flexibilität, mit der er sich nur unzureichend auf starke Variationen der zugrunde liegenden Verhandlungssituationen anzupassen vermag. Wie bereits

6.5 Experimentelle Untersuchung von DEZENT ohne Peak Management

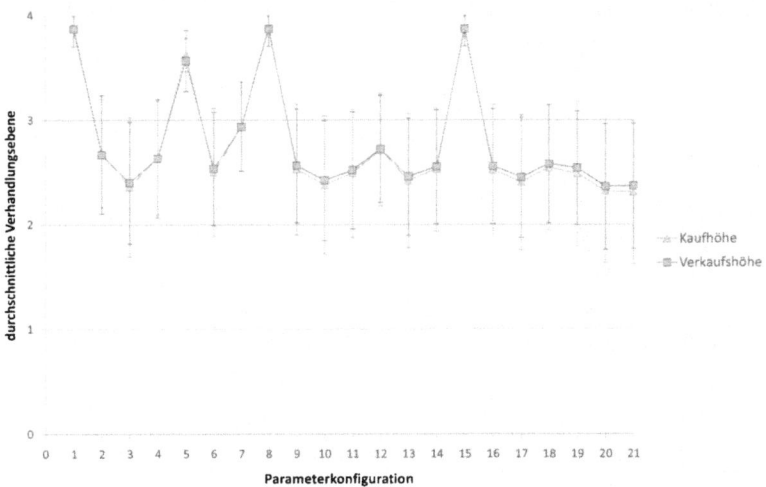

Abbildung 6.10: Durchschnittliche Verhandlungshöhe im Zeitraum T_2 ohne Peak Management

erwähnt, ändert sich die Versorgungssituation innerhalb des beobachteten Zeitraums mehrfach drastisch. Agenten müssen in der Lage sein, außerhalb ihrer k-Nachbarschaft nach günstigeren Strategien zu suchen, um sich der veränderten Versorgungssituation geeignet anpassen zu können. Mit der Parameterkonfiguration 5 ist dies nicht möglich. Bei Konfiguration 12 ist die k-Nachbarschaft mit $k = 10$ jedoch deutlich größer (bei identischer Belegung von ε_1 und ε_2). So können auch innerhalb der k-Nachbarschaft günstigere Strategien für die veränderten Versorgungssituationen gefunden werden. Dieses „träge" Verbraucherverhalten durch die Parameterkonfigurationen findet sich auch in der niedrigeren Varianzen der Verbraucherpreise an den betreffenden Stellen wieder (siehe Abbildung 6.9). Die gleichbleibend hohe Varianz bei den Erzeugerpreisen rührt daher, dass auch weiterhin ein Großteil der Erzeugung zu niedrigsten Grenzkosten abgenommen wird.

6.5.3 Beobachtungszeitraum T_3 (15:50 Uhr – 21:20 Uhr) ohne Peak Management

Tabelle 6.10: Zusammengefasste Ergebnisse für den Beobachtungszeitraum T_3 ohne Peak Management

Entnommene Arbeit	–1010,27 kWh	
Eingespeiste Arbeit	116,69 kWh	
Arbeitsbilanz	–893,58 kWh	
Mittlerer Verbraucherpreis	22,04 ¢/kWh	21,94 ¢/kWh
(mittlere Standardabweichung)	1,18 ¢/kWh	1,33 ¢/kWh
Mittlerer Erzeugerpreis	13,48 ¢/kWh	14,17 ¢/kWh
(mittlere Standardabweichung)	1,69 ¢/kWh	1,49 ¢/kWh
Mittlere Kaufhöhe	3,89	3,88
(mittlere Standardabweichung)	0,12	0,14
Mittlere Verkaufshöhe	3,09	3,03
(mittlere Standardabweichung)	0,16	0,12
	mit Konfigurationen 1, 8, 15	*ohne Konfigurationen 1, 8, 15*

In dem beobachteten Zeitraum T_3 herrscht eine deutliche und durchgängige Unterversorgung der Konsumenten auf unterster Verhandlungsebene von –893,58 kWh (siehe Tabelle 6.10) bei nur geringer Einspeisung aus Windkraft und nicht vorhandener Erzeugung von Solarenergie. Die summierten Lastprofile der Verbraucher und Erzeuger sind in Abbildung 6.11 dargestellt (in der Reihenfolge von oben nach unten stellen die drei Kurven dar: Gesamterzeugung, Gesamtbilanz und Gesamtverbrauch; aufgrund der sehr geringen Erzeugung liegen Gesamtverbrauch und -bilanz nahezu aufeinander). Es werden mit 21,94 ¢ pro kWh deutlich höhere Verbraucherpreise erzielt, da der Bedarf in dieser Zeit nahezu ausschließlich über die Ausgleichskapazität zu 24 ¢ pro kWh gedeckt werden muss. Wie erwartet, ist der Erzeugerpreis für die Windkraftanlage mit 14,17 ¢ pro kWh entsprechend hoch. Bei einem Misserfolg der Verhandlungen des Erzeugers (Windpark auf der dritten Verhandlungsebene) besteht – wie schon in Beobachtungszeitraum T_1 – das Problem, dass Verträge auf der nächst höheren Ebene sofort zu einem drastischen Preisabfall führen, da hier die Ausgleichskapazität mit einer festen Vergütung von nur 4 ¢ pro kWh den Produzenten befriedigt. Bei der insgesamt sehr niedrigen Gesamterzeugung des Windkraft-Produzenten schlägt sich dieses Problem als starke Varianz in den Erzeugerpreisen von 1,49 ¢ pro kWh nieder. Die

6.5 Experimentelle Untersuchung von DEZENT ohne Peak Management 177

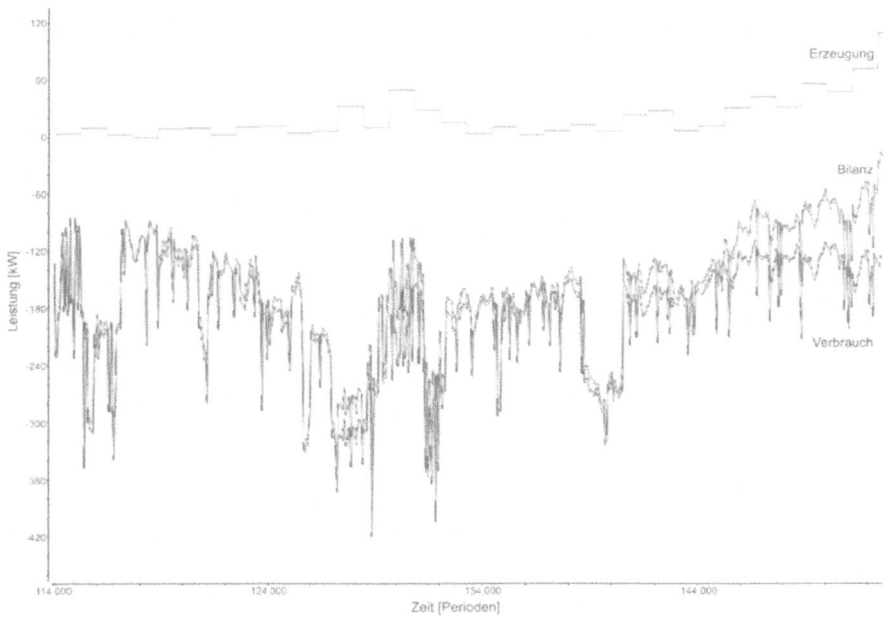

Abbildung 6.11: Lastprofil des betrachteten Zeitraums T_3

Varianz bei den Verbraucherpreisen ist mit 1,33 ¢ vergleichbar hoch, da die Verbraucherbilanz im beobachteten Zeitraum deutlichen Schwankungen unterliegt, so dass in Momenten nur geringer Gesamtlast deutlich niedrigere mittlere Preise (die Verbraucherleistung kann in diesen Momenten fast ausschließlich durch die geringe Windkrafterzeugung zum mittleren Preis von 14,17 ¢ pro kWh gedeckt werden) erzielt werden.

Aufgrund der frühestmöglichen Verhandlungsebene 3 sowohl für Konsumenten als auch für Produzenten ergibt sich eine mittlere Kaufhöhe von Ebene 3,88 für Konsumenten und eine mittlere Verkaufshöhe von Ebene 3,03 für Produzenten. Dabei ist die Verhandlungshöhe für Konsumenten aufgrund der Unterversorgung in dem betrachteten Zeitraum höher als die Verkaufshöhe für Produzenten.

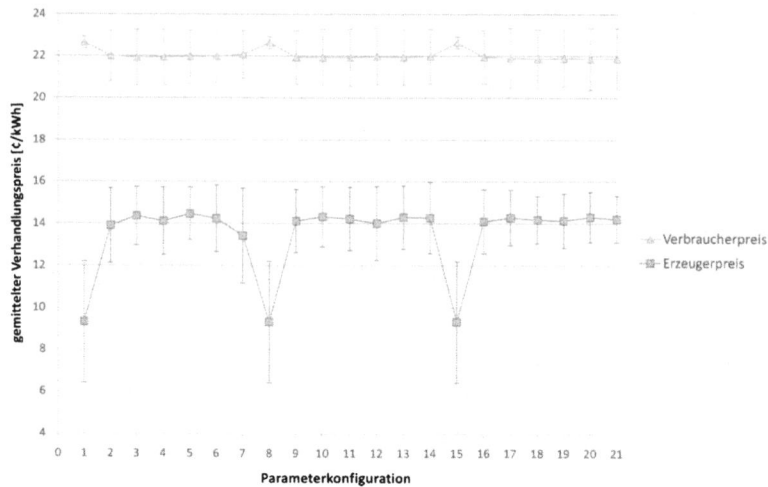

Abbildung 6.12: Gemittelte Verbraucher- und Erzeugerpreise im Zeitraum T_3 ohne Peak Management

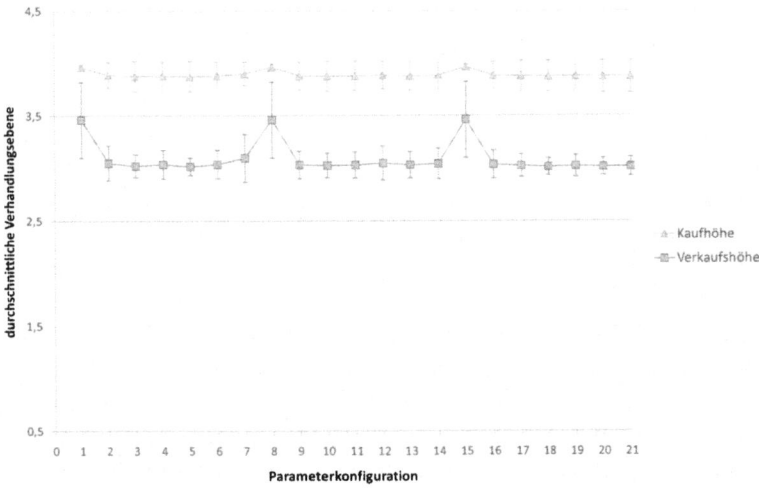

Abbildung 6.13: Durchschnittliche Verhandlungshöhe im Zeitraum T_3 ohne Peak Management

6.5.4 Beobachtungszeitraum T_4 (11:30 Uhr – 12:30 Uhr) ohne Peak Management

Tabelle 6.11: Zusammengefasste Ergebnisse für den Beobachtungszeitraum T_4 ohne Peak Management

Entnommene Arbeit	–85,29 kWh	
Eingespeiste Arbeit	261,29 kWh	
Arbeitsbilanz	176,00 kWh	
Mittlerer Verbraucherpreis	15,61 ¢/kWh	14,52 ¢/kWh
(mittlere Standardabweichung)	0,78 ¢/kWh	0,80 ¢/kWh
Mittlerer Erzeugerpreis	6,73 ¢/kWh	6,98 ¢/kWh
(mittlere Standardabweichung)	0,35 ¢/kWh	0,37 ¢/kWh
Mittlere Kaufhöhe	2,07	1,77
(mittlere Standardabweichung)	0,17	0,17
Mittlere Verkaufshöhe	3,37	3,27
(mittlere Standardabweichung)	0,10	0,11
	mit Konfigurationen 1, 8, 15	*ohne Konfigurationen 1, 8, 15*

Im beobachteten Zeitraum besteht eine durchgängige Überversorgung mit Solarenergie von 176,00 kWh (siehe Tabelle 6.11) aus den lokalen und verbrauchernah auf unterster Versorgungs-/Verhandlungsebene installierten Photovoltaikanlagen. Die summierten Lastprofile der Verbraucher und Erzeuger sind in Abbildung 6.14 dargestellt (in der Reihenfolge von oben nach unten stellen die drei Kurven dar: Gesamterzeugung, Gesamtbilanz und Gesamtverbrauch). Es sind dabei ähnliche Beobachtungen zu machen wie bereits in Intervall T_2. Aufgrund der beständigeren Versorgungssituation innerhalb des relativ kurzen beobachteten Zeitraums von 1 h (es treten keine Verschattungen auf) sind die mittleren Verbraucherpreise mit 14,52 ¢ pro kWh allerdings deutlich niedriger als im Zeitraum T_2 (17,60 ¢/kWh). Die Standardabweichungen mit 0,8 ¢ pro kWh für den mittleren Verbraucherpreis und 0,37 ¢ pro kWh sind für den mittleren Erzeugerpreis ebenfalls deutlich niedriger als in Beobachtungszeitraum T_2 (mit 2,07 ¢/kWh bzw. 2,53 ¢/kWh, siehe Tabelle 6.9).

Das „beständigere" Bild setzt sich bei der Betrachtung der Verhandlungshöhen fort: die mittlere Kaufhöhe liegt bei Ebene 1,77 bei einer deutlich niedrigeren mittleren Standardabweichung von 0,17 (gegenüber 0,58 in T_2). Die durchschnittliche Verkaufshöhe liegt wiederum erwartungsgemäß hoch bei Ebene 3,27. Jedoch ist

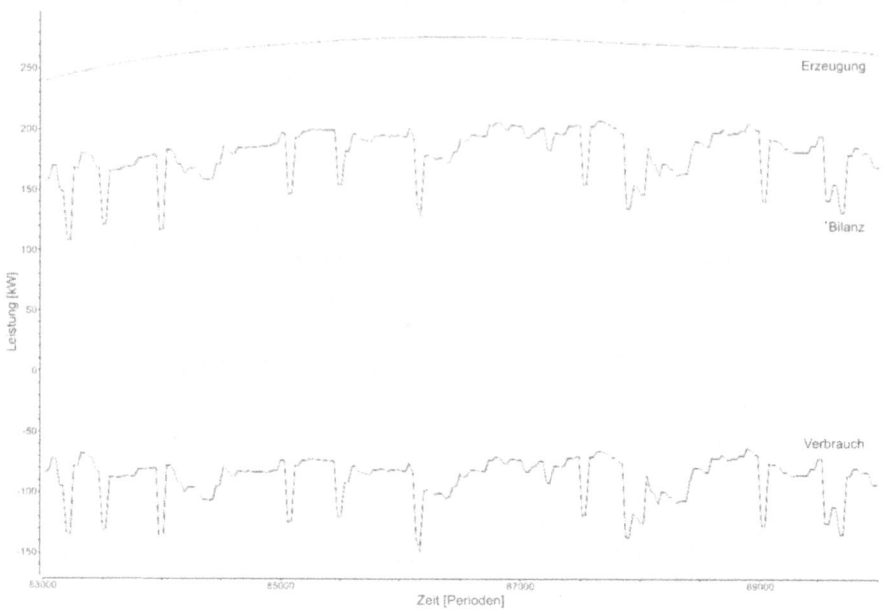

Abbildung 6.14: Lastprofil des betrachteten Zeitraums T_4

auch hier die mittlere Standardabweichung mit 0,11 deutlich niedriger als in Beobachtungszeitraum T_2 (0,54).

Auch in Beobachtungszeitraum T_4 sind wieder die Preisspitzen bei den Parameterkonfigurationen 5 und 12 zu beobachten, die durch das „träge" Lernverhalten (durch die Belegung der DECOLEARN-Parameter ε_1 und ε_2, siehe Abschnitt 6.5.2) bei den beiden Parameterkonfigurationen verursacht werden.

6.5 Experimentelle Untersuchung von DEZENT ohne Peak Management

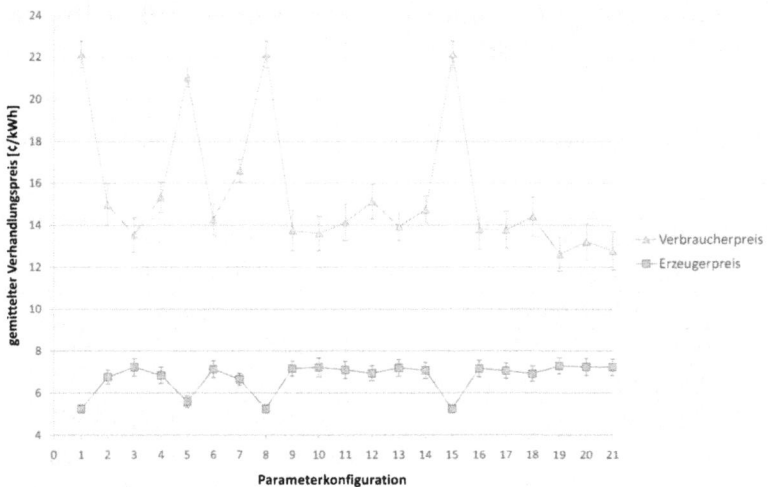

Abbildung 6.15: Gemittelte Verbraucher- und Erzeugerpreise im Zeitraum T_4 ohne Peak Management

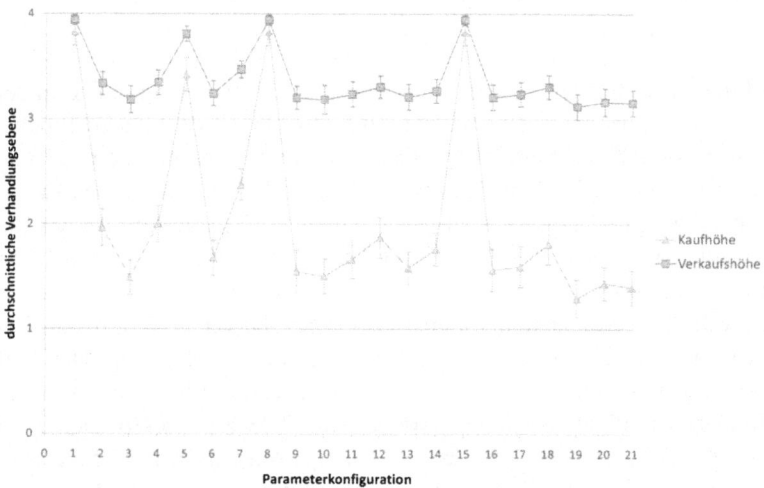

Abbildung 6.16: Durchschnittliche Verhandlungshöhe im Zeitraum T_4 ohne Peak Management

6.5.5 Beobachtungszeitraum T_5 (21:20 Uhr – 22:00 Uhr) ohne Peak Management

Tabelle 6.12: Zusammengefasste Ergebnisse für den Beobachtungszeitraum T_5 ohne Peak Management

Entnommene Arbeit	–90,12 kWh	
Eingespeiste Arbeit	238,93 kWh	
Arbeitsbilanz	148,81 kWh	
Mittlerer Verbraucherpreis	18,56 ¢/kWh	17,90 ¢/kWh
(mittlere Standardabweichung)	2,43 ¢/kWh	2,78 ¢/kWh
Mittlerer Erzeugerpreis	6,49 ¢/kWh	6,71 ¢/kWh
(mittlere Standardabweichung)	0,68 ¢/kWh	0,78 ¢/kWh
Mittlere Kaufhöhe	3,55	3,48
(mittlere Standardabweichung)	0,20	0,23
Mittlere Verkaufshöhe	3,82	3,79
(mittlere Standardabweichung)	0,10	0,11
	mit Konfigurationen 1, 8, 15	*ohne Konfigurationen 1, 8, 15*

Bei Intervall T_5 handelt es sich um die hohe Überversorgungsspitze in der Gesamtbilanz von etwa 21:20 Uhr – 22:00 Uhr von 148,81 kWh (siehe Tabelle 6.12 und Abbildung 6.20 auf Seite 187). Diese wird verursacht durch eine starke Einspeisung aus Windkraft bei nur geringem Verbrauch. Die summierten Lastprofile der Verbraucher und Erzeuger sind in Abbildung 6.17 dargestellt (in der Reihenfolge von oben nach unten stellen die drei Kurven dar: Gesamterzeugung, Gesamtbilanz und Gesamtverbrauch). Es sind grundsätzlich ähnliche Phänomene wie in Zeitintervall T_1 zu beobachten, da auch hier eine Überversorgung bei ausschließlicher Einspeisung auf der dritten Verhandlungsebene vorherrscht. Der Verbraucherpreis liegt mit 17,90 ¢ pro kWh nah an dem schon in Beobachtungszeitraum T_1 gefundenen mittleren Verbraucherpreis von 17,38 ¢ pro kWh. Der Erzeugerpreis ist mit 6,71 ¢ pro kWh etwa einen Cent niedriger als in T_1 (7,51 ¢/kWh), da deutlich mehr Energie an die Ausgleichskapazität zum festen Niedrigstpreis von 4 ¢ pro kWh verkauft wird. Hierdurch halbiert sich die Standardabweichung beim mittleren Erzeugerpreis auf 0,78 ¢ pro kWh.

Bei den Verhandlungshöhen (Abbildung 6.19) zeigt sich ein sehr ähnliches Bild wie in Beobachtungszeitraum T_1 (Abbildung 6.7). Die Ursache hierfür ist wieder die frühestmögliche erfolgreiche Verhandlungsebene 3 durch die Anbindung

6.5 Experimentelle Untersuchung von DEZENT ohne Peak Management   183

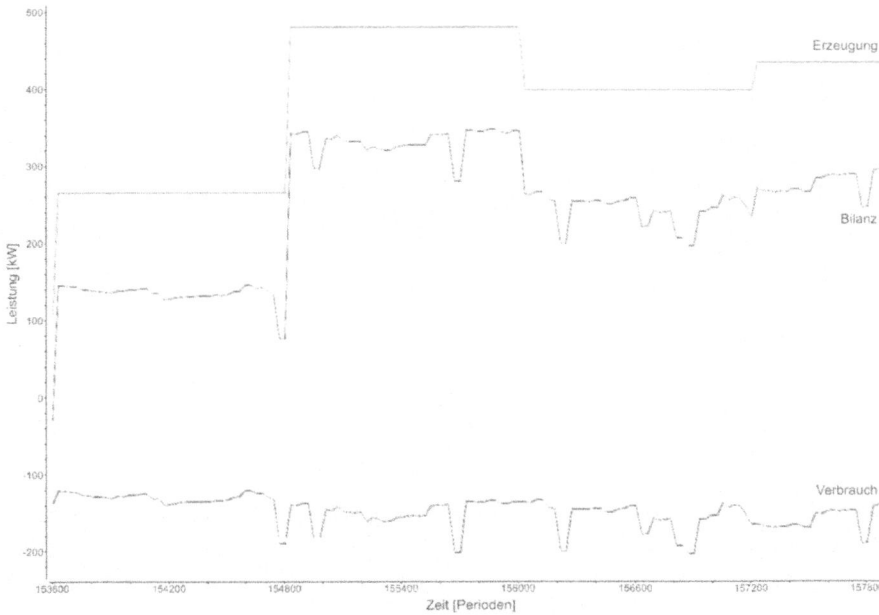

Abbildung 6.17: Lastprofil des betrachteten Zeitraums T_5

des Windparks auf der dritten Verhandlungs-/Spannungsebene. Allerdings sind die Standardabweichungen in Beobachtungszeitraum T_5 aufgrund der Kürze des Zeitintervalls und wegen des stetigeren Lastverlaufs deutlich niedriger (vergleiche die beiden Abbildungen 6.17 und 6.5 auf Seite 170 bzw. die beiden Tabellen 6.12 und 6.8 auf Seite 169).

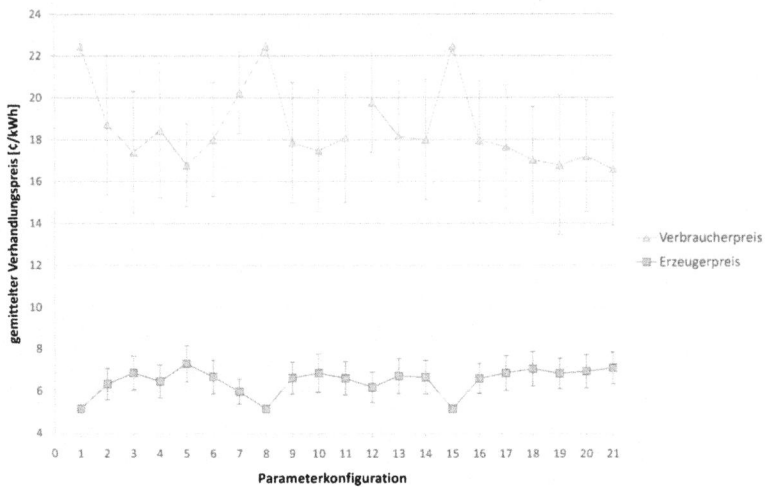

Abbildung 6.18: Gemittelte Verbraucher- und Erzeugerpreise im Zeitraum T_5 ohne Peak Management

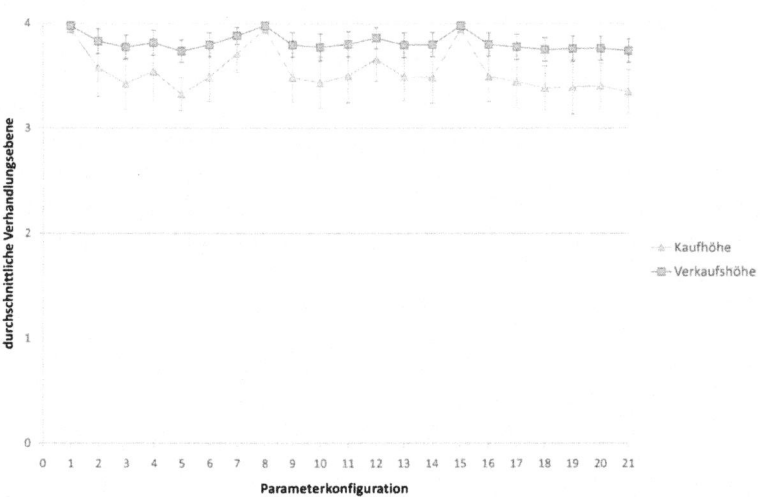

Abbildung 6.19: Durchschnittliche Verhandlungshöhe im Zeitraum T_5 ohne Peak Management

6.6 Experimentelle Untersuchung von DEZENT mit Peak Management

Nachfolgend soll die Fallstudie unter Einsatz von Peak Demand and Supply Management in DEZENT untersucht werden. Hierzu werden die 10 zeitflexiblen Geräte in jedem Bilanzkreis gemäß des in Kapitel 4.2 beschriebenen Verfahrens zur Vermeidung von Lastspitzen aktiviert. Bedingte Erzeuger und Verbraucher, die auf unterster Verhandlungsebene aktiviert werden, nehmen bis zu ihrer Befriedigung ab der darüber liegenden Ebene als reguläre Agenten teil (siehe Kapitel 4.2). Dabei werden – analog zu den Betrachtungen der Fallstudie ohne Peak Management im vorangegangenen Kapitel – die gemittelten Verbraucher-/Erzeugerpreise und Verhandlungshöhen gegen die Parameterkonfigurationen $1-21$ aufgetragen. Die Abbildungen 6.21 bis 6.29 zeigen die über den jeweiligen Zeitraum ($T_1 - T_5$) gemittelten Verbraucher- und Erzeugerpreise für die 21 Parameterkonfigurationen. Die Abbildungen 6.7 bis 6.19 zeigen die über den jeweiligen Zeitraum ($T_1 - T_5$) gemittelten Verhandlungshöhen. Aufgetragen sind jeweils die Messwerte und die Standardabweichung der Messreihe als Fehlerbalken an jeden Messpunkt. Zur besseren Lesbarkeit sind wie schon im vorherigen Kapitel die Messpunkte der Verbraucherpreise und die Messpunkte der Erzeugerpreise mit Verbindungslinien versehen worden.

Zur Bewertung des Peak Managements selbst wird die zum Ausgleich von Abweichungen – der tatsächlichen Lastkurve von einer „Prognoselastkurve" – notwendige Regelenergie vor dem Verfahren zur Verstetigung und danach gemessen. Dabei entspricht die notwendige Regelenergie der absoluten Fläche zwischen der prognostizierten Lastkurve und der tatsächlichen Leistungsbilanz (siehe auch Abbildung 4.7 auf Seite 102). Die prognostizierte Lastkurve entspricht dabei einer geschätzten Leistungsbilanz, die von den Grund- und Mittellastkraftwerken zur Einsatzplanung genutzt werden (siehe auch Abbildung 2.4 auf Seite 25). Eine solche Lastprognose besitzt in der Regel eine maximale Auflösung von 15 Minuten. Kurzfristige stochastische Abweichungen von diesen „Kraftwerksfahrplänen" müssen durch vorzuhaltende und kurzfristig verfügbare Regelenergie ausgeglichen werden. Diese Lastprognosen für Bilanzkreise werden in konventionell betriebenen Versorgungssystemen auf Basis typischer Verbrauchskurven einzelner Haushalte aufgestellt.

Diese Schätzungen können unvorhersehbare Änderungen im Nutzerverhalten jedoch nicht berücksichtigen. Mit zunehmender Einspeisung aus erneuerbaren stochastischen Energiequellen verstärkt sich die Ungenauigkeit. Als Konsequenz muss immer mehr kurzfristig verfügbare Regelenergie vorgehalten werden (siehe auch

Kapitel 2.1.2).

In dem verwendeten Szenario ist es durch die Überdeckung des Bedarfs mit regenerativer Energie nicht sinnvoll, von Lastprognosen zu sprechen oder solche aufzustellen. Im Gegensatz zu den Modellsimulationen in Kapitel 4.2.1 wird die Effizienz des Peak Demand and Supply Management Verfahrens nachfolgend anhand der Regelenergie gemessen, die notwendig ist, um Abweichungen der Lastkurve von dem während des Verfahrens berechneten gewichteten Mittelwert auszugleichen. Der gewichtete Mittelwert $\overline{P}_{p,n}$ am Ende eines Verhandlungszyklus n innerhalb einer Periode p ist dabei die Rucksackkapazität des zu lösenden Rucksackproblems (siehe Kapitel 4.2). Im Idealfall sind der gewichtete Mittelwert und die von der Ausgleichskapazität verwendete Lastprognose identisch. Wenn es aufgrund der Häufung von Unvorhersehbarkeiten sowohl auf Seiten der Erzeuger als auch auf Seiten der Verbraucher nicht mehr möglich ist, eine passende Lastprognose aufzustellen, dann kann das Ziel des Peak Demand and Supply Management in DEZENT nur darin bestehen, die Leistungsbilanz innerhalb eines Bilanzkreises zu verstetigen. Durch die Verwendung eines Step-Size-Parameters von $\alpha = 0,1$ werden bei der Berechnung des gewichteten Mittels neue Werte nur schwach berücksichtigt. Das Ziel des Verfahrens ist also eine verstetigte Leistungsbilanz, die kurzfristige stochastische Schwankungen vermeidet.

Abbildung 6.20 zeigt den Verlauf der Leistungsbilanzen aus den Fallstudien mit und ohne Peak Demand and Supply Management und dem während des Verfahrens berechneten Mittelwert als „Leistungsprognose". Es ist deutlich zu erkennen, dass die prognostizierte Regelleistung gegenüber der ersten Leistungsbilanz (ohne Peak Management) deutlich gleichmäßiger ist. Mit dem Verfahren des Peak Demand and Supply Management werden die zeitflexiblen Betriebszyklen entsprechend verfügbarer Geräte derart verschoben, dass die Leistungsbilanz am Ende des Verfahrens der gleichmäßigeren Zielleistung angenähert und die Bilanz insgesamt deutlich verstetigt wird. Das Verhältnis der absoluten Flächen zwischen der Zielkurve und der tatsächlichen Leistungsbilanz (mit und ohne Peak Management) entspricht dann der reduzierten notwendigen Regelenergie.

Die nachfolgende Diskussion der Ergebnisse ist wieder entsprechend der Beobachtungszeiträume $T_1 - T_5$ organisiert. Die abschließende Diskussion der Ergebnisse für den vollständigen Simulations-/Beobachtungszeitraum T_6 wird hinten angestellt und erfolgt in Kapitel 6.7.

6.6 Experimentelle Untersuchung von DEZENT mit Peak Management

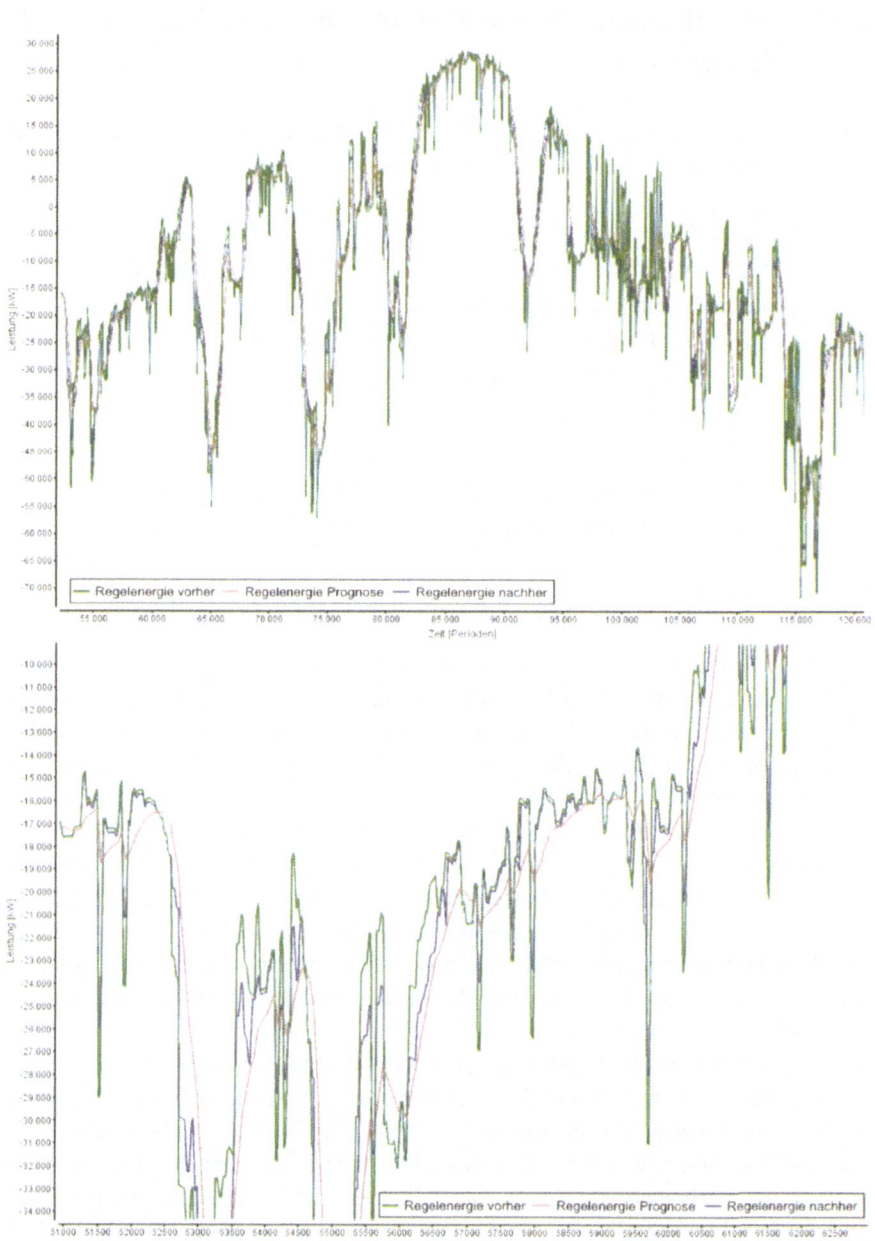

Abbildung 6.20: Auswirkungen des Peak Demand and Supply Managements unter BGM 4

6.6.1 Beobachtungszeitraum T_1 (0:00 Uhr – 6:00 Uhr) mit Peak Management

Tabelle 6.13: Zusammengefasste Ergebnisse für den Beobachtungszeitraum T_1 mit Peak Management im Vergleich zu T_1 ohne Peak Management

Eingesparte Regelarbeit	28,38 %	
Mittlerer Verbraucherpreis	17,35 ¢/kWh	17,38 ¢/kWh
(mittlere Standardabweichung)	2,74 ¢/kWh	2,90 ¢/kWh
Mittlerer Erzeugerpreis	7,50 ¢/kWh	7,51 ¢/kWh
(mittlere Standardabweichung)	1,35 ¢/kWh	1,49 ¢/kWh
Mittlere Kaufhöhe	3,40	3,42
(mittlere Standardabweichung)	0,27	0,23
Mittlere Verkaufshöhe	3,68	3,69
(mittlere Standardabweichung)	0,20	0,20
	T_1 mit Peak Management *ohne Konfigurationen 1, 8, 15*	T_1 ohne Peak Management *ohne Konfigurationen 1, 8, 15*

In Beobachtungszeitraum T_1 reduziert das Verfahren des Peak Demand and Supply Management in DEZENT die gemittelte notwendigen Regelenergie um 28,38 % (siehe Tabelle 6.13). Bereits die relativ geringe Anzahl von 10 zeitflexiblen Geräten ist in diesem Ausschnitt der Fallstudie in der Lage, die notwendige Regelarbeit signifikant zu reduzieren.

Im Zeitraum T_1 erfolgt eine Einspeisung frühestens auf Ebene 3 (durch den Windpark). Da Bedingte Agenten in DEZENT lediglich in der Lage sind, auf der untersten Verhandlungsebene Lastspitzen zu verstetigen (und damit keinen Einfluss auf die Lastschwankungen des Windpark-Produzenten haben), ist zu erwarten, dass die Effizienz des Verfahrens in Beobachtungszeiträumen mit hoher Einspeisung auf unterster Ebene (durch Photovoltaik) deutlich über dem hier gemessenen Wert von 28,38 % liegt.

Bei dem Vergleich der Ergebnisse für den Beobachtungszeitraum T_1 mit und ohne Peak Management fällt auf, dass der Verbraucherpreis unter Einsatz von Peak Demand and Supply Management in DEZENT mit 17,35 ¢ pro kWh leicht unter dem Verbraucherpreis von 17,36 ¢ pro kWh ohne Peak Management liegt. Die Varianz der Verbraucherpreise ist mit 2,74 ¢ pro kWh ebenfalls geringer (siehe Tabelle 6.13). Die Ursache hierfür liegt in der Art und Weise des Peak Managent Verfahrens in DEZENT. Bei positiven Lastspitzen (plötzliche und unerwartete erhöhte Leistungseinspeisung) werden Bedingte Konsumenten aktiviert, die

6.6 Experimentelle Untersuchung von DEZENT mit Peak Management

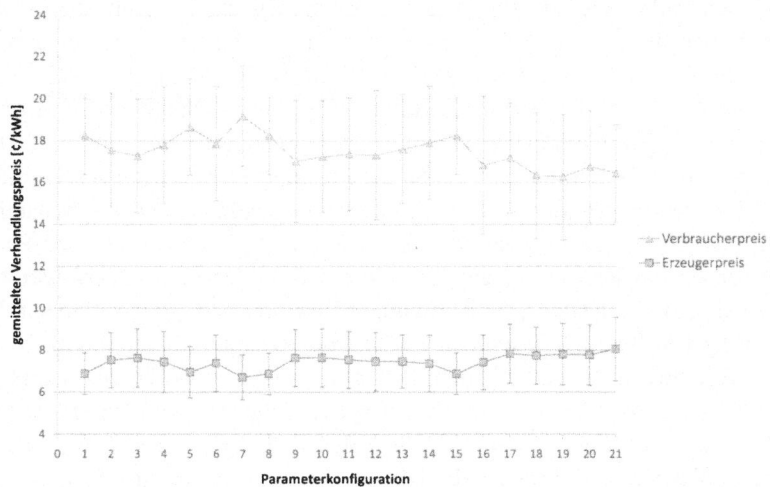

Abbildung 6.21: Gemittelte Verbraucher- und Erzeugerpreise im Zeitraum T_1 mit Peak Management

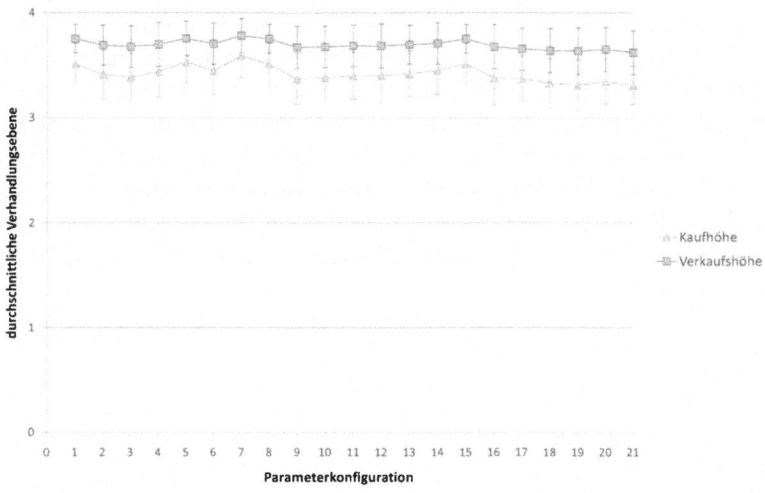

Abbildung 6.22: Durchschnittliche Verhandlungshöhe im Zeitraum T_1 mit Peak Management

die Leistungsaufnahme innerhalb des betroffenen Bilanzkreises auf der untersten Verhandlungsebene erhöhen. Umgekehrt werden Bedingte Produzenten aktiviert, um die kurzfristige Leistungseinspeisung bei plötzlich erhöhter Leistungsentnahme zu erhöhen. Die Aktivierung Bedingter Agenten geschieht *on-line während der laufenden Verhandlungsperiode*, in der die Leistungsspitzen auftreten. Damit erfolgt die Reaktion Bedingter Agenten auf Leistungsschwankungen schneller als die entsprechende Reaktion des DECOLEARN-Algorithmus und die dynamische Anpassung der Verhandlungsstrategien, die erst in der darauf folgenden Periode mit der Bewertung des vorangegangenen Verhandlungsergebnisses erfolgen kann. Das Resultat sind günstigere Verhandlungspreise und geringere Varianzen durch den Einsatz von Bedingten Agenten (siehe Abbildungen 6.21 und 6.22). Die Bedingten Agenten in dieser Fallstudie haben allerdings – wie bereits diskutiert – keinen Einfluss auf die kurzfristigen Lastspitzen, die von dem Windpark verursacht werden. Aus diesem Grund ist der Effekt günstiger Verhandlungspreise in diesem Beobachtungszeitraum lediglich für die Verbraucher zu erkennen. Es ist aber zu erwarten, dass der Effekt in Zeiträumen hoher Einspeisung aus Photovoltaikanlagen auf unterster Ebene (wie in Beobachtungszeitraum T_2) „symmetrisch" ist.

Die bereits in der Fallstudie ohne Peak Management aufgefallenen Parameterkonfigurationen 1, 8 und 15 sind bei der Verwendung von Peak Management in DEZENT deutlich schwächer ausgeprägt. Die Ursache für das ursprünglich schlechtere Abschneiden der drei Konfigurationen ist die fehlende Flexibilität des DECOLEARN-Algorithmus bei bestimmten $\varepsilon_1/\varepsilon_2$ Parametrierungen (siehe Kapitel 6.5). Wie zuvor diskutiert, ermöglicht das Peak Demand and Supply Management in DEZENT jedoch eine Anpassung auf dynamische Versorgungsschwankungen außerhalb des DECOLEARN-Prozesses. Aus diesem Grund werden die negativen Eigenschaften dieser drei Parameterkonfigurationen abgeschwächt (siehe Abbildungen 6.21 und 6.22).

6.6.2 Beobachtungszeitraum T_2 (7:30 Uhr – 15:20 Uhr) mit Peak Management

Tabelle 6.14: Zusammengefasste Ergebnisse für den Beobachtungszeitraum T_2 mit Peak Management im Vergleich zu T_2 ohne Peak Management

Eingesparte Regelarbeit	36,90 %	
Mittlerer Verbraucherpreis	17,45 ¢/kWh	17,60 ¢/kWh
(mittlere Standardabweichung)	2,04 ¢/kWh	2,07 ¢/kWh
Mittlerer Erzeugerpreis	10,26 ¢/kWh	10,22 ¢/kWh
(mittlere Standardabweichung)	2,48 ¢/kWh	2,53 ¢/kWh
Mittlere Kaufhöhe	2,57	2,57
(mittlere Standardabweichung)	0,56	0,58
Mittlere Verkaufshöhe	2,60	2,60
(mittlere Standardabweichung)	0,52	0,54
	T_2 mit Peak Management ohne Konfigurationen 1, 8, 15	T_2 ohne Peak Management ohne Konfigurationen 1, 8, 15

In Beobachtungszeitraum T_2 reduziert das Verfahren des Peak Demand and Supply Management in DEZENT die gemittelte notwendige Regelenergie um 36,90 % (siehe Tabelle 6.14). Dabei ist die Reduzierung in diesem Zeitraum, wie bereits erwartet, deutlich größer als in Beobachtungszeitraum T_1 zuvor (28,38 %, siehe Tabelle 6.13). Die Bedingten Agenten sind mit der hohen Einspeisung auf unterster Ebene in der Lage, Einfluss sowohl auf kurzfristige Verbraucherschwankungen als auch auf kurzfristige Erzeugerschwankungen zu nehmen.

Wie erwartet, ist der Effekt „günstigerer" Verhandlungspreise symmetrisch sowohl bei Konsumenten (17,45 ¢/kWh mit Peak Management gegenüber 17,60 ¢/kWh ohne Peak Management) als auch bei Produzenten (10,26 ¢/kWh mit Peak Management gegenüber 10,22 ¢/kWh ohne Peak Management) zu beobachten. Die Varianzen der Verhandlungspreise sind ebenfalls niedriger (siehe Tabelle 6.14). Der Effekt spiegelt sich auch in den mittleren Verhandlungshöhen wieder (siehe Abbildung 6.24 und Tabelle 6.14).

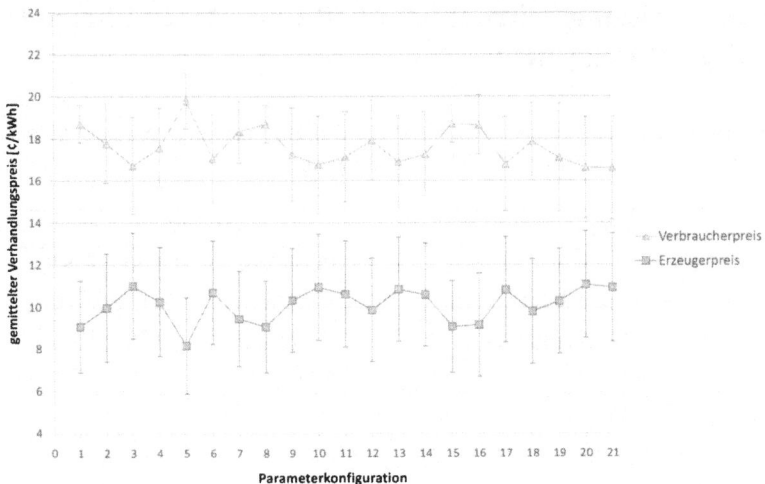

Abbildung 6.23: Gemittelte Verbraucher- und Erzeugerpreise im Zeitraum T_2 mit Peak Management

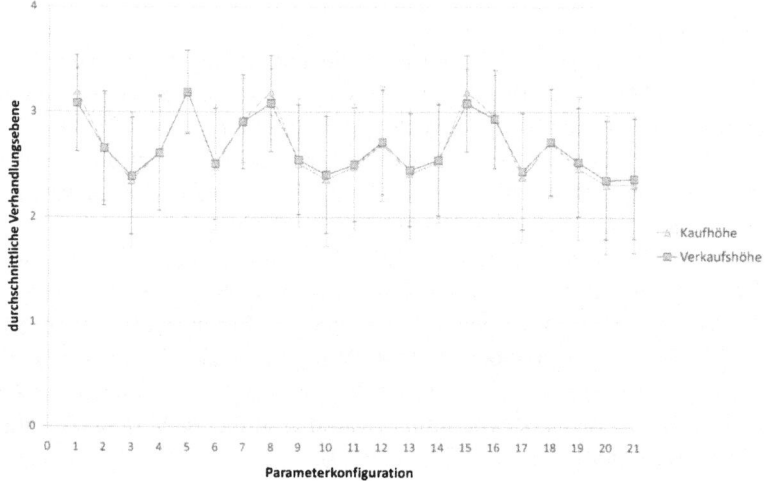

Abbildung 6.24: Durchschnittliche Verhandlungshöhe im Zeitraum T_2 mit Peak Management

6.6.3 Beobachtungszeitraum T_3 (15:50 Uhr – 21:20 Uhr) mit Peak Management

Tabelle 6.15: Zusammengefasste Ergebnisse für den Beobachtungszeitraum T_3 mit Peak Management im Vergleich zu T_3 ohne Peak Management

Eingesparte Regelarbeit	35,47 %	
Mittlerer Verbraucherpreis	21,83 ¢/kWh	21,94 ¢/kWh
(mittlere Standardabweichung)	1,31 ¢/kWh	1,33 ¢/kWh
Mittlerer Erzeugerpreis	14,06 ¢/kWh	14,17 ¢/kWh
(mittlere Standardabweichung)	1,50 ¢/kWh	1,49 ¢/kWh
Mittlere Kaufhöhe	3,85	3,88
(mittlere Standardabweichung)	0,14	0,14
Mittlere Verkaufshöhe	2,91	3,03
(mittlere Standardabweichung)	0,30	0,12
	T_3 **mit** Peak Management *ohne Konfigurationen 1, 8, 15*	T_3 **ohne** Peak Management *ohne Konfigurationen 1, 8, 15*

In Beobachtungszeitraum T_3 reduziert das Verfahren des Peak Demand and Supply Management in DEZENT die gemittelte notwendige Regelenergie um 35,47 % (siehe Tabelle 6.15). Dabei ist die Reduzierung in diesem Zeitraum ebenfalls deutlich größer als im Beobachtungszeitraum T_1 zuvor (28,38 %, siehe Tabelle 6.13). Obwohl keine Einspeisung aus Solarenergie stattfindet und der Windpark auf Ebene 3 vom Peak Management in DEZENT unbeeinflusst bleibt, ist die Effizienz dennoch deutlich höher als in T_1, da eine starke Unterversorgung herrscht. Erzeugerschwankungen können zwar nicht ausgeglichen werden, aber das Verhältnis von Verbrauch zu Erzeugung ist für das Peak Management in diesem Zeitraum günstiger, da bei der starken Unterversorgung in diesem Zeitraum die Einspeisung – und damit verbunden die zusätzliche Stochastik des Lastprofils – im Verhältnis wesentlich niedriger ist.

Wie erwartet, ist der Effekt „günstigerer" Verhandlungspreise bei Konsumenten (21,83 ¢/kWh mit Peak Management gegenüber 21,94 ¢/kWh ohne Peak Management) und bei Produzenten (14,06 ¢/kWh mit Peak Management gegenüber 14,17 ¢/kWh ohne Peak Management) unsymmetrisch. Der gleiche Effekt ist auch bei den Varianzen der Verhandlungspreise und den Verhandlungshöhen zu beobachten (siehe Tabelle 6.15).

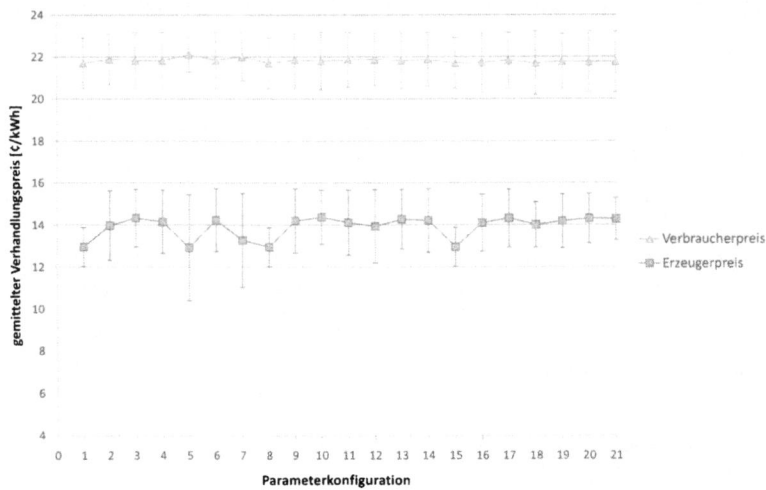

Abbildung 6.25: Gemittelte Verbraucher- und Erzeugerpreise im Zeitraum T_3 mit Peak Management

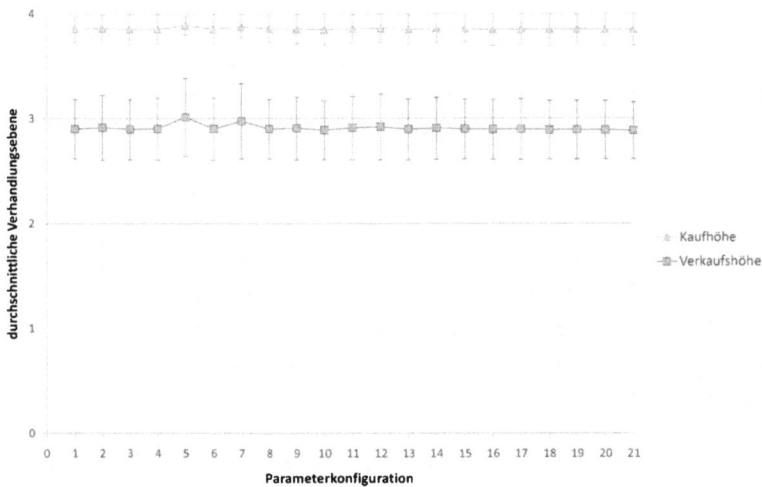

Abbildung 6.26: Durchschnittliche Verhandlungshöhe im Zeitraum T_3 mit Peak Management

6.6.4 Beobachtungszeitraum T_4 (11:30 Uhr – 12:30 Uhr) mit Peak Management

Tabelle 6.16: Zusammengefasste Ergebnisse für den Beobachtungszeitraum T_4 mit Peak Management im Vergleich zu T_4 ohne Peak Management

Eingesparte Regelarbeit	34,93 %	
Mittlerer Verbraucherpreis	14,42 ¢/kWh	14,52 ¢/kWh
(mittlere Standardabweichung)	0,70 ¢/kWh	0,80 ¢/kWh
Mittlerer Erzeugerpreis	6,98 ¢/kWh	6,98 ¢/kWh
(mittlere Standardabweichung)	0,35 ¢/kWh	0,37 ¢/kWh
Mittlere Kaufhöhe	1,77	1,77
(mittlere Standardabweichung)	0,16	0,17
Mittlere Verkaufshöhe	3,27	3,27
(mittlere Standardabweichung)	0,11	0,11
	T_4 mit Peak Management ohne Konfigurationen 1, 8, 15	T_4 ohne Peak Management ohne Konfigurationen 1, 8, 15

In Beobachtungszeitraum T_4 reduziert das Verfahren des Peak Demand and Supply Management in DEZENT die gemittelte notwendige Regelenergie um 34,93 % (siehe Tabelle 6.16). Dabei ist die Reduzierung in diesem Zeitraum ebenfalls vergleichbar mit der Reduzierung im vorherigen Beobachtungszeitraum T_2 (36,90 %, siehe Tabelle 6.14). Das Verfahren profitiert davon, dass eine große Menge Energie auf unterster Verhandlungsebene eingespeist wird und damit sowohl kurzfristige Verbraucher- als auch Erzeugerschwankungen von den Bedingten Agenten kompensiert werden können. Da die Erzeugerprofile in diesem begrenzten Zeitausschnitt von 1 h selbst bereits deutlich stetiger sind (vergleiche Abbildung 6.4), ist der Effekt des Peak Managements verglichen mit Beobachtungszeitraum T_2 jedoch geringer.

Wie erwartet, ist der Effekt „günstigerer" Verhandlungspreise bei Konsumenten (14,42 ¢/kWh mit Peak Management gegenüber 14,52 ¢/kWh ohne Peak Management) größer als bei Produzenten (6,98 ¢/kWh mit Peak Management gegenüber 6,98 ¢/kWh ohne Peak Management). Der gleiche Effekt ist ebenso bei den Varianzen der Verhandlungspreise und der Verhandlungshöhen zu beobachten (siehe Tabelle 6.16).

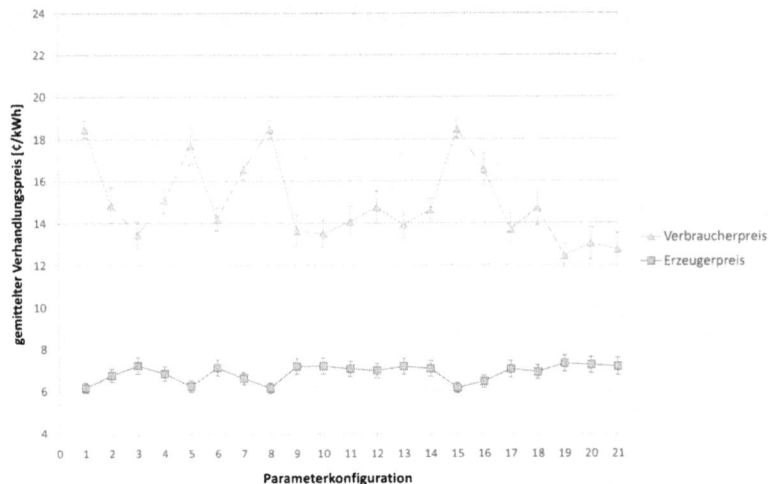

Abbildung 6.27: Gemittelte Verbraucher- und Erzeugerpreise im Zeitraum T_4 mit Peak Management

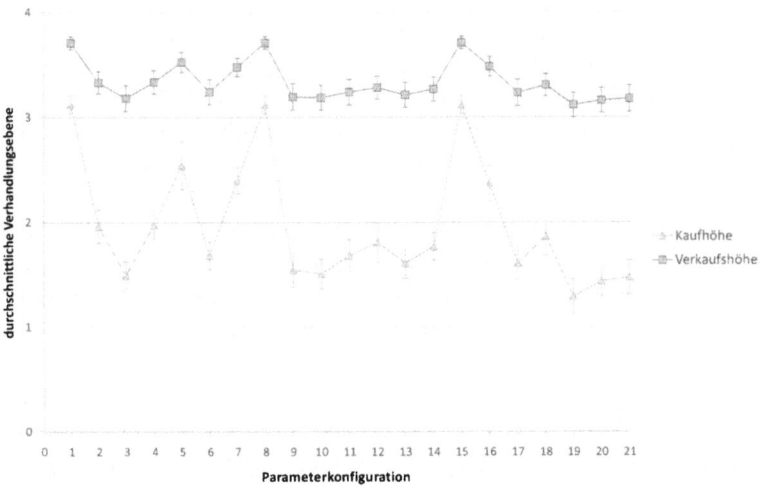

Abbildung 6.28: Durchschnittliche Verhandlungshöhe im Zeitraum T_4 mit Peak Management

6.6.5 Beobachtungszeitraum T_5 (21:20 Uhr – 22:00 Uhr) mit Peak Management

Tabelle 6.17: Zusammengefasste Ergebnisse für den Beobachtungszeitraum T_5 mit Peak Management im Vergleich zu T_5 ohne Peak Management

Eingesparte Regelarbeit	29,42 %	
Mittlerer Verbraucherpreis	17,95 ¢/kWh	17,90 ¢/kWh
(mittlere Standardabweichung)	2,77 ¢/kWh	2,78 ¢/kWh
Mittlerer Erzeugerpreis	6,64 ¢/kWh	6,71 ¢/kWh
(mittlere Standardabweichung)	0,72 ¢/kWh	0,78 ¢/kWh
Mittlere Kaufhöhe	3,48	3,48
(mittlere Standardabweichung)	0,23	0,23
Mittlere Verkaufshöhe	3,79	3,79
(mittlere Standardabweichung)	0,11	0,11
	T_5 **mit** Peak Management *ohne Konfigurationen 1, 8, 15*	T_5 **ohne** Peak Management *ohne Konfigurationen 1, 8, 15*

In Beobachtungszeitraum T_5 reduziert das Verfahren des Peak Demand and Supply Management in DEZENT die gemittelte notwendige Regelenergie nur um 29,42 % (siehe Tabelle 6.18). Dabei ist die Reduzierung in diesem Zeitraum ebenfalls vergleichbar mit der Reduzierung im Beobachtungszeitraum T_1 (28,38 %, siehe Tabelle 6.13). Der Grund für die vergleichsweise niedrige Effizienz des Peak Management im beobachteten Zeitraum ist die große Überversorgung mit Windenergie, die vom Peak Management auf unterster Verhandlungsebene in DEZENT unbeeinflusst bleibt.

Der Effekt „günstigerer" Verhandlungspreise bei Konsumenten (17,95 ¢/kWh mit Peak Management gegenüber 17,90 ¢/kWh ohne Peak Management) und Produzenten (6,64 ¢/kWh mit Peak Management gegenüber 6,71 ¢/kWh ohne Peak Management) ist in diesem Beobachtungszeitraum nicht zu beobachten. Ursache hierfür ist das starke Ungleichgewicht zwischen Erzeugung und Versorgung. Das Peak Demand and Supply Management-Verfahren übt nur einen sehr geringen Einfluss im beobachteten Zeitraum aus. Der gleiche Effekt ist auch bei den Varianzen der Verhandlungspreise und der Verhandlungshöhen zu beobachten (siehe Tabelle 6.18).

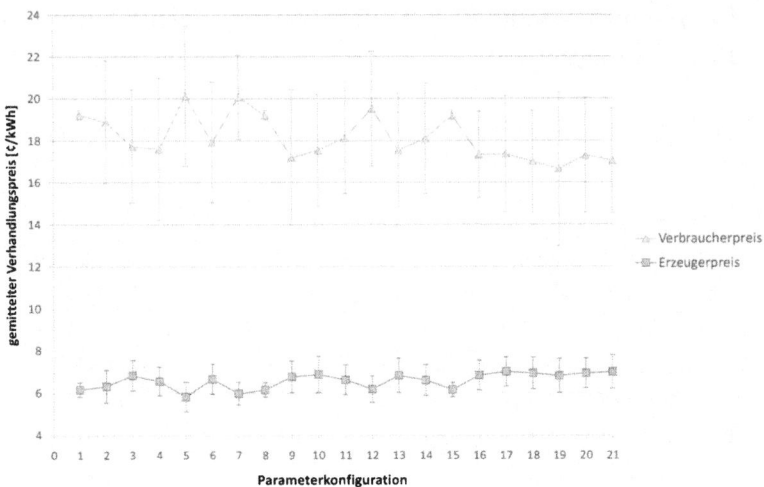

Abbildung 6.29: Gemittelte Verbraucher- und Erzeugerpreise im Zeitraum T_5 mit Peak Management

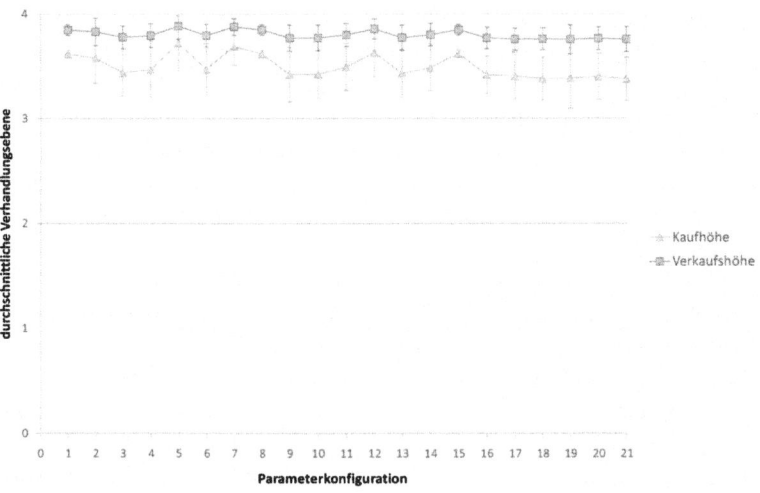

Abbildung 6.30: Durchschnittliche Verhandlungshöhe im Zeitraum T_5 mit Peak Management

6.7 Zusammenfassung der fallstudienhaften Untersuchung

Abschließend sollen die Ergebnisse der Fallstudien über den gesamten Beobachtungszeitraum von 24 h (T_6) diskutiert werden. Abbildungen 6.31 und 6.32 zeigen die mittleren Verhandlungspreise und Standardabweichungen mit und ohne Peak Management in DEZENT. Abbildungen 6.33 und 6.34 zeigen die mittleren Verhandlungshöhen mit und ohne Peak Management.

Tabelle 6.18: Zusammengefasste Ergebnisse für den Beobachtungszeitraum T_6 mit Peak Management im Vergleich zu T_6 ohne Peak Management

Entnommene Arbeit	-3194,71 kWh		
Eingespeiste Arbeit	3194,71 kWh		
Arbeitsbilanz	0 kWh		
Eingesparte Regelarbeit	29,42 %		
Mittlerer Verbraucherpreis	19,47 ¢/kWh	19,09 ¢/kWh	18,96 ¢/kWh
(mittlere Std.-Abweichung)	2,92 ¢/kWh	3,11 ¢/kWh	3,02 ¢/kWh
Mittlerer Erzeugerpreis	9,84 ¢/kWh	10,37 ¢/kWh	10,39 ¢/kWh
(mittlere Std.-Abweichung)	3,11 ¢/kWh	3,23 ¢/kWh	3,16 ¢/kWh
Mittlere Kaufhöhe	3,38	3,30	3,28
(mittlere Std.-Abweichung)	0,60	0,67	0,65
Mittlere Verkaufshöhe	3,12	3,09	3,04
(mittlere Std.-Abweichung)	0,56	0,60	0,61
	T_6 ohne Peak Mgmt. mit Konf. 1, 8, 15	T_6 ohne Peak Mgmt. ohne Konf. 1, 8, 15	T_6 mit Peak Mgmt. ohne Konf. 1, 8, 15

Die mittleren Verkaufspreise liegen über den gesamten Zeitraum von 172800 Perioden (24 h) hinweg und unter Einsatz des Peak Demand and Supply Management in DEZENT mit den beschriebenen 10 zeitflexiblen Geräten pro Bilanzkreis bei 18,96 ¢ pro kWh während die mittleren Erzeugerpreise bei 10,39 ¢ pro kWh liegen. Wie erwartet, ist die beobachtete Standardabweichung mit 3,02 ¢ pro kWh bzw. 3,16 ¢ pro kWh relativ hoch. Dies ist aber – wie bereits vermutet – mit der großen Bandbreite erzielter Preise in den beobachteten Zeiträumen (mittlerer Verbrauchertiefstpreis in T_4 mit 14,42 ¢/kWh, mittlerer Verbraucherhöchstpreis in T_3 mit 21,83 ¢/kWh) leicht zu begründen. Auch die beobachteten Erzeugerpreise schwanken von 14,06 ¢ pro kWh in T_3 bis 6,64 ¢ pro kWh in T_5. Die durchschnittliche Verhandlungshöhe für Verbraucher liegt auf Ebene 3,28 und die durchschnittliche Verhandlungshöhe für Erzeuger liegt auf Ebene 3,04. Aufgrund der großen Schwankungen bei den Verhandlungshöhen (mit einem Minimum in T_4 auf Ebene 1,77 für Verbraucher und in T_2 auf Ebene 2,60) liegt die Standardabweichung bei beiden relativ hoch (siehe Tabelle 6.18).

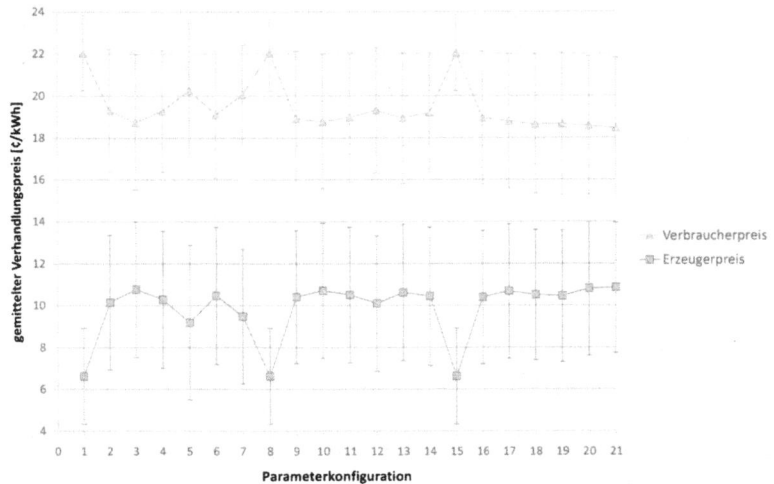

Abbildung 6.31: Gemittelte Verbraucher- und Erzeugerpreise im Zeitraum T_6 ohne Peak Management

Die relativ hohe mittlere Verhandlungshöhe sowohl bei Verbrauchern als auch bei Erzeugern hängt mit der Konstruktion der durchgeführten Fallstudie zusammen. Bei dem Aufbau des experimentellen Beispielnetzes ist die möglichst realitätsnahe Annahme getroffen worden, dass nur etwa 50 % (46,08 %, siehe Tabelle 6.6 auf Seite 162) des Bedarfs aus lokal installierten Photovoltaikanlagen gedeckt wird, während der für eine „vollständige Überdeckung" notwendige verbleibende Bedarf durch einen auf Hochspannungsebene angeschlossenen Windpark gedeckt wird (siehe auch Kapitel 6.4). Ungleichgewichte in bestimmten Zeiträumen werden über die auf oberster Ebene verfügbare Ausgleichskapazität gedeckt (allerdings zu ungünstigsten Preisen von 4 ¢/kWh bzw. 24 ¢/kWh).

Wie schon in den beobachteten Zeiträumen ($T_1 - T_5$) fallen die Parameterkonfigurationen 1, 8 und 15 (mit einer Belegung $\varepsilon_2 = 0$) in den Diagrammen ohne Peak Management auf (siehe Abbildung 6.31 und 6.33). Der Grund hierfür ist, dass die Agenten bei einer DECOLEARN-Parametrierung mit $\varepsilon_2 = \varepsilon_2 = 0$ statische Verhandlungsstrategien verwenden und nicht in der Lage sind, ihre Strate-

6.7 Zusammenfassung der fallstudienhaften Untersuchung

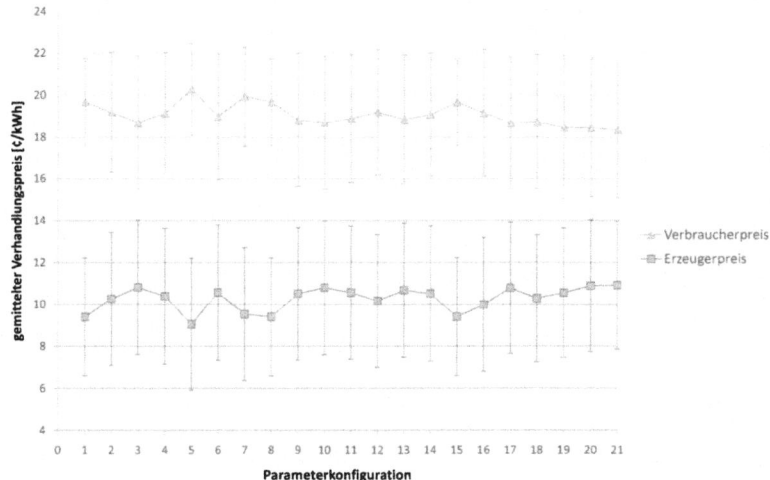

Abbildung 6.32: Gemittelte Verbraucher- und Erzeugerpreise im Zeitraum T_6 mit Peak Management

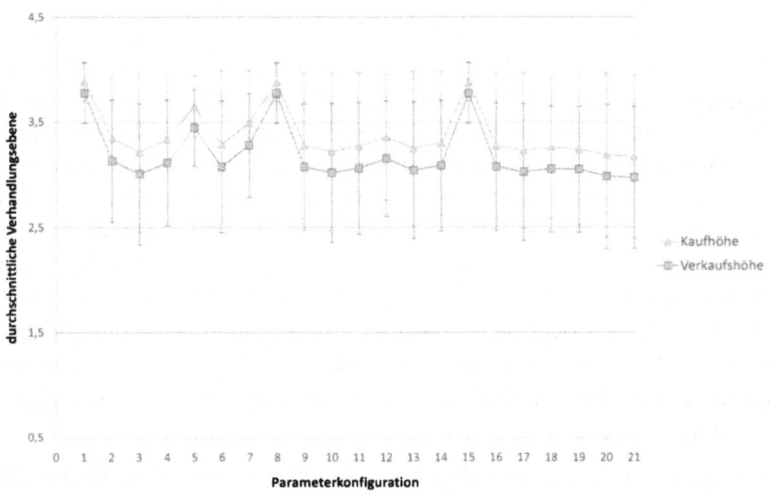

Abbildung 6.33: Durchschnittliche Verhandlungshöhe im Zeitraum T_6 ohne Peak Management

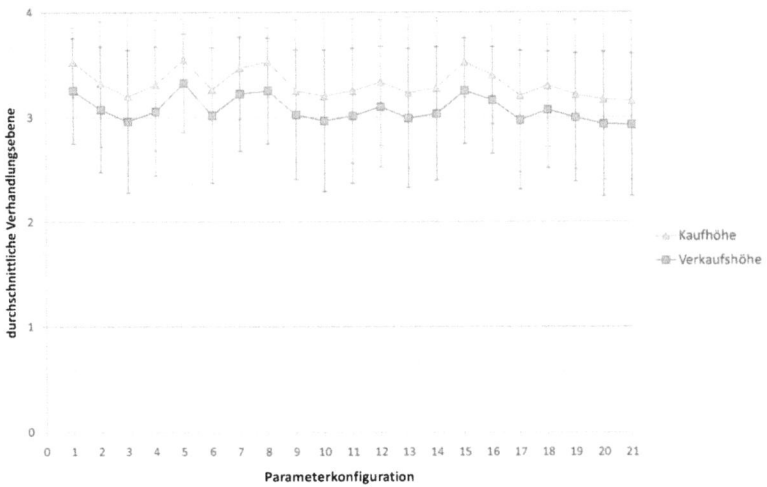

Abbildung 6.34: Durchschnittliche Verhandlungshöhe im Zeitraum T_6 mit Peak Management

gien dynamisch an wechselnde Versorgungssituationen anzupassen. Dieser Effekt wird durch den Einsatz von Peak Demand and Supply Management in DEZENT deutlich verringert, da die Bedingten Agenten mit dem Peak Management in die Lage versetzt werden, auf Lastspitzen (positive oder negative) zu reagieren und damit schon während einer laufenden Verhandlungsperiode dynamisch auf Veränderungen der Versorgungssituation geeignet zu handeln. Bei der (nach Anwendung von Peak Management) in Abbildung 6.32 noch hervorstechenden Parameterkonfiguration 5 (mit $K = 5$, $\varepsilon_1 = 0{,}5$ und $\varepsilon_1 = 0$) bereitet DECOLEARN den Agenten Schwierigkeiten, geeignete Strategien für wechselnde Versorgungssituationen zu finden, da bei dieser Parameterkonfiguration ausschließlich innerhalb der (mit $k = 5$ sehr beschränkten) k-Nachbarschaft nach neuen (besseren) Strategien „geforscht" wird.

Die Reduzierung der notwendigen Regelenergie in der vorliegenden Fallstudie beträgt 29,42 % (siehe Tabelle 6.18). Damit bestätigt sich das bereits in Modellsimulationen (Kapitel 4.2.1) gefundene Ergebnis, dass bereits eine niedrige Anzahl zeitflexibler Geräte in der Lage ist, die vorzuhaltende Regelenergie deutlich zu reduzieren. Die Unterschiede bei der Reduzierung von Regelenergie in den betrachteten Zeiträumen entstehen durch die Veränderungen in den Versorgungssituationen (siehe Abbildung 6.35). Einspeisung durch Windkraft bleibt von

6.7 Zusammenfassung der fallstudienhaften Untersuchung

dem Peak Management mit Bedingten Agenten in DEZENT unbeeinflusst, da das Verfahren des Peak Demand and Supply Management nur auf der untersten Ebene innerhalb eines Bilanzkreises eingesetzt wird (die Berücksichtigung von Lastspitzen auf höheren Ebenen könnte die stochastische Lastbilanz eines einzelnen Bilanzkreises tieferer Ebene verstärken, siehe Kapitel 4.2). Sowohl Verbraucher als auch Erzeuger profitieren bei den Energiepreisen von Peak Demand and Supply Management in DEZENT (siehe Tabelle 6.18). Diese positive Wirkung hängt mit dem bereits diskutierten Phänomen zusammen, dass Bilanzkreise mit Peak Management in DEZENT bereits während einer laufenden Verhandlungsperiode dynamisch auf Veränderungen der Versorgungssituation reagieren können. Dieser Effekt lässt sich sowohl in niedrigeren Verhandlungshöhen als auch günstigeren Verhandlungspreisen ablesen (Tabelle 6.18).

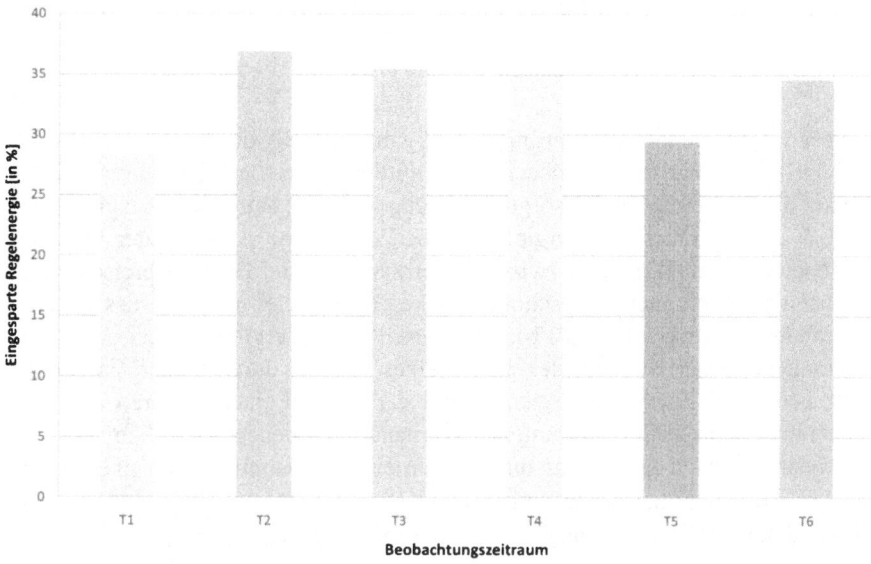

Abbildung 6.35: Prozentuale eingesparte elektrische Regelarbeit pro BGM auf Ebene 1 (gemittelt)

Der Energiepreis eines Stromkunden in DEZENT wird als Bilanz aus Verbraucherpreis und Erzeugerpreis berechnet. In der durchgeführten realitätsnahen Fallstudie deckt ein Stromkunde im Durchschnitt 46,08 % seines Eigenbedarfs aus einer eigenen Photovoltaikanlage (siehe Tabelle 6.6 auf Seite 162 sowie Kapitel 6.4). Ein solcher Kunde hätte in DEZENT und in diesem Fall einen mittleren Strompreis von 18,96 ¢/kWh − 10,39 ¢/kWh = 8,57 ¢/kWh zu bezahlen. Aufgrund dieser Verteilung lässt sich eine einfache Hochrechnung für andere Anteile der Abdeckung des Eigenbedarfs anstellen (siehe Tabelle 6.19).

Tabelle 6.19: Hochrechnung für bilanzierte Energiepreise bei unterschiedlichen Überdeckungsraten

10 %	16,70 ¢/kWh
20 %	14,44 ¢/kWh
30 %	12,18 ¢/kWh
40 %	9,92 ¢/kWh
46,06 %	**8,57 ¢/kWh**
60 %	5,41 ¢/kWh
70 %	3,15 ¢/kWh
80 %	0,89 ¢/kWh

Diese Hochrechnung ist allerdings nicht ganz zulässig, da die Berechnung anhand der − in der Fallstudie beobachteten − mittleren Preise erfolgt. Diese basieren aber auf unsymmetrischen Versorgungsgleichgewichten: Durch den Ausgleich von 53,94 % der verbrauchten Energie durch die Windanlage auf vorletzter Verhandlungsebene ist das Verhältnis zwischen Verbraucher- und Erzeugerpreisen leicht zu Lasten der Verbraucher verschoben (siehe Tabelle 6.18, die Mitte des gültigen Preisrahmens liegt bei 14 ¢/kWh). Aus diesem Grund ergibt sich bei der Hochrechnung für einen Kunden, der 80 % seines Bedarfs durch eigene Erzeugung deckt, bereits ein Energiepreis von unter 1 ¢/kWh. Bei einer größeren Zahl von regenerativer Einspeisung auf unterster Verhandlungsebene zur Deckung des Gesamtbedarfs ist nach den bislang durchgeführten Modellsimulationen zu erwarten, dass das Bild „symmetrischer" wird (diese Eigenschaft ist bereits in Abbildung 6.9 auf Seite 174 in Zeitraum T_2 zu erkennen). Dennoch ist die in Tabelle 6.19 erkennbare Tendenz übertragbar. Hiermit wird Teilnehmern in DEZENT ein Anreiz gegeben, den eigenen Ausbau dezentraler Energieversorgung (beispielsweise durch die Installation einer eigenen Photovoltaikanlage) voranzutreiben.

7 Dezentrale Betriebsführung

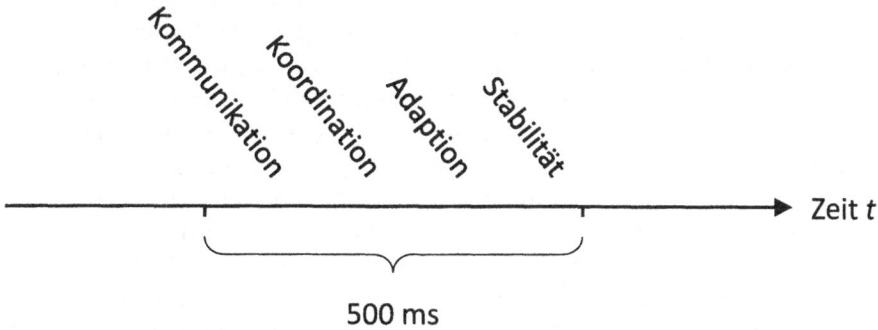

Abbildung 7.1: Integrierte Kommunikations-, Koordinations-, Adaptions- und Stabilitätsprozesse innerhalb des DEZENT-Betriebsintervalls

Das Resultat einer DEZENT-Verhandlungsperiode ist eine Versorgungskonfiguration von eingespeister und entnommener Leistung für die Dauer des nächsten Verhandlungszyklus im DEZENT-System. Die ausgehandelten Versorgungskonfigurationen dürfen nicht zu einer Verletzung bestimmter vorgegebener Betriebsgrenzen führen, wie etwa durch unzulässig hohe Ströme auf einzelnen Leitungen. Auch die Spannungsniveaus an den Knoten müssen innerhalb eines begrenzten Spannungsbands verbleiben (siehe auch Kapitel 2.1.1). Da eine ausgehandelte Versorgungskonfiguration schon in der darauf folgenden Verhandlungsperiode umgesetzt werden soll, müssen die integrierten Stabilitätsprozesse, die die Einhaltung von Stabilitätsgrenzen in DEZENT garantieren sollen – ebenso wie die Kommunikations-, Koordinations- und Adaptionsprozesse –, integriert innerhalb der 500 ms-Betriebsintervalle abgeschlossen werden. In bisherigen Versorgungsmodellen mit zentral organisierter top-down-Organisation lassen sich eine Vielzahl möglicher Störfälle durch eine höhere Auslegung von Leitungskapazitäten im Vorfeld vermeiden, die sich an Worst-Case-Leistungsflüssen – bei einer ausschließlichen Einspeisung auf höchster Spannungsebene und Entnahme auf unteren Spannungsebenen (mit vernachlässigbarer dezentraler Einspeisung) – orientieren. Diese Worst-Case-Auslegung von elektrischen Betriebsmitteln stößt bei vermehrter dezentraler Einspeisung auf den unteren Spannungsebenen an ihre Grenzen, da „Querflüsse" sowie Leistungsflüsse auftreten können, die der konventionellen top-down-Versorgungsrichtung entgegengerichtet sind und hierdurch die zuvor genannten Stabilitätsgrenzen verletzen können. In DEZENT müssen Versorgungskonfigurationen prinzipiell *vor* Erreichen der nächsten Verhandlungsperiode bewertet werden, um die Stabilität des Systems zu gewährleisten. Die implizierten (harten) Deadlines[1] machen ein Verfahren notwendig, das in der Lage ist, Betriebsmittelauslastungen in Echtzeit zu bewerten. Wie bereits in Kapitel 4.3.1 beschrieben, ist das Standardverfahren zur Berechnung von Leistungsflüssen und Spannungsniveaus im elektrischen Netz jedoch ein iteratives Verfahren (NR-Verfahren), das nur bei geeigneter Wahl der Iterationsstartkonfiguration überhaupt in eine Lösung konvergiert. Für eine Bewertung der Versorgungskonfiguration mit dem NR-Verfahren müssen im Anschluss an die Berechnung der Wirkleistungsverluste (mit dem Verfahren der Virtuellen Konsumenten und Produzenten, siehe Kapitel 4.3) die Leistungsflüsse auf allen betroffenen Leitungen auf Basis der Einspeisekonfigurationen berechnet werden. Die Laufzeit und Berechenbarkeit (das Konvergenzverhalten) dieses Verfahrens ist allerdings vorab nicht bestimmbar (siehe auch Kapitel 4.3.1) und daher zur Bewertung der Versorgungskonfigurationen in DEZENT ungeeignet.

Im Rahmen des DEZENT-Projekts ist der Ansatz für ein neuartiges Verfahren entwickelt worden, das off-line Stabilitätsgrenzen für ein gegebenes Versorgungsnetz berechnet und eine gegebene Versorgungskonfiguration als Zustandsvektor gegen diese Stabilitätsgrenzen bewertet. Diese sog. *Stable State Recognition* (SSR) besitzt eine deterministische Ausführungszeit, so dass die Durchführung des Verfahrens in DEZENT innerhalb eines festen Zeitfensters garantiert werden kann.

Im Folgenden werden zunächst mögliche Stör- und Sonderfälle – hervorgerufen durch veränderte Versorgungskonfigurationen – an konkreten Fallbeispielen vorgestellt (Leitungsüberlastungen in Kapitel 7.1 und Entwicklung des Spannungsniveaus in Kapitel 7.2) bevor die Bewertung von Zustandskonfigurationen mit Hilfe der SSR vorgestellt wird.

---

[1] In der Informatik wird die Deadline eines Prozesses als „hart" bezeichnet, wenn ihr Verpassen für das Umgebungssystem katastrophale Folgen hätte.

7.1 Leitungsüberlastungen durch veränderte Versorgungskonfigurationen

In konventionellen Versorgungssystemen, bei denen die Leistung auf den oberen Spannungsebenen eingespeist, dort transportiert und dann zu den Verbrauchern verteilt wird, sind Leistungsflüsse in der Regel von oben nach unten gerichtet (von höheren zu niedrigeren Spannungsebenen). Die Leitungskapazitäten der zumeist strahlenförmig betriebenen Niederspannungsnetze (und der teilvermaschten Mittelspannungsnetze) sind entsprechend für eine Worst-Case-Auslastung ausgelegt, die sich an einem gleichzeitigen Maximalverbrauch aller angeschlossenen Verbraucher mit ihrer Nenn-Anschlussleistung orientiert (unter Berücksichtigung sog. Gleichzeitigkeitsfaktoren, siehe auch Kapitel 3.7.1). Unter Vernachlässigung von Leitungsstörungen und -ausfällen kann ein derart betriebenes Versorgungsnetz daher nicht über seine Leitungskapazität hinaus belastet werden. Durch diese „eingebaute Sicherheit" konventioneller Verteilnetze war es bislang nicht erforderlich, derart überdimensioniert ausgelegte Netzabschnitte aktiv zu beobachten und entsprechende Überwachungsanlagen oder Sensoren zu installieren (siehe Abbildung 7.2). Mit der zunehmenden Integration von dezentraler Einspeisung in das beschriebene Versorgungsnetz treten jedoch vermehrt Lastflüsse auf, die der bisherigen Flussrichtung entgegengerichtet sind. Damit können bislang vor Überlast geschützte Leitungen überlastet werden. Diese Überlasten bleiben in den bisher unüberwachten Netzen unerkannt und können so zu Schäden an der verbauten Leitungsinfrastruktur bis hin zu Leitungsausfällen führen. Für einen stabilen Betrieb dezentraler Energieumwandlungsanlagen – insbesondere unter DEZENT – ist daher ein geeignetes Verfahren zu finden, mit dem die verteilten elektrotechnischen Akteure ihr Verhalten derartig untereinander koordinieren, dass solche Stabilitätsprobleme vermieden werden.

Das Problem von Leitungsüberlastungen bei dezentraler Einspeisung durch neu auftretende Versorgungskonfigurationen soll schematisch an nachfolgendem Beispiel verdeutlicht werden. Abbildung 7.3 zeigt eine typische Netzmasche des in der Regel unbeobachteten 10/20 kV-Netzes (Abbildung 7.2 und 7.3). Die Richtungen der Leistungsflüsse auf den einzelnen Leitungen sind durch Pfeile gekennzeichnet. Auf eine numerische Angabe der Leistungsflüsse wird verzichtet, stattdessen werden die Intensitäten der Leistungsflüsse im Verhältnis zueinander über die Pfeilstärken angedeutet.

Die dargestellte Masche besteht aus den drei Knoten a, b, c und den drei Leitungen 1, 2, 3. Für die Netzmasche bestehen zur Auslegung der Leitungen – zunächst unter Verzicht auf dezentrale Einspeisung – drei Alternativen in den möglichen

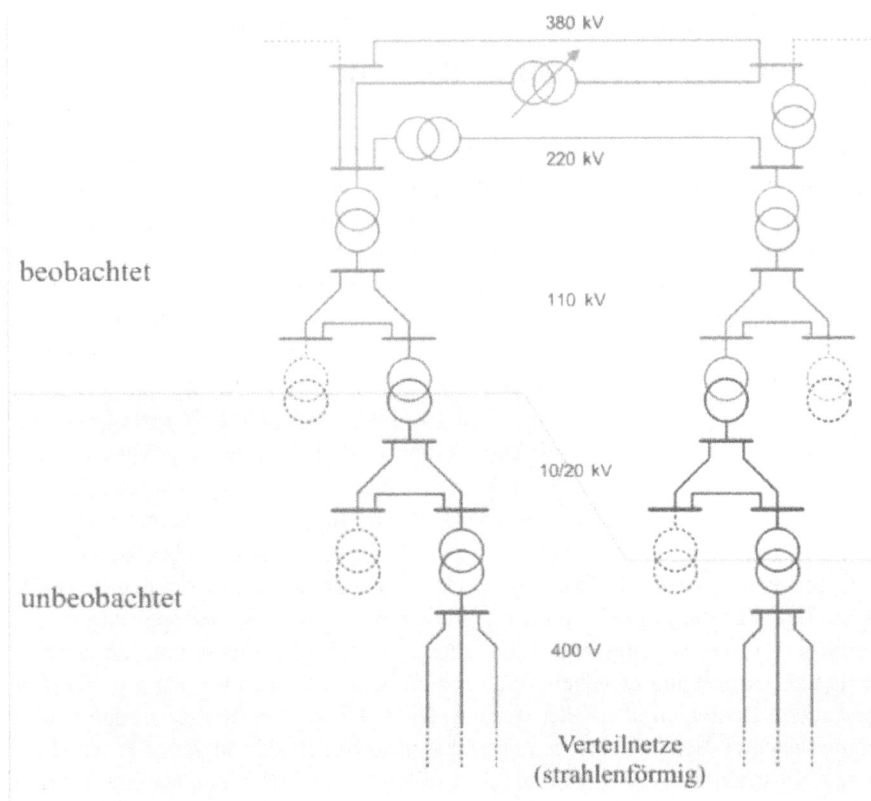

Abbildung 7.2: Überwachung des Energieversorgungsnetzes

Worst-Case-Einspeise-Entnahme-Kombinationen (Abbildung 7.3 A–C). In Szenario A erfolgt die Einspeisung am Knoten a (durch das übergelagerte Versorgungsnetz) und eine maximale Entnahme am Knoten c, während sich Knoten b neutral verhält. Das Resultat sind die in Abbildung 7.3 angedeuteten Leistungsflüsse, insbesondere der Leistungsfluss über die Leitung 3 von b nach c. In Szenario B erfolgt die maximale Entnahme im Gegensatz zum vorangegangenen Szenario am Knoten b, während sich Knoten c neutral verhält. Es stellen sich wiederum die gezeigten Leistungsflüsse ein, mit einem Leistungsfluss auf der Leitung 3 von c nach b in diesem Szenario. In Szenario C erfolgt eine Entnahme sowohl am Knoten b als auch am Knoten c. Abhängig von dem Verhältnis der Leistungsentnahmen stellt sich ein Lastfluss auf Leitung 3 in Richtung b oder c ein. Der Leistungsfluss über Leitung

3 ist in diesem Szenario jedoch deutlich geringer als in den beiden vorangehenden Szenarien. Bei einer Auslegung anhand der Szenarien A–C stellen auch alle anderen möglichen Belastungskombinationen kein Problem für die Betriebsstabilität in der dargestellten Netzmasche dar. Die Kapazitätsgrenzen der einzelnen Leitungen werden von den real auftretenden Leistungsflüssen zumeist deutlich unterschritten.

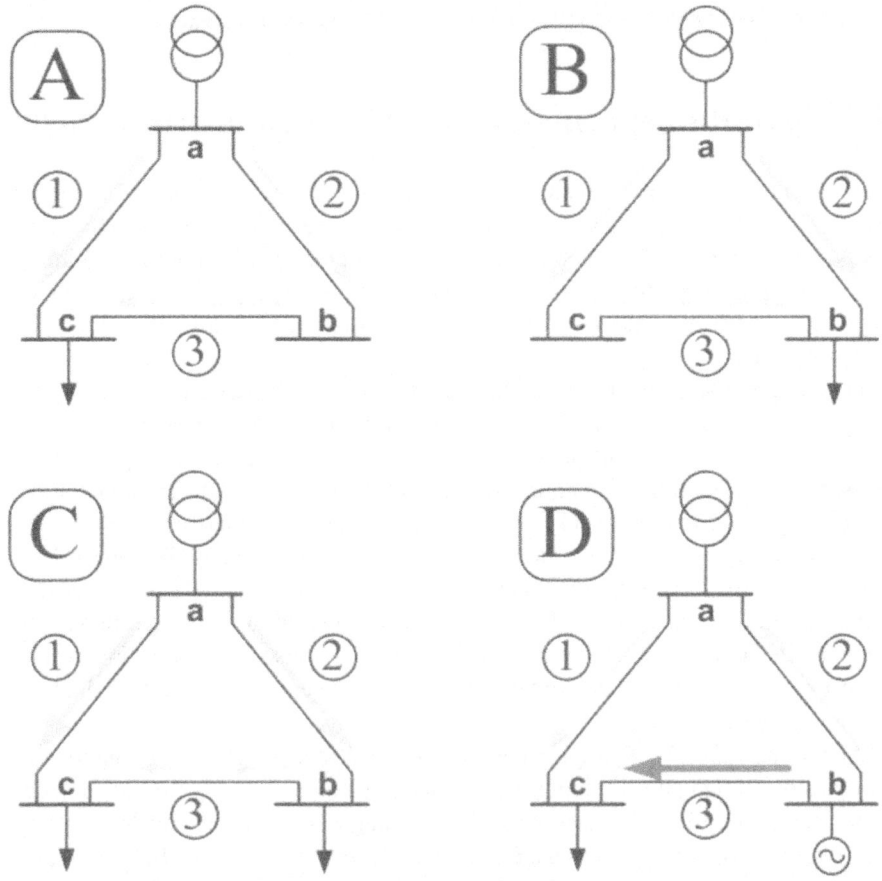

Abbildung 7.3: Veränderungen der Leistungsflüsse in einer Netzmasche

Unter Berücksichtigung dezentraler Einspeisung kann sich jedoch in einem wie zuvor dimensionierten Netz, und wie in Szenario D gezeigt, eine kritische Versorgungskonfiguration einstellen. Mit der Einspeisung an den Knoten a und b

(bei b z.B. durch eine Photovoltaikanlage) bei gleichzeitiger Entnahme am Knoten c kann sich eine deutliche Überlast auf Leitung 3 einstellen, die zuvor nur gering belastet war. Die Leitung droht auszufallen, obwohl das Netz im konventionellen (top-down-)Betrieb bei Einhaltung der maximalen Anschlussleistungen nicht überlastet werden kann. Mit neuen Versorgungskonfigurationen, hervorgerufen durch dezentrale Einspeisung, drohen also im vorhandenen Versorgungsnetz nicht direkt beobachtbare Überlastungen einzelner Netzkomponenten.

7.2 Spannungsprofil in einem strahlenförmigen Netz

Die Verteilnetze auf der untersten 0,4 kV-Spannungsebene werden, wie bereits in Abbildung 7.2 gezeigt, zumeist strahlenförmig betrieben. An einem solchen Leitungsstrang befinden sich mehrere Anschlüsse hintereinander (siehe Abbildung 7.4). Bei dieser Betriebsweise kommt neben den Leistungsflüssen (siehe vorheriges Kapitel 7.1) das Spannungsprofil entlang der Leitung als kapazitätsbegrenzende Größe hinzu.

Die Netzspannung in den Verteilnetzen hat eine Soll- oder Bemessungsspannung von $U_N = 0,4$ kV und darf nur innerhalb eines engen Spannungsbandes $U_{min} \leq U_N \leq U_{max}$ schwanken (in der Regel um ± 10 %). Eine Einspeisung hebt typischerweise lokal das Spannungsniveau, während eine Leistungsentnahme lokal das Spannungsniveau senkt. Abbildung 7.4 zeigt schematisch einen Abfall des Spannungsniveaus entlang des dargestellten Leitungsstrangs. In diesem Beispiel bewirkt die Leistungsentnahme der einzelnen Haushalte (bei maximaler Anschlussleistung) einen Abfall des Spannungsniveaus auf $U_N = U_{min}$ am vierten Knoten. Der Leitungsstrang wäre in diesem Beispiel also exakt auf eine Worst-Case-Belastung ausgelegt und unterschreitet nicht die untere Grenze des erlaubten Spannungsbands U_{min}.

Abbildung 7.5 zeigt den entgegengesetzten Fall bei gleichzeitiger maximaler Einspeisung entlang des Leitungsstrangs an den Knoten 1–4. Die Einspeisung der Einzelhaushalte mit maximaler Anschlussleistung bewirkt einen lokalen Anstieg der jeweiligen Spannungsniveaus. Das maximale Spannungsniveau U_{max} wird entlang des Leitungsstrangs dabei nicht überschritten (Worst-Case-Auslegung der Leitung).

In Verteilnetzen mit einer hohen Dichte an dezentraler Energieerzeugung kommt es entlang eines Leitungsstrangs typischerweise zu wechselnden Einspeise- und Entnahmekonfigurationen. Abbildung 7.6 zeigt das resultierende Spannungsniveau bei wechselnder Einspeisung und Leistungsentnahme (zum Vergleich sind die Spannungsprofile aus den Abbildungen 7.4 und 7.5 mit eingezeichnet). Das

7.2 Spannungsprofil in einem strahlenförmigen Netz

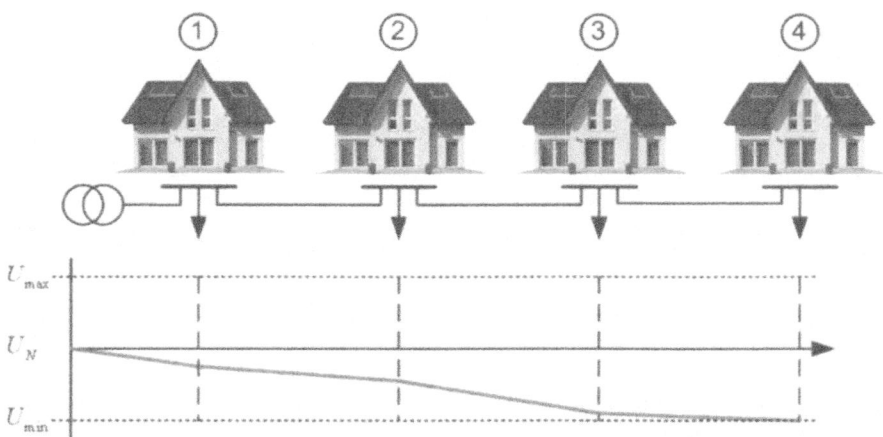

Abbildung 7.4: Abfall des Spannungsniveaus entlang eines Leitungsstrangs

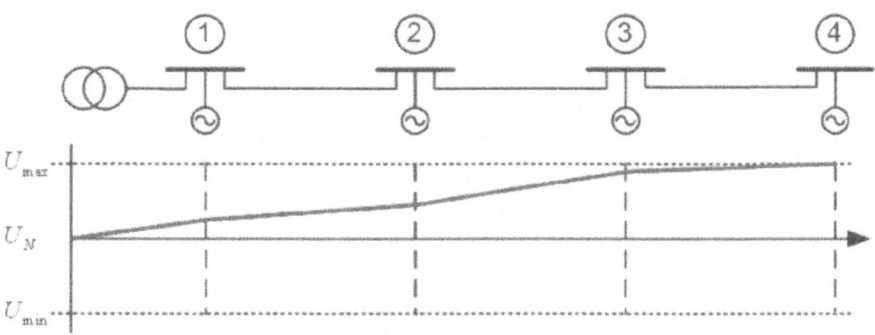

Abbildung 7.5: Anstieg des Spannungsniveaus entlang eines Leitungsstrangs

resultierende Spannungsprofil ergibt sich bei einer maximalen Einspeisung an den Knoten 1 und 3, während an den Knoten 2 und 4 maximale Leistung entnommen wird. Die Änderungen im Spannungsniveau kompensieren sich derart, dass das resultierende Profil entlang des Leitungsstrangs nur minimal um die Nennspannung U_N schwankt.

Unter wechselnden Einspeise- und Entnahmekonfigurationen ist es daher denkbar, einzelne Anschlüsse über ihre maximale – durch Worst-Case-Abschätzungen bestimmte – Anschlussleistung hinaus (unter Berücksichtigung der maximalen

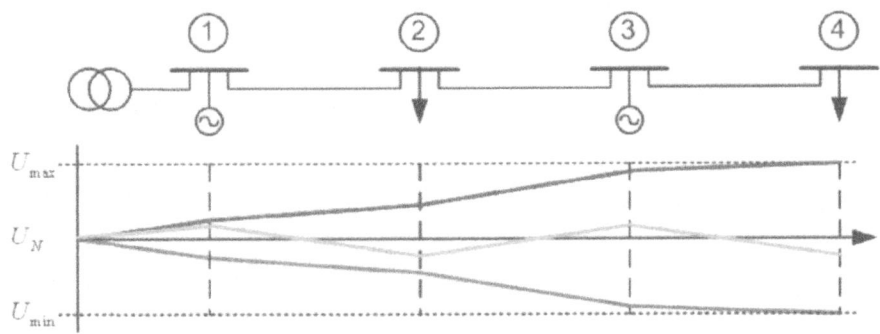

Abbildung 7.6: Spannungsprofil entlang des Leitungsstrangs bei wechselnden Einspeisekonfigurationen

Leitungsströme) zu betreiben und ggf. drohende Spannungsbandverletzungen durch entsprechend komplementäre benachbarte Einspeise- und Entnahmekonfigurationen zu kompensieren. Auf diese Weise wären in einem koordinierten Betrieb deutlich höhere Einzelanschlussleistungen als bisher möglich und damit eine effizientere Ausnutzung der Verteilnetze. Eine derartige Erhöhung von Einzelanschlussleistungen ist für Szenarien mit vermehrtem Einsatz von Elektrofahrzeugen interessant. Bei dem Betrieb von Elektrofahrzeugen steigt der Bedarf an höheren Anschlussleistungen, um die Ladezeiten für die Elektroakkus dieser Fahrzeuge, die typischerweise hohe Kapazitäten besitzen (40-50 kWh, siehe auch Tabelle 4.1 auf Seite 95), zu reduzieren. Die Effizienz von Verfahren zum kurzfristigen Ausgleich und zur Verstetigung von Lastgangkurven (DSM, V2G oder das in dieser Arbeit mit DEZENT vorgestellte Peak Demand and Supply Management, siehe Kapitel 4.2) ließe sich hierdurch ebenfalls deutlich erhöhen, da die Geräte bei Bedarf deutlich stärkere Leistungsspitzen ausgleichen könnten. Den bisher vorgeschlagenen und verfolgten Ansatz, die 10/20 kV-Netze weiter auszubauen, um Anschlüsse entsprechender Leistung zur Verfügung zu stellen, möchte man aufgrund der hohen damit verbundenen Kosten vermeiden. Die Erhöhung der maximalen Anschlussleistungen im 0,4 kV-Netz durch einen koordinierten Netzbetrieb stellt dagegen eine kostengünstige Alternative dar, bei der die bestehende Netztopologie weiterhin – aber deutlich effizienter – genutzt wird.

Sowohl für die Vermeidung von Leitungsüberlastungen (Kapitel 7.1) als auch für eine effizientere Ausnutzung der Verteilnetze durch eine Erhöhung der maximalen Anschlussleistungen in einem koordinierten Betrieb durch DEZENT ist ein adäquates Verfahren notwendig, um Versorgungskonfigurationen in Echtzeit zu bewerten, Überlastungen bzw. Spannungsbandverletzungen zu erkennen und ggf. Korrekturmaßnahmen abzuleiten (Änderung des Einspeise- und Entnahmeverhaltens der zur Störung benachbarten Knoten). Da in DEZENT Versorgungskonfigurationen im Halbsekundentakt neu ausgehandelt werden, sollte ein entsprechendes Verfahren innerhalb dieser Zeitschranken (500 ms) operieren.

7.3 Herkömmliche Verfahren zur Bewertung von Betriebszuständen

Der Betriebszustand eines elektrischen Netzes wird in der Regel nicht durch einzelne isolierte Einflüsse bestimmt, sondern ergibt sich aus dem Zusammenspiel aller am Netz angeschlossenen Akteure. Diese sind durch das Netz miteinander verbunden. Hierbei stehen die Betriebszustände der einzelnen im Netz verwendeten Komponenten in komplexer Weise zueinander in Beziehung. Der Betriebszustand eines elektrischen Netzes mit k Knoten wird in der Elektrotechnik als k-Tupel komplexer Werte in $\mathbb{C}^n$ angegeben mit Wirkleistung bzw. -spannung als Realteil und Blindleistung bzw. -spannung als Imaginärteil. Ein solcher Leistungs- bzw. Spannungsvektor auf einem bestimmten Netz hat bestimmte Leitungsströme zur Folge. Die Leitungsströme in einem Netz mit l Leitungen werden ebenfalls als l-Tupel komplexer Werte in $\mathbb{C}^l$ angegeben mit Wirkstrom als Realteil und Blindstrom als Imaginärteil. In einem elektrischen Netz werden die komplexen Leistungen an jedem Knoten gemessen. Herkömmliche Verfahren zur Bewertung von Betriebszuständen nutzen das NR-Verfahren, um aus dem komplexen Leistungsvektor eines Netzes den zugehörigen komplexen Spannungsvektor zu berechnen. Aus diesem Spannungsvektor werden danach die komplexen Leitungsströme berechnet. Der Betrag der komplexen Spannung an jedem Punkt muss zwischen festen zulässigen Spannungsgrenzen liegen (U_{min} und U_{max}, siehe reellwertiges Beispiel im vorherigen Kapitel 7.2), damit der Betriebspunkt als Ganzes innerhalb zulässiger Spannungsgrenzen liegt. Ebenso muss der Betrag des komplexen Leitungsstroms auf jeder Leitung unterhalb des maximal zulässigen Leitungsstroms liegen, damit der Betriebspunkt des Netzes innerhalb zulässiger Stromgrenzen liegt.

7.3.1 Bewertung von Spannungszuständen

Die Netzspannung des Netzes muss innerhalb eines festen Spannungsbereichs ($U_{min} - U_{max}$) liegen. Dieser Spannungsbereich wird auch als Spannungsband bezeichnet. Um aus dem komplexen Leistungsvektor eines gegebenen Netzes auf eine Verletzung des Spannungsbandes zu schließen, wird von den komplexen Knotenanschlussleistungen ausgehend der Spannungsvektor für ein gegebenes Netz berechnet. Hierzu verwendet das NR-Verfahren die Jacobi-Matrix der Leistungsflussgleichungen, um iterativ eine ausreichend genaue Lösung für den komplexen Spannungsvektor des Netzes zu finden (das NR-Verfahren sucht iterativ nach einer Nullstelle der komplexen Leistungsflussgleichungen, siehe Kapitel 4.3.1). Aus einer Lösung für den komplexen Spannungsvektor, der die komplexen Knotenspannungen an jedem Netzknoten beschreibt, kann abgelesen werden, ob der Betrag der komplexen Spannung an jedem Knoten innerhalb des zulässigen Spannungsbandes liegt.

7.3.2 Bewertung von Leitungsströmen

Die Leitungsströme auf einer Leitung dürfen maximal zulässige Werte nicht überschreiten. Das bedeutet, dass der Betrag des komplexen Leitungsstroms einer Leitung kleiner sein muss als der zulässige Maximalstrom für diese Leitung. Für die Bewertung von Leitungsströmen wird zunächst (wie bereits bei der Bewertung von Spannungszuständen) der komplexe Spannungsvektor aus dem komplexen Leistungsvektor berechnet (mit dem NR-Verfahren). Der komplexe Stromvektor wird danach mit der Leitungsadmittanzmatrix, die die Topologie und Leitungseigenschaften des betrachteten Netzes zusammenfasst (siehe Kapitel 4.3.1), aus dem komplexen Spannungsvektor berechnet. Mit dem komplexen Stromvektor des betrachteten Netzes kann danach für jede Leitung überprüft werden, ob der Betrag des komplexen Leitungsstroms die maximale Belastungsgrenze überschreitet oder nicht.

7.3.3 Konvergenz des Newton-Raphson-Verfahrens

Sowohl die Bewertung von Spannungszuständen als auch die Bewertung von Leitungsströmen sind abhängig von der Berechnung des komplexen Spannungsvektors aus dem komplexen Leistungsvektor mit dem NR-Verfahren. Eine wichtige Eigenschaft des NR-Verfahrens ist das Konvergenzverhalten [KM06, CF07, Mou67]. Dabei existieren Fälle, in denen das NR-Verfahren divergiert und keine Lösung findet (für eine genaue Beschreibung des NR-Verfahrens siehe Kapitel 4.3.1). Ein einfaches Beispiel für Divergenz zur Verdeutlichung dieses Problems ist die reelle Funktion $f(x) = x^3 - 2x + 2$ mit $f'(x) = 3x^2 - 2$ bei der das NR-Verfahren nicht konvergiert (ähnliche Beispiele lassen sich auch im Komplexen finden). In diesem Beispiel beginnt die Iteration mit $x_0 = 1$. Die erste Tangente des Verfahrens an $f(1)$ wird an dieser Stelle konstruiert. Diese Tangente schneidet die Abszisse bei $x_1 = 0$. Die im nächsten Iterationsschritt konstruierte Tangente

7.3 Herkömmliche Verfahren zur Bewertung von Betriebszuständen

an $f(0)$ schneidet die Abszisse allerdings wieder bei $x_2 = 1$, womit das Verfahren nicht konvergieren und in den folgenden Iterationsschritten n und $n+1$ immer zwischen $x_n = 1$ und $x_{n+1} = 0$ wechseln würde. Abbildung 7.7 zeigt die Funktion f mit den beiden Tangenten an $f(1)$ und $f(0)$.

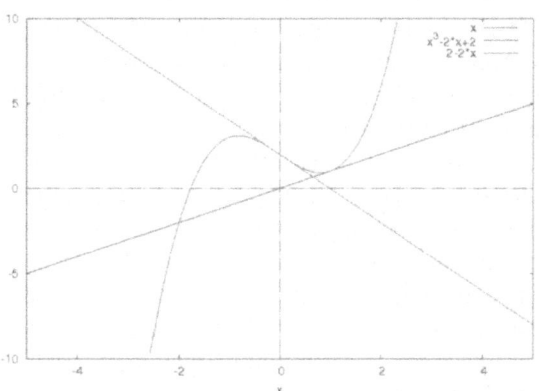

Abbildung 7.7: Keine Konvergenz beim Newton-Raphson-Verfahren

Im Komplexen findet Ähnliches beim NR-Verfahren statt (siehe Kapitel 4.3.1). Konvergenzprobleme des NR-Verfahrens bei höher dimensionalen Funktionen werden in [CF07] behandelt. Darüber hinaus sind die komplexen Leistungsflussgleichungen nicht komplex differenzierbar (die verwendete Jacobi-Matrix verhält sich innerhalb relevanter Grenzen lediglich ähnlich wie man es von einer ersten Ableitung der Leistungsflussgleichungen erwarten würde [Kra09]), so dass Startwerte der NR-Iteration bereits aus dem Stetigkeitsintervall der gesuchten Lösung gewählt werden müssen, damit das Verfahren überhaupt konvergiert.

Aus diesen Gründen lassen sich die vorgestellten Verfahren zur Bewertung von Spannungszuständen und Leitungsströmen nicht in DEZENT mit seinen strikten Zeitanforderungen einsetzen. Nachfolgend wird der Ansatz für ein Verfahren vorgestellt, mit dem sich Betriebszustände eines elektrischen Netzes innerhalb konstanter Zeit bewerten und darüber hinaus drohende Instabilitäten erkennen lassen können, *bevor* zulässige Betriebsgrenzen überschritten werden.

7.4 Stable State Recognition

Allgemein wird bei der Bewertung von elektrischen Betriebszuständen eines Netzes versucht, aus den realen oder modellbasierten Messgrößen – zumeist gegeben als komplexe Knotenleistungen – auf die anliegenden Knotenspannungen und Leitungsströme zu schließen. Zur Bestimmung der Knotenspannungen und Leitungsströme aus den Knotenleistungen werden die sog. Leistungsflussgleichungen verwendet. Diese Abbildungen sind jedoch nicht allgemein durchführbar [Kra09]. Damit ist auch ein sicheres Erkennen von Spannungsbandverletzungen und Leitungsüberlastungen auf diese Weise nicht allgemein möglich. Darüber hinaus ist mit der Betrachtung einzelner Betriebszustände ein Erkennen der Betriebsgrenzen des elektrischen Netzes als Ganzes nicht möglich. Für einen Betriebszustand kann also höchstens entschieden werden, ob sein komplexer Spannungsvektor und sein komplexer Stromvektor innerhalb zulässiger Betriebsgrenzen liegen oder nicht. Informationen, die über diese (binäre) Entscheidung hinaus gehen, wie z.B. verbleibende Betriebsmittelreserven (wie weit ein zulässiger Betriebspunkt tatsächlich noch von einem unzulässigen und damit möglicherweise instabilen Betriebspunkt entfernt liegt) sind nicht zu erhalten.

Olav Krause zeigt in seiner Dissertation [Kra09], dass – obwohl die Abbildung von komplexen Knotenleistungen in komplexe Kontenspannungen nicht allgemein durchführbar ist – die Umkehrabbildung von komplexen Knotenspannungen zu komplexen Knotenleistungen nicht nur allgemein möglich ist, sondern auch – im Gegensatz zur iterativen Vorgehensweise des NR-Verfahrens – auf konvergente Berechnungsverfahren verzichtet und damit eine deterministische Ausführungszeit besitzt.

Das im Rahmen des DEZENT-Projektes entwickelte Verfahren der Stable State Recognition geht daher umgekehrt vor und tastet zunächst die bekannten Betriebsgrenzen für zulässige Strom- und Spannungsvektoren ab. Jeder dieser endlichen Abtastpunkte stellt dann einen extremen Spannungsvektor bzw. Stromvektor dar. Diese Spannungs- bzw. Stromvektoren können in den Raum komplexer Leistungen abgebildet werden und bilden dort eine Teilmenge zulässiger Leistungsvektoren (bzgl. zulässiger Knotenspannungen und zulässiger Leitungsströme), die sich wiederum durch konvexe Teilmengen im Raum komplexer Leistungsvektoren ausdrücken lassen. Für einen komplexen Leistungsvektor kann auf diese Weise nicht nur überprüft werden, ob er Element der Teilmenge zulässiger Leistungsvektoren ist, sondern auch wie weit er von den – nun im Raum komplexer Knotenleistungen vollständig bekannten – zulässigen Betriebsgrenzen entfernt ist. Es können darüber hinaus Pfade (sog. Trajektorien) von Betriebspunkten über Beobachtungszeiträume hinweg betrachtet werden, die erkennen lassen, ob und wann sich ein

7.4 Stable State Recognition

Zustandsvektor gezielt auf zulässige Betriebsgrenzen zubewegt.
Die Stable State Recognition ist bereits mit [KLR+08, KRL+07, KLH+09] veröffentlicht worden. Das beschriebene Verfahren besteht aus zwei Komponenten:

1. Die Abtastung und das Identifizieren von zulässigen Teilmengen im Raum komplexer Knotenleistungen bzgl. der Vermeidung von Spannungsbandverletzungen und Leitungsüberlastungen. Die Teilmengen werden dabei als Punktwolken extremer Leistungsvektoren empirisch gefunden.

2. Die Aufbereitung und effiziente Repräsentation der zulässigen – und durch konvexe Punktwolken begrenzte – Betriebsräume für eine on-line Bewertung von Betriebspunkten (gegeben als Vektoren komplexer Knotenleistungen).

Im Folgenden wird das Abtasten der zulässigen Betriebsgrenzen und die Erzeugung der zugehörigen Teilmengen im Raum komplexer Knotenleistungen für die weitere Verwendung mit der SSR skizziert. Die exakte Vorgehensweise ebenso wie eine umfassende elektrotechnische Interpretation der hierbei auftretenden Phänomene werden ausführlich in der Dissertation von Olav Krause [Kra09] dargestellt. Im nachfolgenden Abschnitt wird weitgehend auf eine Diskussion der komplexen elektrotechnischen Zusammenhänge verzichtet. Die reduzierte Darstellung in dieser Arbeit liefert die notwendige Grundlage für das Verständnis der on-line Bewertung von Betriebspunkten in DEZENT, die in dem darauf folgenden Kapitel 7.4.4 ausführlich beschrieben wird.

7.4.1 Erzeugen der Teilmengen zur Vermeidung von Spannungsbandverletzungen im Raum komplexer Knotenleistungen

Die Abbildung eines komplexen Spannungsvektors in den Raum komplexer Knotenleistungen ist allgemein möglich. Für einen gegebenen Spannungsvektor lässt sich ein komplexer Stromvektor berechnen, aus dem sich mit dem komplexen Spannungsvektor durch komplexe Multiplikation der zugehörige Leistungsvektor im Raum komplexer Knotenleistungen berechnen lässt. Für die Erzeugung der Teilmengen zur Vermeidung von Spannungsbandverletzungen im Raum komplexer Knotenleistungen werden die zulässigen Spannungsbänder als endliche Zahl extremer (minimaler und maximaler) Spannungsvektoren abgetastet und jeder dieser Spannungsvektoren in den Raum komplexer Knotenleistungen abgebildet. Abbildung 7.8 zeigt die Teilmenge zulässiger Spannungsvektoren für einen Knoten.

Eine komplexe Knotenspannung an diesem Knoten ist zulässig, wenn ihr komplexer Zahlenbetrag größer als U_{min} und kleiner als U_{max} ist. Die Grenzen der Teilmenge sind daher Ringe in der komplexen Spannungsebene eines Knotens.

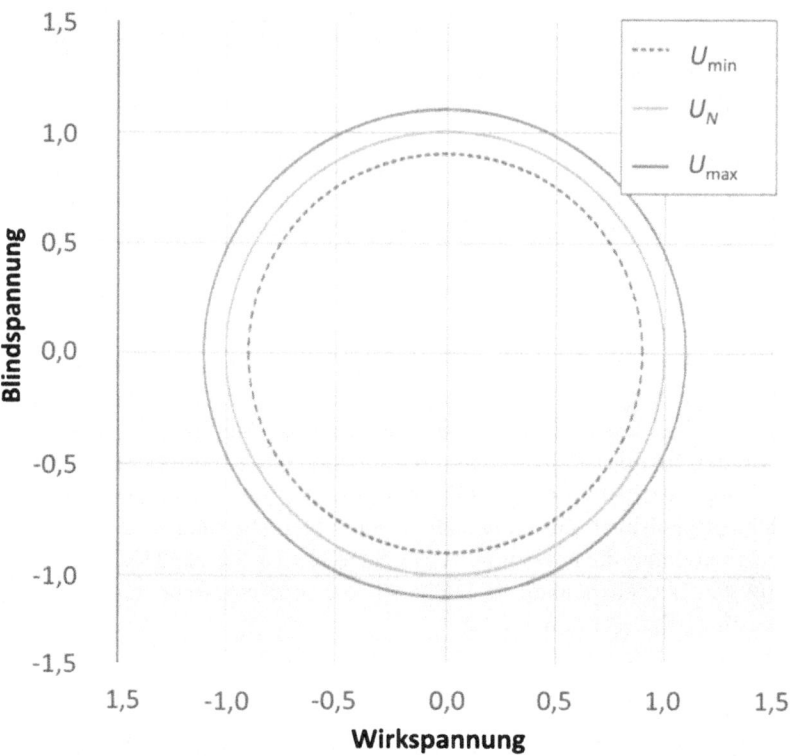

Abbildung 7.8: Zulässiges Spannungsband eines Knotens in der komplexen Ebene (angegeben in der dimensionslosen Einheit *per unit*)

In [Kra09] wird empirisch gefunden, dass die Abbildung der endlichen Extrempunkte sowohl der unteren als auch der oberen Spannungsgrenze jeweils eine konvexe zusammenhängende Teilmenge im Raum komplexer Knotenleistungen bildet. Die komplexe Abbildung der Spannungsvektoren auf Leistungsvektoren verzerrt und verschiebt die in Abbildung 7.8 gefundenen Ringe jedoch zueinander. Die Teilmenge zulässiger Spannungsvektoren im Raum komplexer Knotenleistungen für den einen Knoten ist in Abbildung 7.9 dargestellt.

Die Überprüfung eines komplexen Leistungsvektors auf seine Zulässigkeit bzgl.

7.4 Stable State Recognition

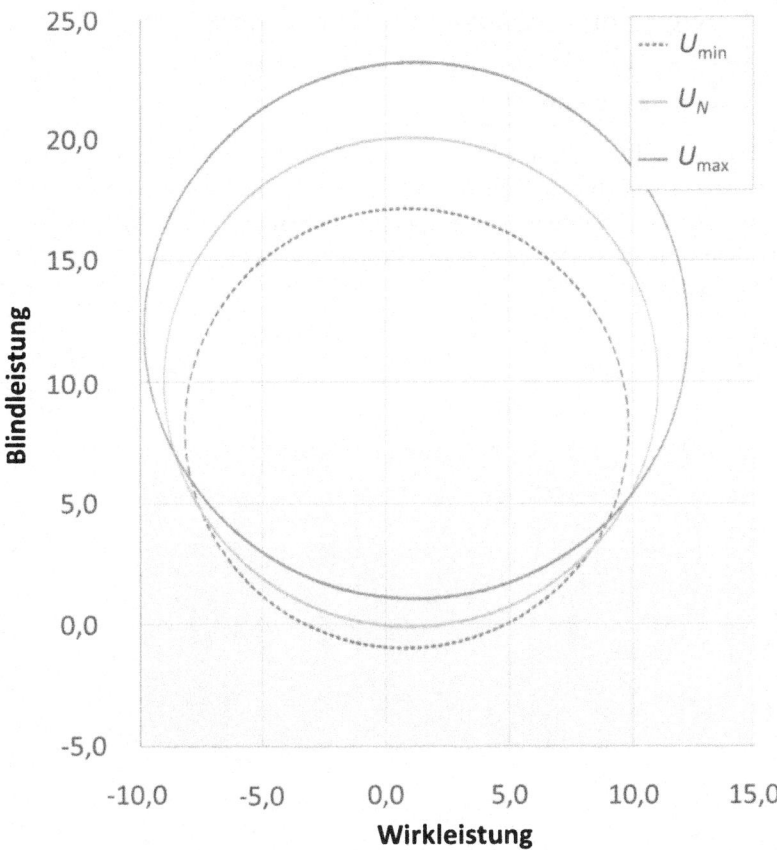

Abbildung 7.9: Zulässiges Spannungsband eines Knotens im Raum komplexer Knotenleistungen (angegeben in der dimensionslosen Einheit *per unit*)

der Spannungsgrenzen bedeutet dann die Lokalisation des Vektors in der Teilmenge, die durch die Extrempunkte auf der unteren Spannungsgrenze gebildet wird, und außerhalb der Teilmenge, die durch die Extrempunkte auf der oberen Spannungsgrenze gebildet wird.

7.4.2 Erzeugen der Teilmenge zur Vermeidung von Leitungsüberlastungen im Raum komplexer Leistungsvektoren

Die zulässigen Leitungsströme können als Stromvektoren dargestellt werden, deren komplexer Zahlenbetrag kleiner als der maximale zulässige Leitungsstrom I_{max} der Leitungen ist. Abbildung 7.10 zeigt den zulässigen Leitungsstrom einer Leitung als Kreisscheibe in der komplexen Stromebene des Knotens (für unterschiedliche Maximalströme).

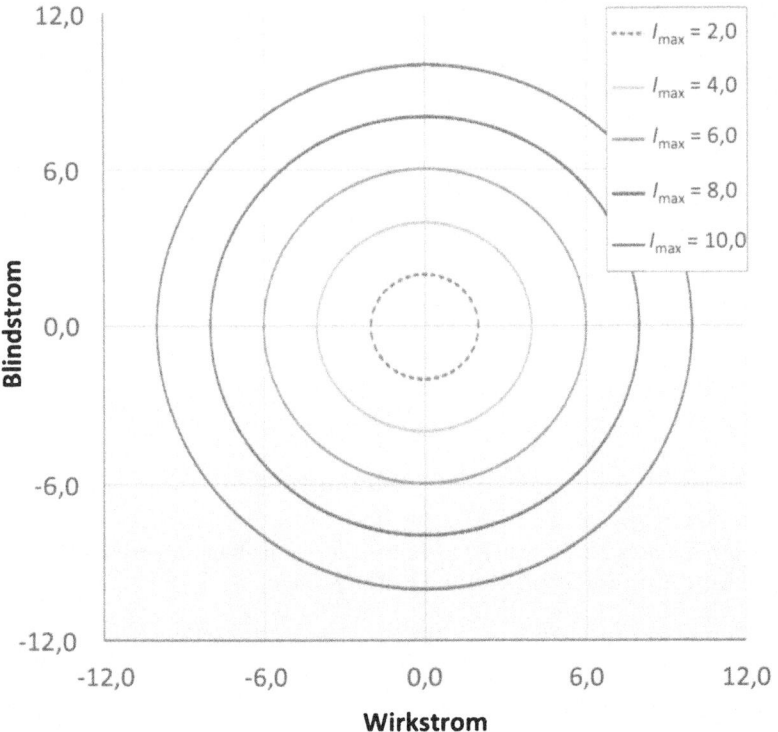

Abbildung 7.10: Zulässige Maximalströme einer Leitung in der komplexen Ebene (angegeben in der dimensionslosen Einheit *per unit*)

Die Berechnung eines Spannungsvektors aus einem Stromvektor inzidenter Leitungen ist wieder allgemein möglich. Ähnlich wie bei der Abtastung der Spannungsgrenzen wird die Stromgrenze zunächst mit einer endlichen Zahl extremer

7.4 Stable State Recognition

(maximaler) komplexer Stromvektoren regelmäßig abgetastet. Die komplexen Stromvektoren werden in komplexe Spannungsvektoren des gegebenen Netzes umgerechnet. Diese Spannungsvektoren werden danach in den Raum komplexer Knotenleistungen abgebildet und ergeben dort eine zusammenhängende konvexe Teilmenge zulässiger Leistungsvektoren bezogen auf die Einhaltung zulässiger maximaler Leitungsströme [Kra09]. Abbildung 7.11 zeigt die Teilmengen der komplexen Spannungsvektoren der abgetasteten Stromgrenzen für unterschiedliche Maximalströme (7.11 *links*). Bei der Berechnung der komplexen Spannungsvektoren aus den komplexen Maximalströmen ergibt sich eine Verschiebung der kreisförmigen Betriebsgrenzen. Abbildung 7.11 *rechts* zeigt die Teilmenge zulässiger Leitungsströme im Raum komplexer Knotenleistungen. Die komplexe Abbildung der Spannungsvektoren in Leistungsvektoren staucht und verschiebt die Teilmengen für unterschiedliche Maximalströme gegeneinander.

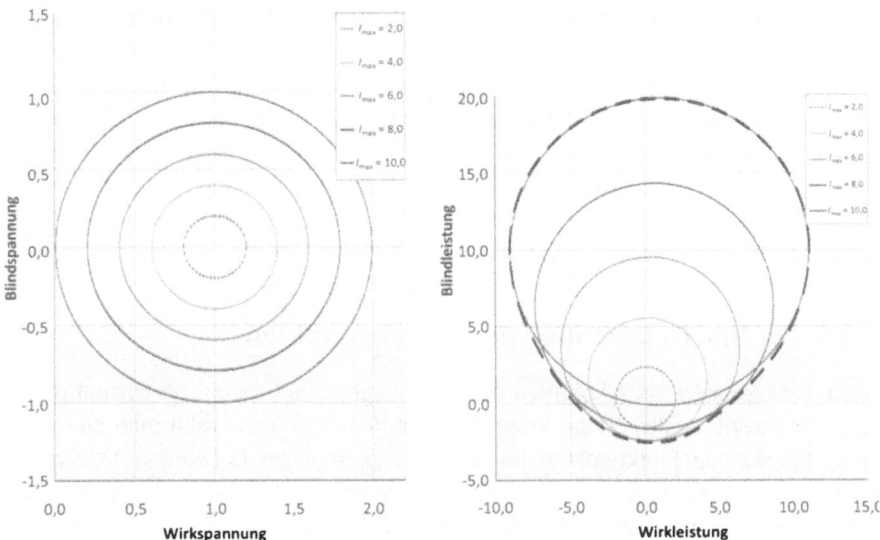

Abbildung 7.11: Teilmenge zulässiger Maximalströme als zulässige Spannungsvektoren (links) und im Raum komplexer Knotenleistungen (rechts), angegeben in der dimensionslosen Einheit *per unit*

Die Überprüfung eines komplexen Leistungsvektors auf seine Zulässigkeit in Bezug auf die über die Leitungen fließenden Ströme entspricht der Lokalisation des Leistungsvektors in der Teilmenge zulässiger Maximalströme im Raum komplexer Knotenleistungen.

7.4.3 Kombination zulässiger Spannungs- und Stromvektoren im Raum komplexer Knotenleistungen

Die abgetasteten Betriebsgrenzen für Spannungen und Leitungsströme, die in den Raum komplexer Knotenleistungen abgebildet wurden, können zusammengeführt werden, um die Zulässigkeit eines Betriebspunktes – gegeben als komplexer Leistungsvektor – in Bezug auf beide Stabilitätsmerkmale kombiniert zu testen. Abbildung 7.12 zeigt die überlagerten Teilmengen für maximale und minimale Spannungsvektoren und maximale Stromvektoren im Raum komplexer Knotenleistungen für unterschiedliche Maximalströme. Die Überprüfung eines komplexen Leistungsvektors auf seine Zulässigkeit bzgl. Spannungs- und Stromgrenzen entspricht dann der Lokalisation des Vektors in der Teilmenge, die durch die Extrempunkte auf der unteren Spannungsgrenze gebildet wird (U_{min}), außerhalb der Teilmenge, die durch die Extrempunkte auf der oberen Spannungsgrenze gebildet wird (U_{max}) und innerhalb der Teilmenge, die durch die Extrempunkte auf der maximalen Stromgrenze gebildet wird (I_{max}).

Abbildung 7.12 zeigt die kombinierten Teilmengen für $I_{max} = 1{,}0$ pu (7.12.I), für $I_{max} = 2{,}0$ pu (7.12.II) und für $I_{max} = 3{,}0$ pu (7.12.III) in der dimensionslosen Einheit *per unit*. In [Kra09] wird gezeigt, dass die Erzeugung von Teilmengen zulässiger Betriebspunkte im Raum komplexer Knotenleistungen für nicht triviale Beispiele mit k Knoten und l Leitungen nach der gleichen Vorgehensweise erfolgen kann.

7.4.4 On-line Bewertung von Betriebspunkten

Nach dem Abtasten und Abbilden der Betriebsgrenzen (sowohl für Spannung als auch für Strom) in den Raum komplexer Knotenleistungen erhält man eine endliche Anzahl von Punktwolken im Raum $\mathbb{C}^k$ komplexer Leistungsvektoren mit Punkten $p_1, \ldots, p_m$. Der zulässige Betriebsraum entspricht einer bestimmten Kombination konvexer Hüllen mehrerer solcher Teilmengen. Die Teilmengen werden im k-dimensionalen komplexen Raum $\mathbb{C}^k$ gebildet. Da im Nachfolgenden die komplexen Teilmengen nur zur Beschränkung und Eingrenzung zulässiger Leistungsvektoren verwendet werden, kann o.B.d.A. jede komplexe Zahl durch das reellwertige Paar aus Real- und Imaginärteil dargestellt werden. Die Analyse und Verarbeitung der Punktwolken (im Folgenden mittels Linearer Programmierung und dem QHull-Algorithmus) nehmen keinen Bezug auf die komplexen Strukturen in $\mathbb{C}^k$. Daher wird im Folgenden $\mathbb{C}^k$ als $\mathbb{R}^{2k} = \mathbb{R}^n$ interpretiert. Der zulässige Betriebsraum entspricht also einer bestimmten Kombination konvexer Hüllen mehrerer Teilmengen, sog. $\mathcal{V}$-Polytope (*Vertex-Polytop*, $P_\mathcal{V} = conv\{p_1, \ldots, p_m\}$) in $\mathbb{R}^n$.

7.4 Stable State Recognition

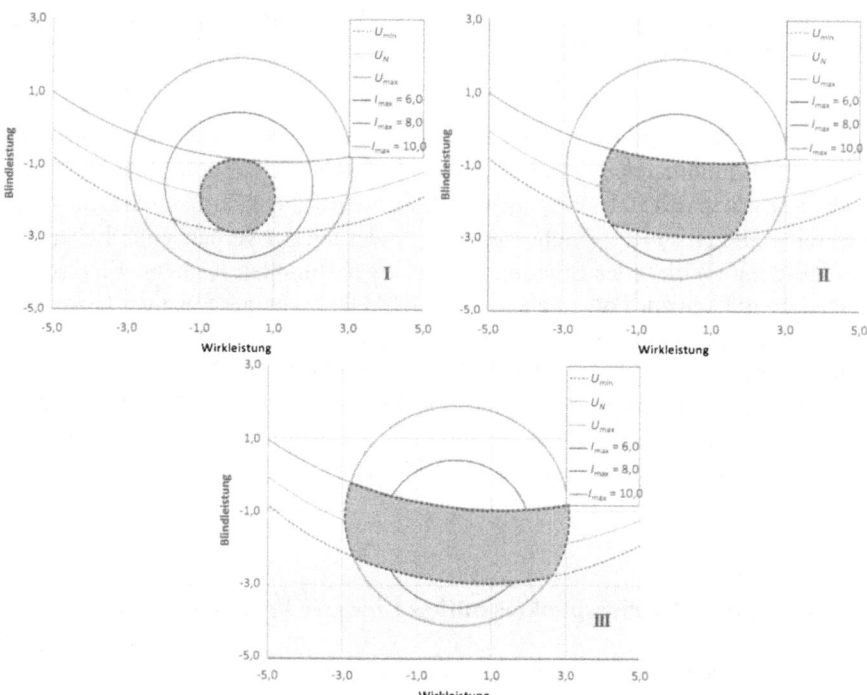

Abbildung 7.12: Kombinierte Teilmengen innerhalb des zulässigen Spannungsbandes bei unterschiedlichen Maximalströmen im Raum komplexer Knotenleistungen (angegeben in der dimensionslosen Einheit *per unit*)

Die Teilmengen, die durch die entsprechenden konvexen Hüllen begrenzt sind, werden im Folgenden mit I_{max} (Teilmenge maximaler Leitungsströme in Raum konvexer Knotenleistungen), V_{max} (Teilmenge maximaler Knotenspannungen im Raum konvexer Knotenleistungen) und V_{min} (Teilmenge minimaler Knotenspannungen im Raum konvexer Knotenleistungen) bezeichnet.

Eine verhandelte Versorgungskonfiguration in DEZENT bestimmt den Betriebspunkt der nächsten Verhandlungsperiode (Leistungseinspeisung und -entnahme Regulärer, Bedingter und Virtueller Agenten; siehe Kapitel 4). Am Ende einer Verhandlungsperiode sind daher für die Versorgungskonfiguration zwei Entscheidungen zu treffen:

1. Befindet sich der Betriebspunkt (Zustandsvektor) innerhalb des zulässigen Betriebsraums?

2. Falls der Betriebspunkt nicht zulässig ist: Was ist der „kürzeste Weg" zurück in den Raum der zulässigen Betriebsgrenzen?

Ein „kürzester Weg" zurück in den Raum zulässiger Betriebsgrenzen entspricht dabei einem minimalen Korrekturvektor, mit dem ein nicht zulässiger Zustandsvektor zurück in den Betriebsraum verschoben wird. Eine Zustandsänderung entlang einer Dimension entspricht dabei der Änderung der verhandelten Leistungskonfiguration (Wirk- oder Blindleistung) eines bestimmten Knotens. Eine solche Veränderung kann zur Folge haben, dass ein Akteur weniger Leistung bezieht als er tatsächlich benötigt. Diese Einschränkung, die zu lokalen Instabilitäten (z.B. weniger Leistung als tatsächlich benötigt) auf der Seite des Akteurs führen kann, wird dabei jedoch akzeptiert, da eine Position des Betriebspunktes des Gesamtsystems innerhalb zulässiger Betriebsgrenzen und damit die Gesamtnetzstabilität in DEZENT auch unter dezentraler Kontrolle zu jedem Zeitpunkt garantiert werden muss.

Bewertung eines Betriebspunktes mittels Linearer Programmierung

Die erste Entscheidung am Ende einer Verhandlungsperiode in DEZENT über die Position eines Betriebspunktes q innerhalb oder außerhalb des zulässigen Betriebsraums kann mittels *Linearer Programmierung* als *Lineares Programm* (LP) mit einem $\mathcal{V}$-Polytop gelöst werden. Gegeben ist das $\mathcal{V}$-Polytop $P_\mathcal{V} = conv\{p_1, \ldots, p_m\}$. Das entsprechende LP lässt sich folgendermaßen formulieren:

$$\text{gesucht wird: } q$$
$$\text{unter den Nebenbedingungen: } \sum_{i=1}^{m} \lambda_i p_i = q,$$
$$\sum_{i=1}^{m} \lambda_i = 1, \quad (7.1)$$
$$\text{mit } \lambda_i \geq 0 \text{ für alle } i = 1, \ldots, m$$

Das Problem hat keine Zielfunktion (derartige Probleme werden häufig als *Linear Feasibility Problems* bezeichnet). Es ist in der Regel intuitiver, eine andere aber äquivalente Formulierung zu verwenden. Das mit (7.1) beschriebene Problem hat eine Lösung genau dann, wenn das folgende LP keine Lösung hat:

7.4 Stable State Recognition

gesucht wird: $z_0 \in \mathbb{R}, z \in \mathbb{R}^n$

unter den Nebenbedingungen: $z^T q > z_0,$ (7.2)

$z^T p_i \leq z_0$, für alle $i = 1, \ldots, m$

Diese Formulierung lässt sich geometrisch interpretieren: Wenn eine Lösung (z_0, z) gefunden wird, dann ist $H = \{x \in \mathbb{R}^n : z^T x = z_0\}$ eine Hyperebene in $\mathbb{R}^n$, die das Polytop $P_\mathcal{V}$ von dem zu überprüfenden Punkt q trennt. Der Punkt q liegt also außerhalb des zulässigen Betriebsraums. Um (7.2) zu lösen, bringt man das LP in die Standardform:

maximiere: $f = z^T q - z_0$

unter den Nebenbedingungen: $z^T q - z_0 \leq 1,$ (7.3)

$z^T p_i - z_0 \leq 0$, für alle $i = 1, \ldots, m$

Die Nebenbedingung $z^T q - z_0 \leq 1$ wird eingeführt, damit das LP eine beschränkte Lösung hat. Der betrachtete Punkt q liegt außerhalb des Polytops genau dann, wenn das Maximum der Zielfunktion f positiv ist.

Bewertung eines Betriebspunktes mittels $\mathcal{H}$-Polytopen

Das Problem bei der Verwendung von Linearer Programmierung für die Bewertung eines Betriebspunktes in DEZENT ist die Laufzeit des Verfahrens. Eine Verhandlungsperiode in DEZENT hat eine Länge von 500 ms. Nach der Verhandlung, den Maßnahmen zum dezentralen Netzmanagement (Bedingte und Virtuelle Agenten, siehe Kapitel 4) und unter Berücksichtigung der Kommunikation verbleiben für die Bewertung von Betriebszuständen und ggf. für die Reaktion auf Stabilitätsverletzungen lediglich ein Bruchteil der 500 ms (realistische Experimente in einer Laborumgebung haben gezeigt, dass für die SSR nur etwa 200 ms zur Verfügung stehen). Das $\mathcal{V}$-Polytop eines zulässigen Betriebsraums eines Bilanzkreises mit 20 Knoten hat bei einer Abtastrate von 10 P-Q-Konfigurationen jedoch bereits 10^{20} Punkte in $\mathbb{R}^{40}$. Das Bewerten einer Versorgungskonfiguration mittels Linearer Programmierung sprengt hierbei ganz offensichtlich den verfügbaren Zeitrahmen. Die zweite Entscheidung (über den kürzesten Weg zurück in den zulässigen Betriebsraum bei einer Verletzung von Betriebsgrenzen) ist darüber hinaus aus der $\mathcal{V}$-Polytop-Darstellung allein nicht ohne weiteres zu bestimmen. Um jedoch beide Entscheidungen innerhalb fester Zeitgrenzen treffen zu können, sind die $\mathcal{V}$-Polytope in eine äquivalente effizientere $\mathcal{H}$-Polytop-Darstellung zu überführen (*Halfspace-Polytop*, $P_\mathcal{H} = \{x \in \mathbb{R}^n : \vec{n}_0 \cdot x \leq b\}$). Bei der Darstellung als $\mathcal{H}$-Polytop wird die beschriebene Datenmenge als Durchschnitt endlich vieler Halbräume dargestellt. Eine Halbraumdefinition wird dabei in Hessescher Normalform angegeben: $\vec{n}_0 \cdot x \leq b$. Dabei ist b der Abstand der Hyperebene zum Ursprung des Koordinatensystems und $\vec{n}_0$ der vom Ursprung wegzeigende Normalenvektor der Hyperebene. Eine solche Halbraumdefinition teilt den Raum anschaulich in zwei Hälften. Der Durchschnitt endlich vieler Halbraumdefinitionen beschreibt die gesuchte konvexe Datenmenge (siehe Abbildung 7.13).

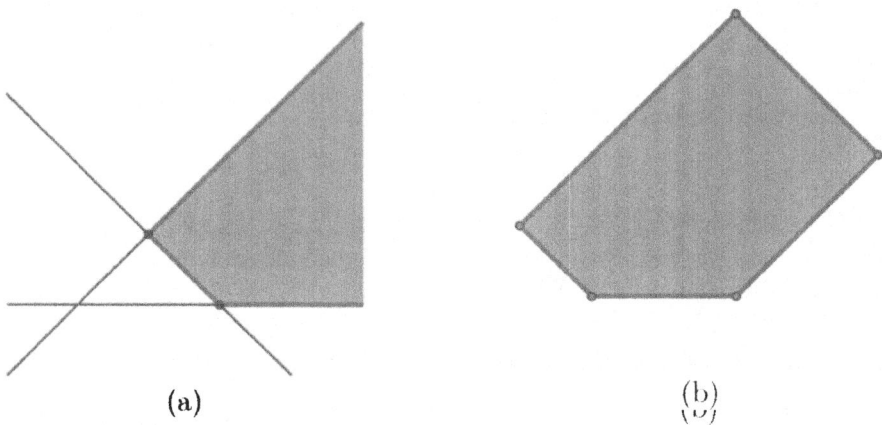

Abbildung 7.13: Ein $\mathcal{H}$-Polyhedron (a) und ein $\mathcal{V}$-Polytop (b)

Die Darstellung der Halbraumdefinitionen in Hessescher Normalform hat den Vorteil, dass sich der Abstand s eines beliebigen Punktes p, gegeben als Ortsvektor $\vec{p}$, zur Hyperebene durch einfaches Einsetzen in die Normalform berechnen lässt:

$$s = \vec{n}_0 \cdot \vec{p} - b$$

Ist der Abstand $s \leq 0$, dann liegt der Punkt p *unter* der Hyperebene (d.h. in dem Halbraum, der den Ursprung des Koordinatensystems enthält) oder in der Hyperebene selbst. Ist $s > 0$, dann liegt der Punkt *über* der Hyperebene.

Die Berechnung eines $\mathcal{H}$-Polytops $P_\mathcal{H}$ aus einem $\mathcal{V}$-Polytop $P_\mathcal{V}$ bezeichnet man allgemein als Facetten-Aufzählungsproblem (*Facet Enumeration Problem*). Ist $P_\mathcal{H}$ außerdem beschränkt, lässt sich das Problem auf das sog. Konvexe-Hüllen-Problem reduzieren (*Convex Hull Problem*). Die Berechnung einer konvexen Hülle aus einem gegebenen $\mathcal{V}$-Polytop $P_\mathcal{V} = conv\{p_1, \ldots, p_m\}$ in $\mathbb{R}^n$ ist sehr aufwändig. Die

7.4 Stable State Recognition

Anzahl von Facetten, gegeben als Ungleichungen der Form $\vec{n}_0 \cdot x \leq b$, wächst dabei exponentiell in n und m.

Ein Punkt q liegt im $\mathcal{H}$-Polytop der zulässigen Betriebspunkte genau dann, wenn er alle Ungleichungen erfüllt, also unter allen Facetten liegt. Die Anzahl der Facetten ist in der Regel sehr viel größer als die Anzahl der Punkte des $\mathcal{V}$-Polytops, aus denen die Hülle berechnet wurde (ausgenommen innere und linear abhängige Punkte). Das Problem der Bewertung des betrachteten Punktes q gegen alle Facetten-Ungleichungen lässt sich stark parallelisieren, da die Ungleichungen parallel ausgewertet werden können und ein gemeinsames Ergebnis aller Vergleiche nicht aufwändig aus der Kombination der Teilergebnisse ermittelt werden muss. In DEZENT werden hierzu Systeme mit mehreren Multicore-Grafikkarten verwendet, die jeweils 800 Kerne für Matrixoperationen besitzen und gleichzeitig nutzen können. In einem solchen System kommen bis zu zwei solcher Grafikkarten zum Einsatz, was bis zu 2×10^{12} Gleitkommaoperationen pro Sekunde ermöglicht.

Die Berechnung der Facetten des $\mathcal{H}$-Polytops ist sehr zeitaufwändig und kann – je nach Größe des $\mathcal{V}$-Polytops – mehrere Tage in Anspruch nehmen. Der Vorteil des Verfahrens ist jedoch, dass die Berechnung der $\mathcal{H}$-Polytop-Darstellung für ein gegebenes Netz off-line vorab berechnet werden kann, da sich die Topologie des Versorgungsnetzes auf den unteren Spannungsebenen in der Regel nicht ändert (ausgenommen sind Leitungsausfälle oder ein Ausbau bzw. Baumaßnahmen im entsprechenden Teilnetz). Nach dem das $\mathcal{H}$-Polytop off-line berechnet wurde, kann ein Betriebspunkt auf Basis der Halbraum-Ungleichungen on-line in kurzer Zeit bewertet werden. Die maximale Rechenzeit der Bewertung ist dabei durch die Anzahl der Halbraum-Ungleichungen beschränkt. Für den Nachweis einer Verletzung zulässiger Betriebsgrenzen genügt bereits das Verletzen einer einzigen Ungleichung. Das Verfahren lässt sich noch weiter beschleunigen, in dem ein Punkt q nur gegen Facetten getestet wird, deren ($\mathcal{V}$-Polytop) Hüllpunkte im selben Orthanten um den Ursprung[2] liegen wie q.

Der QuickHull-Algorithmus zur Berechnung konvexer Hüllen

Nachfolgend ist der QuickHull-Algorithmus zur Berechnung konvexer Hüllen in $\mathbb{R}^n$ nach [BDH96] beschrieben, der in DEZENT zum Einsatz kommt. Der Algorithmus wird zunächst in Pseudocode angegeben, dabei wird die gleiche Notation wie bereits in Kapitel 3.7 und 4.4 verwendet.

---

[2] Ein Orthant um einen Punkt p bezeichnet in der Geometrie eine Teilmenge von $\mathbb{R}^n$, die auf jeweils genau einer Seite der durch p verlaufenden achsenparallelen Hyperebenen liegt. Ein Orthant um den Ursprung ist also der Durchschnitt von n durch den Ursprung verlaufender Halbräume, die jeweils zu einer Achse von $\mathbb{R}^n$ parallel liegen.

QUICKHULL in $\mathbb{R}^n$

1 Erzeuge einen Simplex aus $n+1$ Punkten.
2 **for** alle Facetten F
3   **do**
4   **for** alle Punkte p außerhalb des Simplex
5   **do**
6   **if** p liegt über F
7   **then** *punkteAußerhalb*$[F] \leftarrow p$
8 **for** alle Facetten F mit *punkteAußerhalb*$[F] \neq 0$
9   **do**
10   Wähle den am weitesten entfernten Punkt p aus *punkteAußerhalb*$[F]$.
11   Initialisiere: *sichtbareFacetten*$[p] \leftarrow F$
12   **for** alle nicht besuchten Nachbarfacetten N
                      von Facetten in *sichtbareFacetten*$[p]$
13   **do**
14   **if** p liegt über N
15   **then** *sichtbareFacetten*$[p] \leftarrow$ *sichtbareFacetten*$[p] + N$
16   Der Rand von *sichtbareFacetten*$[p]$ sei die Menge von
         Horizontkanten H.
17   **for** alle Kanten R in H
18   **do**
19   Erzeuge eine neue Facette aus R und p.
20   Verknüpfe die neue Facette mit ihren Nachbarn.
21   **for** jede neue Facette F'
22   **do**
23   **for** alle unverarbeiteten Punkte q die in *punkteAußerhalb*$[X]$
                      einer Facette X aus *sichtbareFacetten*$[p]$ liegen
24   **do**
25   **if** q liegt über F'
26   **then** *punkteAußerhalb*$[F'] \leftarrow q$
27   Entferne alle Facetten in *sichtbareFacetten*$[p]$.

Der QuickHull-Algorithmus beginnt mit der Bildung eines Simplex in $\mathbb{R}^n$ aus $n+1$ beliebigen Punkten mit $n+1$ Facetten. Die unverarbeiteten Punkte werden im Anschluss daran den Facetten zugeordnet, deren Ungleichungen sie nicht erfüllen (die Punkte liegen „über" der jeweiligen Facette). Für jede Facette wird nacheinander der am weitesten entfernte Punkt aus der Menge der darüberliegenden Punkte gewählt. Um im folgenden Schritt neue Facetten zu erzeugen, werden die von dem ausgewählten Punkt sichtbaren Facetten identifiziert (siehe Abbildung 7.14).

7.4 Stable State Recognition

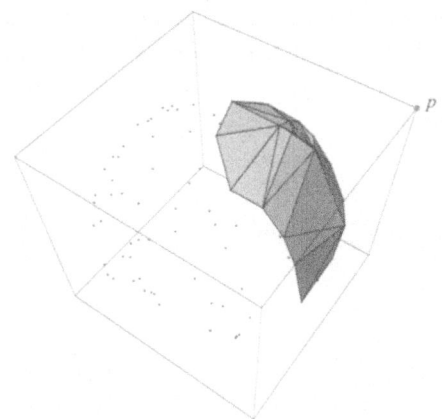

Abbildung 7.14: Von p aus sichtbare Facetten

Abbildung 7.15 zeigt das $\mathcal{H}$-Polytop ohne die sichtbaren Facetten bzw. die Facetten, die den gemeinsamen Rand bilden. Der gemeinsame Rand aller sichtbaren Facetten bildet mit dem ausgewählten Punkt die neu zu erzeugenden Facetten.

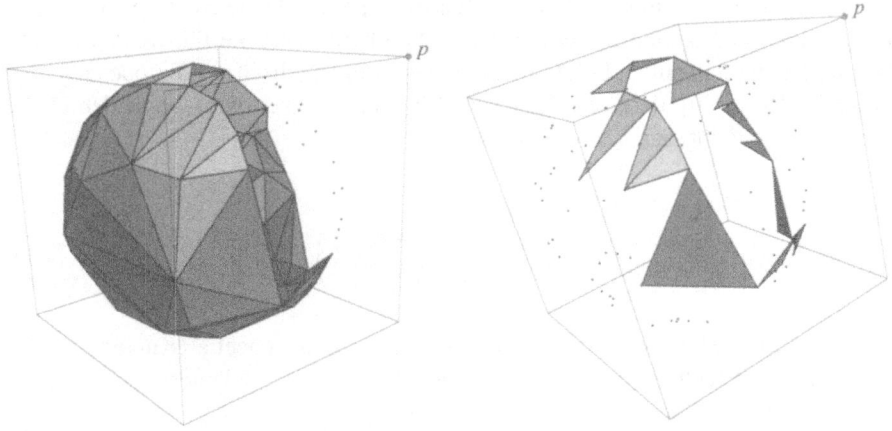

Abbildung 7.15: Gemeinsamer Rand der sichtbaren Facetten

Im nächsten Schritt werden die neuen Facetten erzeugt und die Datenstrukturen entsprechend angepasst. Für die neu hinzugekommen Facetten werden wiederum die Punkte identifiziert, die über den jeweiligen Facetten liegen und entsprechend zugeordnet. Im letzten Schritt werden die ehemals sichtbaren Facetten entfernt, die jetzt im Inneren des Polytops liegen. Abbildung 7.16 zeigt die neu konstruierten Facetten des $\mathcal{H}$-Polytops.

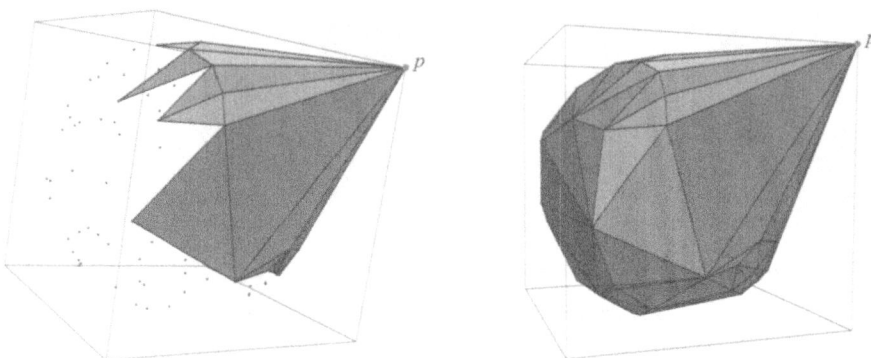

Abbildung 7.16: Neu konstruierte Facetten

Die Laufzeit des Algorithmus zur Berechnung der konvexen Hülle ist abhängig von der Anzahl der Punkte d in der Eingabemenge, der Dimension n von $\mathbb{R}^n$ und der Anzahl der Facetten in der Ausgabe. Die obere Schranke für die Anzahl erzeugter Facetten in einem Polytop wird von den sog. zyklischen Polytopen $C(d,n)$ bestimmt [McM70], deren Facettenanzahl in Abhängigkeit von den beiden Parametern d und n abgeschätzt werden kann:

$$f_k(C(d,n)) = \frac{d - \delta(d-k-2)}{d-k-1} \sum_{j=0}^{\lfloor n/2 \rfloor} \binom{d-1-j}{k+1-j} \binom{d-k-1}{2j-k-1+\delta} \qquad (7.4)$$

mit $\delta = n - 2\lfloor \frac{n}{2} \rfloor$. k ist hierbei die Dimension einer Facette (Knoten: $k = 0$, Kante: $k = 1$, Facette: $k = n-1$). Das Ergebnis für $k = n-1$ lautet:

$$f_{n-1}(C(d,n)) = \binom{d - \lfloor \frac{n+1}{2} \rfloor}{d-n} + \binom{d - \lfloor \frac{n+2}{2} \rfloor}{d-n} \qquad (7.5)$$

In Tabelle 7.1 ist die maximale Facettenanzahl für einige Beispiele angegeben. Tabelle 7.2 zeigt die tatsächliche Anzahl mit QuickHull erzeugter Facetten für die $\mathcal{V}$-Polytope.

7.4 Stable State Recognition

Tabelle 7.1: Obere Schranke für die Anzahl an Facetten nach [McM70]

Netzknoten/ Leitungen	Abtastrate	Raum	n	d	$f_{n-1}(C(d,n))$
3/2	20	I_{max}	4	400	79400
4/4	12	V_{max}	6	1728	855490176
4/4	12	I_{max}	6	20736	$1{,}4912 \cdot 10^{12}$

Tabelle 7.2: Gefundene Anzahl an Facetten

Netzknoten/ Leitungen	Abtastrate	Raum	n	d	Erzeugte Facetten
3/2	20	I_{max}	4	400	1860
4/4	12	V_{max}	6	1728	28718
4/4	12	I_{max}	6	20736	2677285

Die gefundenen Werte in Tabelle 7.2 weichen stark von den theoretischen oberen Schranken ab. In [BMT85] wird hingegen abgeschätzt, wie viele Facetten bei der Berechnung der konvexen Hülle aus d auf der Einheitskugel in $\mathbb{R}^n$ gleichmäßig verteilten Punkten durchschnittlich erzeugt werden:

$$f(d,n) = \frac{2}{n}\gamma((n-1)^2)\gamma(n-1)^{-(n-1)}(d+o(1)) \text{ mit } d \to \infty \qquad (7.6)$$

Die hiermit berechneten Werte kommen den tatsächlichen Werten deutlich näher, da die $\mathcal{V}$-Polytope in DEZENT kugelähnliche Form haben und die Punkte in der Regel bereits auf der Oberfläche der Hülle liegen. In Tabelle 7.3 sind die berechneten Werte für den von n abhängigen Teil $g(n) = \frac{2}{n}\gamma((n-1)^2)\gamma(n-1)^{-(n-1)}$ der Funktion 7.5 für $n \leq 9$ entnommen worden.

Tabelle 7.3: Koeffizienten für die durchschnittliche Anzahl an Facetten nach [BMT85]

n	2	3	4	5	6	7	8	9
$g(n)$	1	2	6,76	31,77	186,73	1296,45	10261,8	90424,6

Tabelle 7.4 zeigt die nach (7.6) zu erwartenden Werte für die Größe der Facettenmenge bei gleichmäßig verteilten Punktwolken. Diese Werte liegen wesentlich näher an den tatsächlich gefundenen Werten für die angegebenen $\mathcal{V}$-Polytope, so dass sie eine bessere Basis für die Abschätzung der Laufzeit bieten, als die obere Schranke nach [McM70].

Tabelle 7.4: Gefundene und erwartete Anzahl an Facetten nach [BMT85]

Netzknoten/ Leitungen	Abtastrate	Raum	n	d	erwartete Facetten	gefundene Facetten
3/2	20	I_{max}	4	400	2707	1860
4/4	12	V_{max}	6	1728	322730	28718
4/4	12	I_{max}	6	20736	3877800	2677285

Der hier verwendete Algorithmus hat eine Laufzeit von $O(d\frac{F}{r})$, wobei d die Größe der Punktmenge in der Eingabe, F die Anzahl der erzeugten Facetten und r die Anzahl der tatsächlich verarbeiteten Punkte ist. Für die Maximalstrom-Hüllen I_{max} ist $r = d$, da alle Punkte dieser $\mathcal{V}$-Polytope extrem sind und verarbeitet werden müssen. Für diese lässt sich die Laufzeit daher mit $O(F)$ pro erzeugter Hülle angeben. Die $\mathcal{V}$-Polytope der Spannungsräume enthalten jedoch auch innere Punkte, so dass für diese die anfangs genannte Laufzeit $O(d\frac{F}{r})$ gilt. Der Algorithmus ist also ausgabesensitiv, und die Laufzeit hängt unter anderem von der Anzahl der erzeugten Facetten ab. Gefundene Zeiten für die Hüllenberechnung sind in Tabelle 7.5 zu finden. Die angegebenen Zeiten wurden auf einem Intel Core 2 Duo mit 2,4 GHz gemessen.

Tabelle 7.5: Rechenzeit für die Hüllenberechnung

Netzknoten/ Leitungen	Abtastrate	Raum	n	Punkte	Facetten	Laufzeit
3/2	100	I_{max}	4	10000	245300	6,8 s
4/4	12	V_{max}	6	1728	28718	11,1 s
4/4	12	I_{max}	6	20736	2677285	138,8 s
4/4	13	I_{max}	6	28561	3599257	214,9 s

7.4 Stable State Recognition

Kürzester Weg zurück in den Raum zulässiger Betriebsgrenzen

Wenn die Ungleichungen aller Facetten für einen Betriebspunkt erfüllt sind, dann liegt der Testpunkt in der Hülle und damit im Raum der zulässigen Betriebsgrenzen. Allgemein lässt sich bei der Bewertung eines Betriebspunktes p gegen die zulässigen Stabilitätsgrenzen zwischen drei möglichen Fällen unterscheiden:

1. Der Punkt p liegt unterhalb aller Facetten.
2. Der Punkt p liegt außerhalb aller Facetten.
3. Der Punkt p liegt zwischen mehreren Facetten.

Nur im ersten Fall liegt der Punkt in der konvexen Hülle und damit im Raum der zulässigen Betriebsgrenzen. In den beiden anderen Fällen verletzt p zulässige Betriebsgrenzen. Um den kürzesten Weg zurück in den zulässigen Raum zu finden, müssen weitere Tests vorgenommen werden. Der kürzeste Weg zurück in den Betriebsraum ist dabei der direkte Weg von p zum nächsten Punkt der konvexen Hülle. Ist der nächste Punkt der Hülle kein Extrempunkt des Polytops und liegt damit auf einer Facette, dann ist der kürzeste Weg senkrecht zu dieser Facette gerichtet. Da die Facetten als Halbraumdefinitionen abgespeichert werden, sind keine direkten Informationen über die Schnittkanten der Facetten verfügbar, die die Ränder der Facetten bilden. Wie in Abbildung 7.17 angedeutet, erstrecken sich die Hyperebenen, die die Halbräume begrenzen, außerhalb der konvexen Hülle ins Unendliche. Bei der Berechnung der Abstände eines Punktes p zu allen Facetten erhält man auch die Abstände zu den „äußeren Ausläufern" dieser Facetten. Diese liegen unter Umständen näher an dem Punkt p als die gesuchte nächste Facette der konvexen Hülle. Das Beispiel in Abbildung 7.17 zeigt, wie die eigentlich nächste Facette der Hülle fälschlicherweise als drittnächste Facette erkannt werden kann.

Liegt der Testpunkt außerhalb der konvexen Hülle, reicht ein simpler Vergleich der berechneten Abstände zu den Hyperebenen nicht mehr aus, um die nächste Facette zu bestimmen. Im Folgenden wird ein Algorithmus skizziert, mit dem in DEZENT die nächste Facette bestimmt wird. In Abbildung 7.17 ist ein Beispiel für Fall 3 dargestellt, bei dem der Testpunkt über den Facetten A und C und unter der Facette B liegt. Die gesuchte nächste Facette ist inzident mit dem zu p nächsten Punkt des $\mathcal{V}$-Polytops (durch die Konvexität des $\mathcal{H}$-Polytops). Das Abspeichern der Punkte des $\mathcal{V}$-Polytops in einem balancierten k-dimensionalen Suchbaum (k-d-Baum) ermöglicht eine effiziente Suche des nächsten Extrempunkts des Polytops zu p. Ähnlich wie in einem binären Suchbaum werden die Punkte in einem k-d-Baum hierarchisch organisiert. Abbildung 7.18 zeigt einen k-d-Baum für ein zweidimensionales $\mathcal{V}$-Polytop. Bei der Berechnung der konvexen Hülle werden die

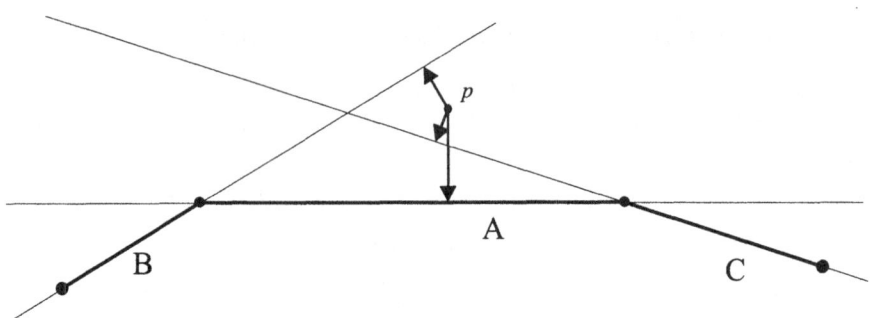

Abbildung 7.17: Abstand und Identifikation der nächsten Facette

Einträge des k-d-Baums mit den konstruierten Facetten verknüpft (in Zeile 20 des QuickHull-Pseudocodelistings auf Seite 228), so dass eine Zuordnung inzidenter Facetten mit einem Punkt des $\mathcal{V}$-Polytops besteht.

Die möglichen nächsten Facetten werden zunächst (wie oben beschrieben) als inzidente Facetten mit dem nächsten Punkt des $\mathcal{V}$-Polytops identifiziert. Da bereits bekannt ist, dass der Punkt außerhalb der konvexen Hülle liegt, kann keine der Hyperebenen, die über dem Punkt liegen, die gesuchte nächste Facette sein. Es werden also alle Facetten aus der Menge möglicher nächster Facetten gelöscht, die über dem Punkt liegen. Danach wird der Punkt entlang des entgegengesetzten Normalenvektors der ersten, übrig gebliebenen Facette auf diese Facette bewegt. Liegt er nun auf oder unter allen restlichen Facetten, so ist diese Facette eine der möglichen nächsten Facetten (es kann mehr als eine nächste Facette geben), denn der Punkt befindet sich jetzt in der Hülle. Liegt der Punkt nach dem Verschieben weiterhin außerhalb der Hülle, handelt es sich bei der gewählten Facette nicht um die nächste. Der Punkt wird zurückgesetzt und die Facette aus der Menge möglicher, nächster Facetten entfernt. Dies wird für alle identifizierten Nachbarfacetten durchgeführt. Ist die nächste Facette gefunden, dann ist der entgegengesetzte Normalenvektor dieser Facette Teil der gesuchten Informationen. Die Richtung des Vektors und der Abstand zur nächsten Facette beschreiben die Änderungen am Betriebszustand, die nötig sind, um ihn zurück in den Raum der zulässigen Betriebsgrenzen zu bewegen.

Der skizzierte Algorithmus soll für einen Betriebspunkt p den nächsten Punkt der Hülle des $\mathcal{H}$-Polytops bestimmen, um den Betriebszustand auf „kürzestem Weg" in den Raum zulässiger Betriebsgrenzen zu verschieben. Ist der nächste Punkt der Hülle des Polytops jedoch ein Extrempunkt oder eine Kante des Polytops, dann kann der Algorithmus keine nächste Facette unter den möglichen

7.4 Stable State Recognition

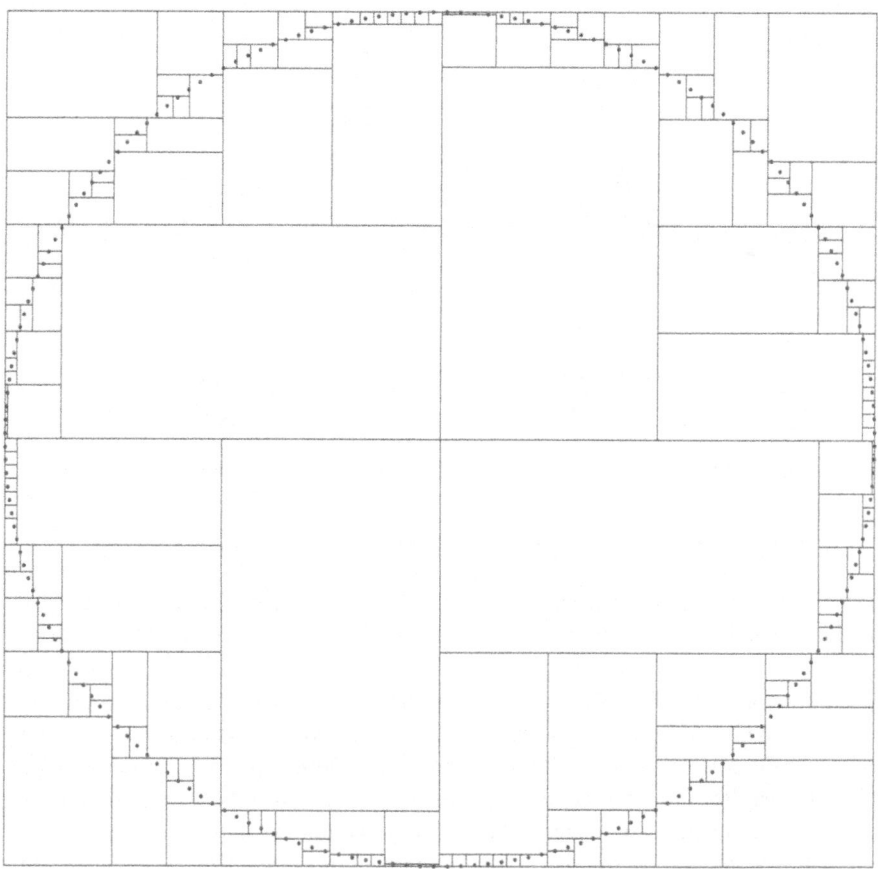

Abbildung 7.18: Ein zweidimensionaler k-d-Baum für eine effiziente Suche des nächsten Nachbarn

Facetten identifizieren (siehe Abbildung 7.19). Es werden alle Facetten aus der Menge möglicher Facetten entfernt und das Verfahren bricht ab.

In diesem Fall beschreibt der direkte Weg auf den nächsten Punkt des $\mathcal{V}$-Polytops zum Betriebspunkt p die Änderungen am Betriebszustand, die nötig sind, um p zurück in den Raum der zulässigen Betriebsgrenzen zu bewegen. Abbildung 7.19 zeigt den Sonderfall, bei dem mit dem vorgestellten Verfahren alle Facetten aus der Menge möglicher nächster Facetten entfernt werden, ohne dass der gesuchte Korrekturvektor gefunden wird. Das Verfahren hat eine Laufzeit von $O(F_i^2)$. Dabei ist

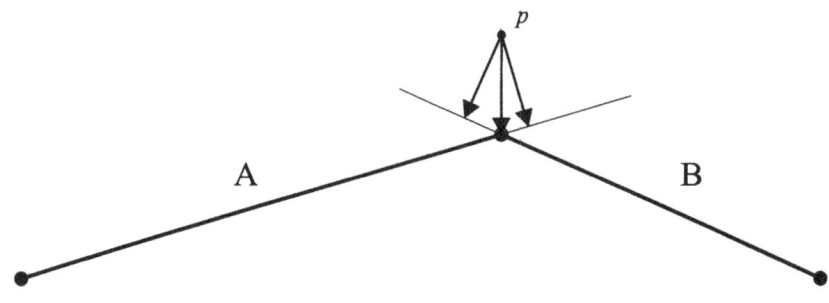

Abbildung 7.19: Ein Extrempunkt des $\mathcal{V}$-Polytops als nächster Punkt der Hülle

F_i die Anzahl der mit dem nächsten Punkt des $\mathcal{V}$-Polytops inzidenten Facetten.

7.4.5 Integration der Stable State Recognition in DEZENT

Das Problem nicht überwachter Netzabschnitte findet sich in der Regel auf den untersten Spannungsebenen des Versorgungsnetzes (0,4-10/20 kV). Die integrierte Bewertung einer Verhandlungskonfiguration als Betriebszustand der nächsten Periode erfolgt in DEZENT daher spätestens nach Abschluss des zweiten Verhandlungszyklus. Am Ende des Verhandlungszyklus wird mit der Stable State Recognition für einen geplanten Betriebspunkt festgestellt, dass er entweder zulässig ist oder aber Betriebsgrenzen verletzt. Im letzteren Fall wird ein Korrekturvektor ermittelt, der den „kürzesten" Weg vom geplanten Betriebszustand zurück in den Raum zulässiger Betriebsgrenzen darstellt. Um diesen Korrekturvektor umzusetzen, bietet sich in DEZENT das Modell der Bedingten Agenten an, die bislang für das Peak Demand and Supply Management eingesetzt wurden. Mit dem Peak Demand and Supply Management in DEZENT können zeitflexible Geräte gezielt ein- oder ausgeschaltet werden, um die aktuelle Leistungsaufnahme oder -einspeisung zu beeinflussen (bislang ausschließlich mit dem Ziel der Verstetigung von Lastprofilen). Bedingte Agenten, deren Freiheitsgrade (Leistungsaufnahme oder -einspeisung) bekannt sind, können im Rahmen der SSR aktiviert werden, um einen Betriebspunkt gezielt im Betriebsraum zu bewegen. Eine Erhöhung der Leistungsaufnahme an einem Knoten verschiebt den Betriebsraum um eine korrespondierende Strecke entlang der entsprechenden Dimension. Für eine bessere „Beweglichkeit" innerhalb des Betriebsraums können auch dezentrale Speicher (in Form von zusätzlichen stationären Elektrobatterien) in den Verteilnetzen installiert werden, die unzulässige Betriebspunkte mit der SSR zurück in zulässige Betriebs-

7.4 Stable State Recognition

räume bewegen.

Mit dem Stand der vorliegenden Arbeit ist die SSR jedoch noch nicht vollständig in DEZENT implementiert, da noch einige Fragen ungeklärt sind, die erst in den aktuellen Folgeforschungsprojekten „Innovative Strategies for Integrating Dispersed Energy Storage into Distribution Networks" (seit Ende 2008 gefördert durch E.ON und mit dem E.ON Research Award ausgezeichnet) und „DEZENT-Net" (seit Anfang 2009 gefördert durch die DFG) aufgegriffen werden:

1. Der minimale Korrekturvektor, der von der SSR zurück gegeben wird, muss auf die verfügbaren Freiheitsgrade des betrachteten Netzabschnitts (Bilanzkreis) abgebildet werden. Das heißt: Es wird eine minimale Konfigurationsänderung der zur „Bewegung" des Betriebspunkts verfügbaren Bedingten Agenten gesucht, die dem vorgeschlagenen Korrekturvektor am nächsten liegt. Das Problem wird dadurch verstärkt, dass sich die Zahl der verfügbaren Freiheitsgrade eines Netzabschnitts von Periode zu Periode ändern kann. Dies wird verursacht durch Aktivierung/Deaktivierung Bedingter Agenten, durch den Eintritt von zeitflexiblen Geräten in ihren Betriebszyklus (hierdurch reduziert sich der Freiheitsgrad) oder sogar durch das Auftauchen oder Wegfallen elektrischer Energiespeicher (durch Anschließen bzw. Wegfahren von Elektrofahrzeugen). Die Umsetzung eines Korrekturvektors mit den zur Verfügung stehenden Freiheitsgraden muss wiederum innerhalb der von DEZENT vorgegebenen harten End-to-End-Deadlines erfolgen.

2. Das Erzeugen der $\mathcal{H}$-Polytope mit dem gezeigten QuickHull-Algorithmus ist sehr zeitintensiv. Obwohl die Berechnung off-line erfolgen kann und damit für die on-line Bewertung der Betriebszustände unerheblich ist, können dynamische unvorhersehbare Topologieänderungen mit dem Verfahren nur bedingt in Echtzeit berücksichtigt werden (der Ausfall einer Leitung kann in bestimmten Grenzen über den veränderten Lastfluss abgebildet werden). Nach Ausfall mehrerer Leitungen oder bei umfangreicheren Topologieänderungen müssen die Räume neu berechnet werden. Einen vielversprechenden Ansatz stellt die on-line Abtastung der Betriebsgrenzen in der Nähe eines vorgegebenen Betriebspunktes dar. Die absolute Lokalisierung im vollständigen Raum zulässiger Betriebsgrenzen ist damit jedoch nicht möglich.

3. Obwohl die Bewertung eines Betriebspunktes bereits massiv parallelisiert wird (die in DEZENT zur Verfügung stehende Hardware erlaubt 2×10^{12} Gleitkommaoperationen pro Sekunde) werden für die Bewertung einer Versorgungskonfiguration für eine bilanzkreistypische Netzgröße (<50 Knoten) theoretisch maximal immer noch mehrere Sekunden (≈ 10 s) benötigt. Die

Optimierung des Verfahrens durch eine stärkere Einschränkung der relevanten Halbraumdefinitionen des $\mathcal{H}$-Polytops erscheint naheliegend (in den Abbildungen 7.12 auf Seite 223 ist zu erkennen, dass die zulässigen Betriebsräume lediglich durch einen Bruchteil der abgetasteten und berechneten Räume bestimmt werden). Darüber hinaus lässt sich das Verfahren weiterhin nahezu linear parallelisieren (mit einer Verdoppelung der verfügbaren Gleitkommaoperationen halbiert sich die Rechenzeit), da sich die Bewertung auf die Multiplikation eines Vektors (Betriebszustand) mit einer Matrix (Halbraumdefinitionen in Hessescher Normalform) reduzieren lässt.

Insgesamt stellt das bis zu diesem Punkt der Arbeit entwickelte Verfahren einen vielversprechenden Ansatz dar, die mathematisch problematische Bewertung (bzgl. ihrer Konvergenz) von Betriebszuständen in Echtzeit und unter Einhaltung enger Zeitvorgaben in DEZENT durchzuführen. Das Verfahren der verteilten Stable State Recognition stellt darüber hinaus den ersten Ansatz auf dem Gebiet überhaupt dar, Betriebszustände integriert im Verhältnis zu netzweiten Stabilitätsgrenzen zu betrachten und aus der Lokalisation und Positionierung im Raum zulässiger Betriebsgrenzen geeignete Korrekturmaßnahmen zu ergreifen, *bevor* eine Störung auftritt [KLH$^+$09]. Die Korrekturmaßnahmen sind dabei betriebsmittelscharf, d.h. ein gezielter und stabilisierender Eingriff kann auf einer minimalen Menge von Netzelementen erfolgen.

Unter Verwendung der diskutierten Spezialhardware (Multicore Grafikkarten mit 800 Kernen, die 1×10^{12} Gleitkommaoperationen pro Sekunde je GPU ermöglichen) zur Parallelisierung des Bewertungsvorgangs eines Betriebspunktes ließe sich die Rechenzeit des vorliegenden Verfahrens (reduziert auf eine Multiplikation des Betriebsvektors mit einer Matrix Hessescher Normalformen) allein durch sukzessive Erhöhung der verwendeten Hardwarekomponenten theoretisch unter die Grenze eines DEZENT-Betriebsintervalls von 500 ms reduzieren. Das Verfahren lässt sich nahezu linear parallelisieren (siehe oben), da Lösungen für die parallelen Teilprobleme nicht aufwändig zu einem Gesamtergebnis zusammengesetzt werden müssen: Ein Betriebspunkt liegt innerhalb des Polytops, wenn er die Ungleichungen aller Teilprobleme erfüllt, und außerhalb, wenn eine Ungleichung eines Teilproblems existiert, die er verletzt. Bei einem derzeitigen Listenpreis von etwa € 900,- pro Multicore GPU ergibt sich die folgende (grobe) Abschätzung des hiermit verbundenen Aufwands (siehe Tabelle 7.6).

Die zugrunde gelegten Preise sind allerdings Listenpreise für eine Hardwarekomponente bei der Markteinführung, für die es derzeit nur zwei Hersteller gibt (NVIDIA und ATI). Bei vergleichbaren Entwicklungen der letzten Jahre (High-End Grafikkarten) ist der Endverbraucherpreis bereits nach 1–2 Jahren auf ein

7.4 Stable State Recognition

Tabelle 7.6: Aufwandsabschätzung für die Parallelisierung des Verfahrens

#GPUs	Rechenzeit t	Kosten
2	10 s	€ 1800,-
4	5 s	€ 3600,-
8	2,5 s	€ 7200,-
16	1,25 s	€ 14400,-
32	0,625 s	€ 28800,-
64	0,312 s	€ 57600,-
128	0,156 s	€ 115200,-

Zehntel bis ein Hundertstel des Preises bei Markteinführung gefallen. Es ist außerdem mit einer weiteren Erhöhung der Rechenleistung pro GPU bei sinkenden Preisen zu rechnen. Außerdem ist mit einer weiteren Erhöhung der Rechenleistung einer einzelnen GPU bei sinkenden Preisen zu rechnen.

Mit einer Reduzierung der Auflösung bei der Abtastung der Spannungs- und Stromgrenzen und der damit verbundenen Reduzierung der vorhandenen Punkte des $\mathcal{V}$-Polytops lässt sich die Zahl der Facetten des $\mathcal{H}$-Polytops ebenfalls reduzieren (siehe Formel (7.5)). Diese Maßnahme reduziert die Rechenzeit des Bewertungsvorgangs entsprechend (jedoch bei gleichzeitiger Verkleinerung der Teilmenge zulässiger Betriebspunkte) und ließe sich ebenfalls für eine Verringerung der Rechenzeit auf unter 500 ms nutzen. Eine dritte Möglichkeit, das bestehende Verfahren in DEZENT zu integrieren, wäre die Durchführung der Stabilitätsprüfung in deutlich größeren Zeitintervallen. Diese Möglichkeit ist denkbar, da es die Toleranz der verbauten Betriebsmittel zulässt, Leitungen für einen Zeitraum von *mehreren Minuten* über maximale Betriebsgrenzen hinaus zu belasten. Es ist dabei die Wärmeentwicklung, die die Leitung zerstört und nicht die Stromstärke direkt (das Aufheizen eines Kabels geschieht dabei im beobachteten Minutenbereich). Eine Stabilitätsprüfung innerhalb dieses Zeitraums ist bereits jetzt mit dem vorgestellten Verfahren möglich.

8 Fazit und Ausblick

8.1 Fazit

Die Hauptaufgabe der vorliegenden Arbeit war die Entwicklung eines verteilten Energiemanagementsystems, mit dem sich eine Vielzahl dezentraler regenerativer und unvorhersehbarer Energieumwandlungsanlagen unter Berücksichtigung der elektro- und informationstechnischen Randbedingungen adäquat betreiben lassen. Bei der Anwendung informatischer Methoden in der Elektrotechnik ist die Beziehung dieser Randbedingungen untereinander dabei jedoch derart stark, dass Komponenten, Verfahren und Paradigmen aus der Informatik eng verzahnt mit der E-Technik behandelt werden müssen. Dies führt zu besonderen Problemen und Schwierigkeiten, für die – nach bestem Wissen des Autors – bislang keine vergleichbaren Entwicklungen unter verteilter Kontrolle existieren. Durch die Unzulänglichkeit von Vorhersagemodellen bei zunehmend unvorhersehbarer dezentraler Einspeisung und unvorhersehbarem Verbrauch arbeitet DEZENT mit festen Verhandlungsperioden im Halbsekundentakt. Änderungen der Versorgungssituation innerhalb dieser 500 ms-Verhandlungsperioden sind dabei aus elektrotechnischer Sicht für Verhandlungen und Regelungen vernachlässigbar. Unter dieser Annahme ist es vertretbar, die innerhalb einer Verhandlungsperiode verhandelten Maßnahmen zu Beginn der folgenden Periode in Gang zu setzen. Die integrierte Durchführung aller für einen stabilen Betrieb notwendigen Prozesse (dezentrale Verhandlungen, Verstetigung von Lastspitzen, Ausgleich von Verlustleistungen, Anpassung dynamischer Verhandlungsstrategien, Stabilitätsprüfung von Verhandlungskonfigurationen) sollte daher innerhalb von 500 ms möglich sein. Darüber hinaus sollte der Nachweis erbracht werden, dass der dezentrale Betrieb eines Versorgungssystems mit DEZENT kostengünstiger sein kann, verglichen mit derzeitiger zentral geführter Versorgung.

Das DEZENT-Modell ist dabei inkrementell entwickelt und die jeweiligen funktionalen Erweiterungen durch Evaluationen des bis dahin vorhandenen Modells abgesichert worden. Zu guter Letzt erfolgte dann die Evaluation des vollständigen Modells unter Verzicht auf die dezentrale Stabilitätsprüfung, die im Rahmen einer Kooperationsarbeit mit der Elektrotechnik entwickelt wurde [Kra09] und auf eine derzeit (noch) nicht verfügbare Hardwarebasis setzt.

8 Fazit und Ausblick

Mit dem DEZENT-Verhandlungsalgorithmus werden individuelle Verbraucher- und Erzeugerbedürfnisse an elektrischer Leistung systemweit innerhalb von Verhandlungsperioden von 500 ms Länge verhandelt (Kapitel 3). Die Verhandlungen erfolgen in Verhandlungsrunden, -zyklen und -perioden und sind entsprechend der zugrunde liegenden Netztopologie (Kapitel 3.1) des Versorgungsnetzes auf 4 Verhandlungsebenen organisiert (Kapitel 3.2). Ein Verhandlungszyklus hat dabei eine Dauer von maximal 10 ms (Kapitel 3.5). Die exponentiellen Verhandlungsfunktionen der einzelnen Agenten (Kapitel 3.3) ermöglichen größtmögliche Flexibilität bei der Berücksichtigung individueller Bedürfnisse und Gestehungskosten (Kapitel 3.4). Gleichzeitig werden Anomalien wie Excessive Bargaining verhindert (Kapitel 3.4.2). Die Verkleinerung von Preisrahmen über Verhandlungszyklen hinweg, ebenso wie die Einführung von Preisauf- und -abschlägen (Kapitel 3.4.1), führen zu ungünstigeren Preisen, sowohl für Erzeuger als auch für Verbraucher, beim Weiterreichen auf höhere Verhandlungsebenen. Zusammen mit der Tatsache, dass Energie immer nur für die darauffolgende Verhandlungsperiode gehandelt wird, bleiben eine ganze Reihe antisozialer Angriffsstrategien zur einseitigen Gewinnmaximierung oder Schädigung des Systems in DEZENT erfolglos (3.4.3). Die parallelen Verhandlungszyklen, die innerhalb von Bilanzkreisen beschränkter Größe bottom-up durchgeführt werden, ermöglichen einen dezentralen Ausgleich von Verbraucher- und Erzeugerbedürfnissen und sorgen (bei entsprechender Verfügbarkeit dezentraler regenerativer Energieerzeugung) dafür, dass nur ein geringer Bruchteil der Agenten auf die nächsthöhere Ebene weiter gereicht wird (Kapitel 3.5). Auf dieses Weise wird erreicht, dass die Verhandlungen innerhalb von 40 ms abgeschlossen werden können und der Kommunikationsprozess damit nur einen Bruchteil der zur Verfügung stehenden 500 ms belegt (Kapitel 3.5 und 3.7).

Das dezentrale Netzmanagement in Kapitel 4 umfasst das Verstetigen von stochastischen Lastschwankungen mit Bedingten Agenten (Kapitel 4.1) und die regionale Berücksichtigung von Verlustleistungen mit Virtuellen Agenten (Kapitel 4.3). Nach ausführlichen Fallstudien zu zeitflexiblen Geräten (Kapitel 4.1.1 bis 4.1.4), die ihre Betriebszyklen zeitlich verschieben können, um Lastspitzen zu verstetigen, ist das Modell Bedingter Agenten (Kapitel 4.1.5) und das Peak Demand and Supply Management in DEZENT entwickelt worden (Kapitel 4.2). Das Verfahren setzt dabei auf die Lösung eines lokalen Optimierungsproblems, um lokal verursachte Lastspitzen kostenminimal auszugleichen (4.2). Die Wirksamkeit des Verfahrens ist innerhalb eines Bilanzkreises mit einem realistischen Lastprofil abgesichert worden (Kapitel 4.2.1). Die innerhalb eines Bilanzkreises verursachten Leitungsverluste werden berechnet (Kapitel 4.3.1) und mit unbefriedigten Virtuellen Agenten auf höheren Ebenen ausgeschrieben (Kapitel 4.3). Das zugrunde liegende mathematische Verfahren wird in Kapitel 4.3.1 analysiert. Die Lösung

8.1 Fazit

ausschließlich lokaler Teilprobleme sowohl mit Bedingten als auch mit Virtuellen Agenten erlaubt eine integrierte Ausführung der Verhandlungen aus Kapitel 3 und des dezentralen Netzmanagements in unter 100 ms (Kapitel 4.4).

Der verteilte DECOLEARN-Algorithmus in Kapitel 5 erlaubt den Agenten eine geeignete Anpassung ihrer Verhandlungsstrategien an dynamisch wechselnde Versorgungssituationen. DECOLEARN basiert auf Reinforcement Learning Ansätzen (Kapitel 5.1), die ein unabhängiges paralleles Lernen der Agenten ermöglichen (Kapitel 5.2). Die Laufzeit für das Bewerten und Anpassen einer Strategie ist dabei durch die feste Größe der verwendeten Strategieräume konstant (Kapitel 5.4). Es werden nur lokal verfügbare Informationen verwendet. Hierdurch ist eine kombinierte Ausführungszeit der integrierten Verhandlungs-, Netzmanagement- und Lernprozesse in unter 100 ms möglich (Kapitel 5.4).

In Kapitel 6 erfolgen realitätsnahe Experimente des bis zu dieser Stelle entwickelten Systems. Dabei wird zunächst die Bedeutung realistischer Eingabeinstanzen studiert und danach eine Klasse realitätsnaher Fallstudien erzeugt (Kapitel 6.3). Die Experimente berücksichtigen die Verhandlungspreise, die Verhandlungshöhen und die Verstetigung von Lastprofilen unter Verzicht auf Peak Management (Kapitel 6.5) und mit Betrachtung der durch die Verstetigung erzielten Effekte (Kapitel 6.6). Das Ergebnis zeigt, dass in der realitätsnahen Fallstudie deutlich günstigere Preise in DEZENT möglich sind, als unter konventioneller Versorgung (Kapitel 6.6.1 bis 6.6.5) und der Ausgleich regional (bei niedrigen Verhandlungshöhen) erfolgt, soweit das bei einer gegebenen Versorgungssituation möglich ist. Mit der Verstetigung von Lastkurven wird in der Fallstudie eine Reduzierung der notwendigen Regelenergie von 30 % erreicht (Kapitel 6.7).

Mit dem in Kapitel 7 entwickelten Verfahren der Stable State Recognition werden Stabilitätsprobleme, die eine dezentrale Einspeisung in konventionelle Netz mit sich bringt (Kapitel 7.1 und 7.2), erkannt und vermieden. Die SSR ist in Kooperation mit der Elektrotechnik entwickelt worden [Kra09] und erlaubt die Darstellung zulässiger (stabiler) Teilmengen von Betriebszuständen (Kapitel 7.4.3) als Polytope, in denen Betriebspunkte on-line lokalisiert werden können (Kapitel 7.4.4). Das in Kooperation entwickelte Verfahren ist ohne Beispiel in der Elektrotechnik und ermöglicht eine Analyse von Betriebszuständen in konstanter Zeit und eine Erkennung von bereits drohenden Betriebsmittelüberlastungen (Kapitel 7.4.4). Das Vorgehen lässt sich massiv parallelisieren (Kapitel 7.4.5) und unter Verwendung einer Hardwarebasis, die diese parallelen Operationen adäquat unterstützt, lässt sich das Verfahren der Stable State Recognition in DEZENT integriert mit dem Verfahren aus Kapitel 3 bis 5 in unter 500 ms durchführen (siehe Kapitel 7.4.5).

Mit der vorliegenden Arbeit ist gezeigt worden, dass der Betrieb einer Vielzahl dezentraler regenerativer und unvorhersehbarer Energieumwandlungsanlagen unter Berücksichtigung der elektro- und informationstechnischen Randbedingungen adäquat und kostengünstiger möglich ist als unter zentraler Kontrolle. Der Betrieb des Energieversorgungssystems in DEZENT erfolgt dabei unter Verzicht auf Lastprognosen und Vorhersagemodelle. Die erfolgreiche Durchführung aller hierfür notwendigen Operationen ist nur durch das Identifizieren und verteilte Lösen von Teilproblemen möglich: Bedürfnisse und Verlustleistungen werden regional ausgeglichen und stabile Teilnetze bottom-up organisatorisch zusammengefasst.

Mit dem Verfahren der Stable State Recognition ist in Kooperation mit der Elektrotechnik darüber hinaus ein völlig neuartiges Verfahren entwickelt worden, mit dem sich instabile Betriebszustände on-line erkennen lassen, bevor eine tatsächliche Betriebsmittelüberlastung erfolgt. Dieses Verfahren lässt sich derzeit nur unter Verwendung von Spezialhardware unter Einhaltung der vorgeschlagenen Betriebsintervalle von 500 ms durchführen. Es stellt den ersten Ansatz überhaupt dar, Betriebszustände on-line in konstanter Zeit zu bewerten und integriert geeignete Korrekturmaßnahmen zu identifizieren. In einem DFG-Projekt, das inhaltlich an das DEZENT-Projekt anschließt, soll dieses Zeitverhalten verbessert werden. Dies soll u.a. auf der Informatikseite durch eine funktionale Darstellung der Teilmenge zulässiger Betriebspunkte erreicht werden. Auf diese Weise kann auf die Erzeugung der Polytope verzichtet werden. Die endgültige Kommunikationszeit der Agenten für das Versenden der Tickets an die Ticket Distributoren/Bilanzkreisverwalter wird schließlich auch in einem Folgeprojekt berücksichtigt (in der vorliegenden Arbeit wird die Kommunikationszeit auf einem dedizierten Netz als vernachlässigbar angenommen, siehe Kapitel 3.7). Die Hardwarebasis für DEZENT liegt derzeit noch nicht vor. Mit modernerer Kommunikationsinfrastruktur im Bereich dezentraler Energieversorgung (Smart Metering, Powerline Communication etc.) werden aber derzeit Grundlagen geschaffen (und in einem F&E-Anschlussprojekt erprobt), die einen Einsatz von DEZENT auf realer Hardware und unter Berücksichtigung anderer Kommunikationsmedien erlauben.

8.2 Ausblick

Das DEZENT-Projekt ist an der Technischen Universität Dortmund von 2006–2008, als eines der ersten interdisziplinären Forschungsprojekte zwischen der Elektrotechnik und der Informatik, die sich der mit beschriebenen Problematik von beiden Disziplinen aus integriert beschäftigt haben, von der Deutschen Forschungsgemeinschaft (DFG) gefördert worden.

Im Verlauf des DEZENT-Projektes wurde einer Reihe von Problemen begeg-

8.2 Ausblick

net, die sich erst durch eine Kombination informatischer Methoden und bewährter effizienter Algorithmen für theoretische Probleme auf der einen Seite und elektrotechnischem Fachwissen und tiefem Verständnis der komplexen elektrischen Vorgänge und Zusammenhänge auf der anderen Seite effizient lösen ließen. Hierdurch sind völlig neue Ansätze – u.a. für verteilte Verhandlungen elektrischer Leistung in kleinsten Zeiträumen und unter harten Echtzeitbedingungen oder für die on-line Bewertung von Betriebszuständen in elektrischen Netzen – gefunden worden, für die es bis dahin keine vergleichbaren Verfahren und Ansätze gab.

Im Anschluss an das DEZENT-Projekt werden einzelne in dieser Arbeit entwickelte Verfahren im Rahmen von Diplomarbeiten und studentischen Projektgruppen weiterentwickelt. Mögliche Folgearbeiten, die z.T. schon an den entsprechenden Stellen dieser Arbeit angedeutet wurden, sind:

Ein dynamischer Step-Size-Parameter für das Peak Demand and Supply Management in DEZENT. Das in Kapitel 4.2 vorgestellte Verfahren zur Verstetigung stochastischer Lastgangkurven in DEZENT verwendet einen Step-Size-Parameter α zur Bestimmung einer gewichteten mittleren Leistungsbilanz. Abweichungen von dieser mittleren Leistung werden als Lastspitzen interpretiert, die nach dem vorgestellten Algorithmus verstetigt werden. Für die Erkennung kurzfristiger Schwankungen ist ein niedriger Step-Size-Parameter α erforderlich, während Lastgangkurven, die starken längerfristigen Trends unterliegen, präziser mit höheren α-Werten approximiert werden. Wie bereits in Kapitel 4.2 diskutiert, ist es nicht sinnvoll, längerfristige Auf- oder Abwärtsbewegungen in den Leistungsbilanzen (Veränderungen der Grundlast) mit kurzfristig verfügbarer Leistung zu kompensieren. In den systematischen Experimenten in Kapitel 4.2.1 hat sich gezeigt, dass der optimale Wert für α bei den für diese Experimente gewählten und rein stochastischen Profilen bei $\alpha = 0,008$ liegt. Eine mögliche Erweiterung des Modells stellt ein dynamischer Step-Size-Parameter dar, der dynamisch an die Intensität und den Umfang von Leistungsschwankungen angepasst wird und so vorhandene kurzfristig verfügbare Leistung (in Form von Bedingten Agenten) effizienter aktiviert.

Dynamische Betriebskostenkalkulationen für Virtuelle Agenten. Mit den Virtuellen Agenten aus Kapitel 4.3 werden in DEZENT Leitungsverluste bereits auf Bilanzkreisebene und damit auf unterster Spannungsebene in den Verteilnetzen ermittelt und transparent von Virtuellen Verbrauchern ausgeglichen, die mit entsprechendem Bedarf auf der nächsthöheren Verhandlungsebene an den verteilten Verhandlungen in DEZENT teilnehmen (Kapitel 4.3). Wie bereits in Kapitel 4.3 diskutiert werden die hierdurch für einen

Bilanzkreis entstehenden Kosten auf alle beteiligten Erzeuger und Verbraucher umgelegt. In DEZENT werden die Kosten nach jetzigem Modell durch die Preisauf- und -abschläge (proportional zu den enger werden Preisrahmen, siehe Kapitel 3.3) für Konsumenten bzw. Produzenten auf höheren Verhandlungsebenen gedeckt. Hier wäre auch eine dynamische Kostenkalkulation möglich, die regional verursachte Verlustleistungen individuell berücksichtigt. Damit könnten die Kosten für Bilanzkreise (Preisauf- und -abschläge für die betroffenen Agenten), die sich weitgehend autark versorgen (und damit kurze Übertragungswege mit geringeren Leitungsverlusten nutzen) deutlich niedriger angesetzt werden als für Bilanzkreise, die Leistung überregional über Ferntransport beziehen, was mit höheren Verlustleistungen verbunden ist. Dieser Umstand rechtfertigt eine Preisbildung, die lokale Versorgungsgleichgewichte stärker berücksichtigen.

Gleichzeitige Exploration und Exploitation der lernenden Agenten. Für die Reaktion auf dynamische Versorgungssituationen und zur Auswahl geeigneter Verhandlungsstrategien nutzen die Agenten in DEZENT einen verteilten Lernalgorithmus DECOLEARN. In Kapitel 5 wurde diskutiert, dass vor jeder Verhandlungsperiode eine individuelle Entscheidung der Agenten getroffen werden muss, entweder eine neue Strategie auszuprobieren (Exploration) oder aber vorhandenes Wissen auszunutzen und eine bekannte Strategie zu wählen, die sich bislang bewährt hat (Exploitation). Nur ein passender Tradeoff zwischen Exploration und Exploitation ermöglicht eine schnelle Reaktion auf und eine adäquate Anpassung der Strategien an hochdynamische Änderungen der Versorgungssituation. Ein möglicher Lösungsansatz für dieses Problem in DEZENT wäre eine Aufspaltung des Bedarfs (bei Konsumenten) in mehrere Teile, die unabhängig voneinander verhandelt werden. Der Agent könnte auf diese Weise den größten Teil seines Bedarfs nach der besten ihm bekannten Strategie verhandeln (Exploitation) und gleichzeitig mehrere kleine Bruchteile seines Gesamtbedarfs mit jeweils unterschiedlichen Verhandlungsstrategien ausschreiben (Exploration-Agenten) und so deren Erfolg am Ende der selben Periode bewerten. Agenten wären somit in der Lage, ihre Strategieräume *gleichzeitig* zu erforschen und bekanntes Wissen über erfolgreiche Strategien auszunutzen. Bestehende Sicherheitskonzepte in DEZENT, die das System vor Missbrauch durch bösartiges Verhalten schützen (siehe Kapitel 3.4.3), müssten hierfür entsprechend angepasst werden.

Approximation zulässiger Betriebsräume mit Hyperellipsen. Bei der online Bewertung von Betriebszuständen mit dem Verfahren der Stable State

Recognition in Kapitel 7.4.4 werden die $\mathcal{V}$-Polytope in informatisch handhabbare $\mathcal{H}$-Polytope umgewandelt, um die Position eines Betriebspunktes innerhalb von Betriebsräumen bestimmen zu können. Bei der Erzeugung von Facetten, die eine konvexe Hülle um die Punktwolke bilden, werden (abhängig von der Zahl der Punkte) viele Millionen Halbraumdefinitionen aufgestellt, die bei der Bewertung eines Zustands berücksichtigt werden müssen. Eine Approximation der durch ein $\mathcal{V}$-Polytop begrenzten Teilmenge von Zuständen durch maximale innere Hyperellipsen ergäbe eine konvexe Näherung der entsprechenden Teilmenge, die aber deutlich kompakter repräsentiert werden kann (die Funktion einer Hyperellipse gegenüber der Schnittmenge vieler Millionen Halbräume). Bei der Bewertung eines Betriebspunktes müsste nur überprüft werden, ob der Zustandsvektor diese eine Hyperellipsenfunktion erfüllt.

Die in DEZENT entwickelten Algorithmen (Bedingte/Virtuelle Agenten, verteiltes autonomes Lernen, die Stable State Recognition) stellen erste vielversprechende und bereits jetzt sehr mächtige Werkzeuge dar, den ausgewählten Problemen und Phänomenen zu begegnen: stochastische Lastschwankungen, Leitungsverluste, hochdynamische Versorgungssituationen, on-line Bewertung von Betriebszuständen etc.

Mit erfolgreichem Abschluss des DEZENT-Projektes sind eine Reihe von verwandten Forschungsarbeiten aufgenommen worden, die gezielt einzelne Ansätze aus DEZENT aufgreifen und weiter entwickeln sollen. Im direkten Anschlussprojekt DEZENT-*Net*[1], das von 2009 bis voraussichtlich 2011 von der DFG gefördert wird, soll das entwickelte Verfahren zur on-line Zustandsbewertung – die Stable State Recognition – unter den bereits in Kapitel 7.4.5 angesprochenen Gesichtspunkten optimiert und prototypisch in realen Netzen erprobt werden. Das Energieversorgungsunternehmen E.ON fördert von 2008 bis 2012 ein Forschungsprojekt mit dem Titel „*Innovative Strategies for Integrating Dispersed Energy Storage into Distribution Networks*"[2], das sich mit der Integration von Elektrofahrzeugbatterien in elektrische Versorgungsnetze nach dem Vorbild der Bedingten Agenten in DEZENT beschäftigt. Dieses Forschungsvorhaben wurde darüber hinaus mit dem E.ON Research Award 2008 ausgezeichnet. Beide Forschungsprojekte werden interdisziplinär an den Fakultäten für Elektrotechnik und für Informatik an der Technischen Universität Dortmund durchgeführt.

Die genannten Weiterentwicklungen stellen nur einen Ausschnitt der Möglichkeiten einer weiteren Effizienzsteigerung in Energieversorgungssystemen durch

---

[1] DFG-Fördernummer: WE 2816/8-1
[2] E.ON-Fördernummer: 4500014170

geeigneten Einsatz informatischer Methoden und Vorgehensweisen und einer engeren Zusammenarbeit zwischen den Disziplinen der Elektrotechnik und der Informatik dar. Die nächste Stufe in der Entwicklung des DEZENT-Systems muss nun der Schritt in die Realität und der stabile Betrieb von regional organisierten Verteilnetzen mit DEZENT sein. Dieser Entwicklungsschritt wird mit den DEZENT-Anschlussprojekten in naher Zukunft vollzogen.

A Anhang

A.1 Lastgangkurven Einzelhaushalte

Nachfolgend werden die in den Simulationen verwendeten Haushalts-Lastgangkurven gezeigt. Die Profile sind einer internen Studie des Lehrstuhls für Energiesysteme und Energiewirtschaft der Fakultät für Elektrotechnik an der Technischen Universität Dortmund entnommen.

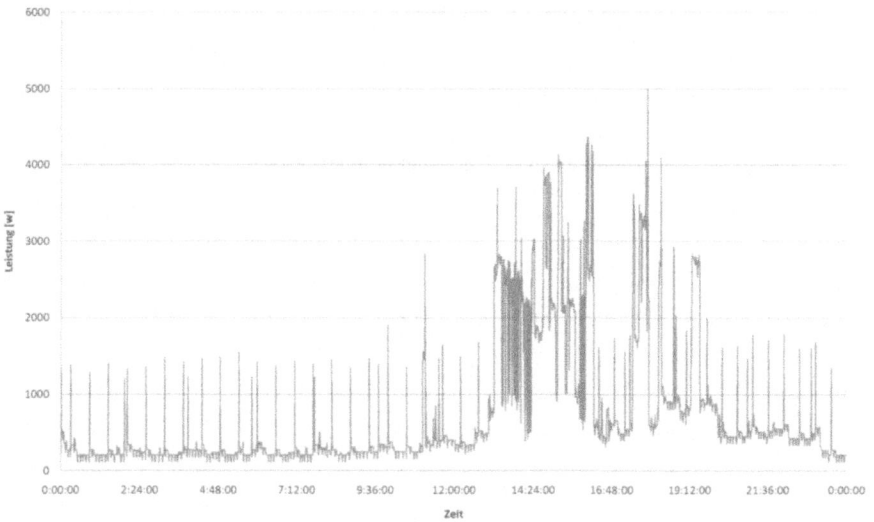

Abbildung A.1: Lastgangkurve Haushalt 1

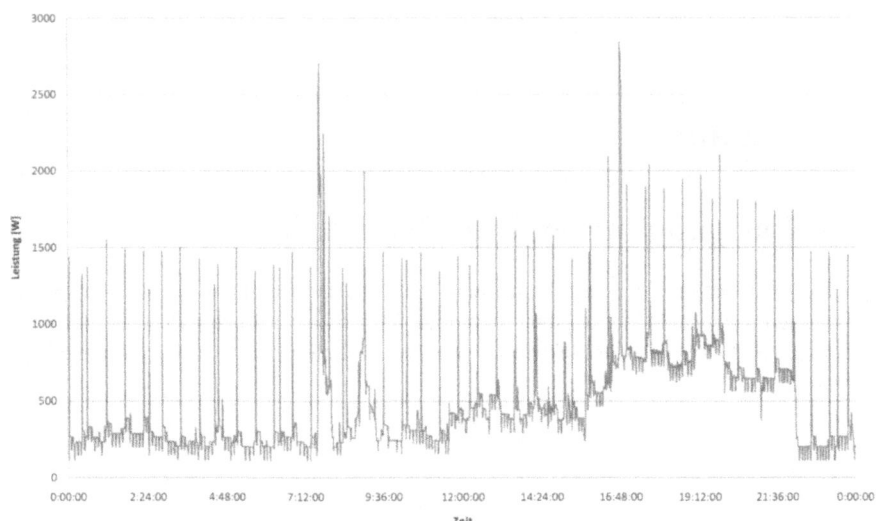

Abbildung A.2: Lastgangkurve Haushalt 2

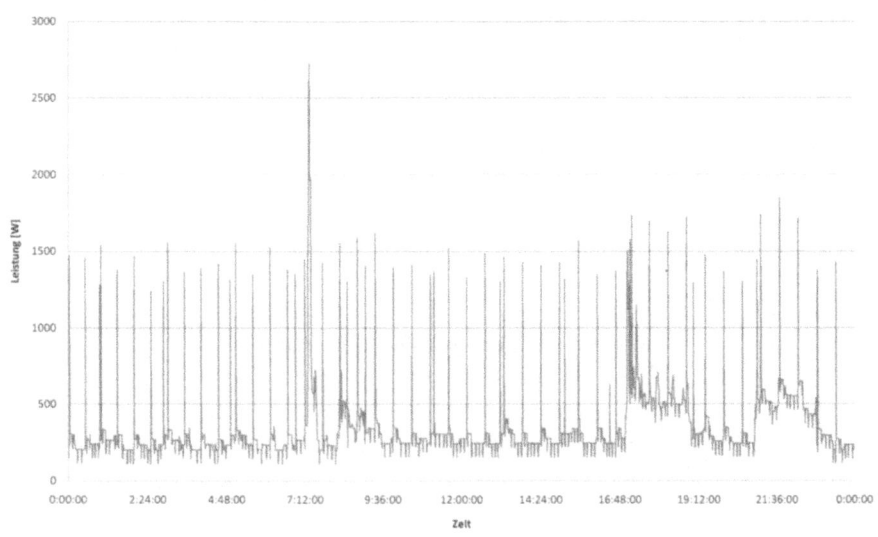

Abbildung A.3: Lastgangkurve Haushalt 3

A.1 Lastgangkurven Einzelhaushalte

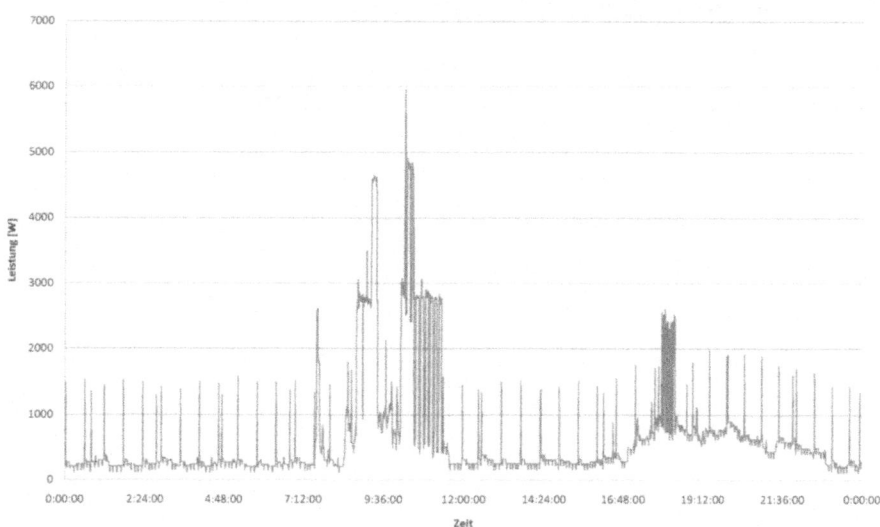

Abbildung A.4: Lastgangkurve Haushalt 4

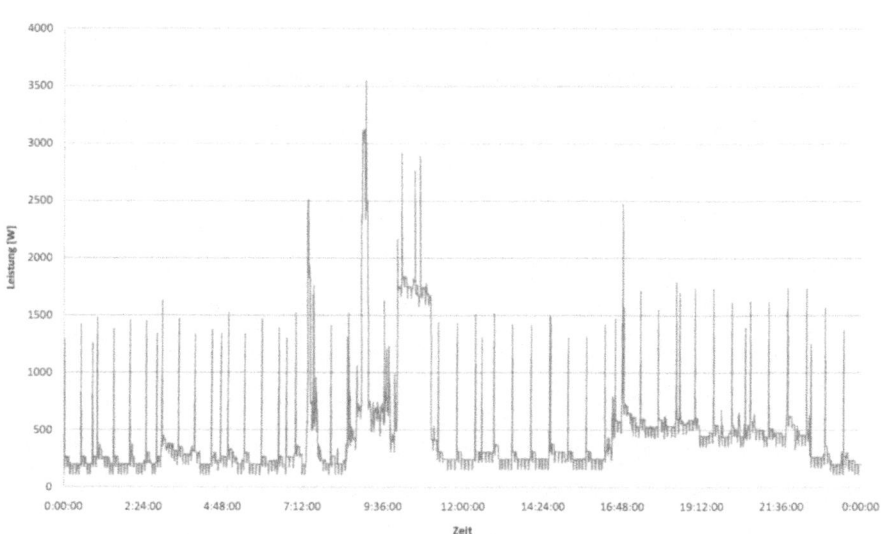

Abbildung A.5: Lastgangkurve Haushalt 5

A.2 Lastgangkurve Photovoltaik

Nachfolgend wird exemplarisch eine Photovoltaik-Lastgangkurve gezeigt. Das Profil wurde mit dem in [Kle06] entwickelten PV-Simulationswerkzeug erstellt.

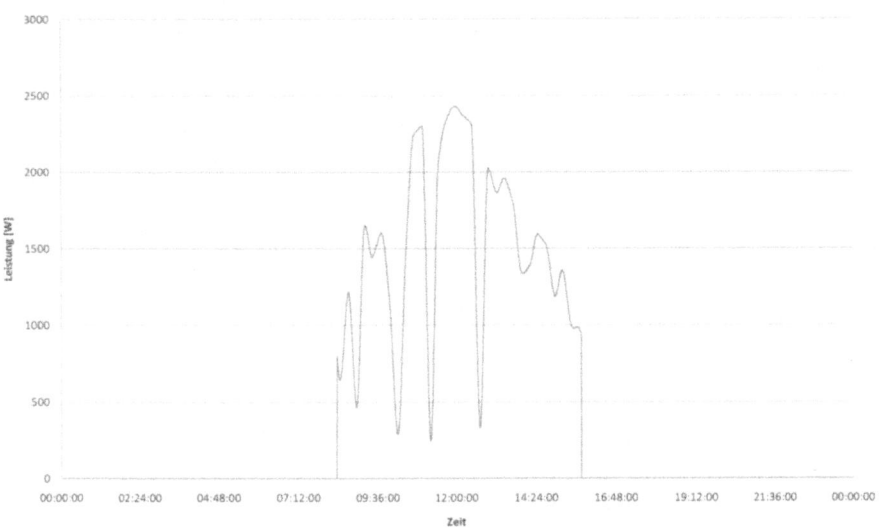

Abbildung A.6: Lastgangkurve Photovoltaik

A.3 Lastgangkurve Windkraft

Nachfolgend wird die in den Simulationen verwendete Windkraft-Lastgangkurve gezeigt (die Leistungsdaten wurden normalisiert). Das Profil ist der Studie [Sch07] entnommen.

Abbildung A.7: Normierte Lastgangkurve Windkraft

Literaturverzeichnis

[19996] *Planung elektrischer Anlagen*, 01 1996. Vertriebsnummer 0100074.

[AHDJ01] ANTHONY, PATRICIA, WENDY HALL, VIET DUNG DANG und NICHOLAS R. JENNINGS: *Autonomous Agents for Participating in Multiple On-line Auctions*. In: *Proceeding of the IJCAI Workshop on E-Business and the Intelligent Web*, Seiten 54–64, San Francisco, CA, USA, 2001. Morgan Kaufmann Publishers Inc.

[ASU05] APPELRATH, HANS-JÜRGEN, TANJA SCHMEDES und MATHIAS USLAR: *Integrationsplattform für dezentrales Energiemanagement*. ti - Technologie-Informationen niedersächsischer Hochschulen: Energieforschung, 2005.

[AW99] AMIN, M. und M. WILDBERGER: *Prototype Intelligent Software Agents for Trading Electricity*. Technischer Bericht 113366, Electric Power Research Institute (EPRI), 1999. Online verfügbar unter: *http://www.epriintelligrid.com/intelligrid/docs/TR-113366.pdf*; aufgerufen am 11. Februar 2009.

[BBD+04] BRIEST, P., D. BROCKHOFF, B. DEGENER, M. ENGLERT, C. GUNIA, O. HEERING, T. JANSEN, M. LEIFHELM, K. PLOCIENNIK, H. RÖGLIN, A. SCHWEER, D. SUDHOLT, S. TANNENBAUM und I. WEGENER: *Experimental Supplements to the Theoretical Analysis of EAs on Problems from Combinatorial Optimization*. In: *Proceedings of the 8th International Conference on Parallel Problem Solving from Nature (PPSN VIII)*, Band 3242, Seiten 21–30, Berlin, 2004. Springer.

[BDH96] BARBER, C. BRADFORD, DAVID P. DOBKIN und HANNU HUHDANPAA: *The Quickhull Algorithm for Convex Hulls*. ACM Transactions on Mathematical Software, 22(4):469–483, 1996.

[BET06] BET: *Studie zur Marktgestaltung der Regel- und Ausgleichsenergie vor dem Hintergrund des neuen EnWG - RAE Studie*. Webseite, January 2006. Online verfügbar unter *http://www.windenergie.de/fileadmin/dokumente/Themen_A-Z/Regelenergie/BET_Studie_Regelenergie_2006.pdf*; aufgerufen am 11. Februar 2009.

[BF88] BEST, EIKE und C. FERNANDEZ: *Nonsequential Processes: A Petri Net View*. Monographs in Computer Science, 13, 1988.

[BGB08] BGBI: *Gesetz für den Vorrang erneuerbarer Energien (Erneuerbare-Energien-Gesetz)*. Webseite, 2008. Online verfügbar unter *http://bundesrecht.juris.de/bundesrecht/eeg_2004/gesamt.pdf*; aufgerufen am 11. Februar 2009.

[BJM+05] BABAOGLU, OZALP, MÁRK JELASITY, ALBERTO MONTRESOR, CHRISTOF FETZER, STEFANO LEONARDI, AAD VAN MOORSEL und MAARTEN VAN STEEN (Herausgeber): *Self-* Properties in Complex Information Systems*, Band 73460 der Reihe *Lecture Notes in Computer Science, Hot Topics*, Berlin, 2005. Springer.

[BMT85] BUCHTA, C., J. MÜLLER und R. F. TICHY: *Stochastical Approximation of Convex Bodies*. Mathematische Annalen, 271(2):225–235, 1985.

[BMU06] BMU: *Entwicklung der erneuerbaren Energien 2005*. Webseite, 2006. Online verfügbar unter *http://www.wind-energie.de/jahreskonferenz/Downloads/AGee_erneuerbare_entwicklung_2005.pdf*; aufgerufen am 11. Februar 2009.

[BMU08] BMU: *Weiterentwicklung der Ausbaustrategie Erneuerbare Energien vor dem Hintergrund der aktuellen Klimaschutzziele Deutschlands und Europas*. Webseite, 2008. Online verfügbar unter *http://www.erneuerbare-energien.de/files/pdfs/allgemein/application/pdf/leitstudie2008.pdf*; aufgerufen am 11. Februar 2009.

[BMW04] BMWI: *Energie Daten 2003 - Nationale und internationale Entwicklung*. Webseite, 2004. Online verfügbar unter *http://www.heimbuechel.de/v2/docs/bmwi/energie_daten2003.pdf*; aufgerufen am 11. Februar 2009.

[BMW08] BMWI: *E-Energy - IKT-basiertes Energiesystem der Zukunft*. Webseite, 2008. Online verfügbar unter *http://www.e-energy.de/documents/2008_04__Broschuere_BMWi_Leuchtturm_EEnergy.pdf*; aufgerufen am 11. Februar 2009.

[BSKN05] BRUECKNER, SVEN, GIOVANNA DI MARZO SERUGENDO, ANTHONY KARAGEORGOS und RADHIKA NAGPAL (Herausgeber): *Engineering Self-Organising Systems, Methodologies and Applications [revised versions of papers presented at the Engineering Selforganising Applications (ESOA 2004) workshop in New York in July 2004, and selected invited papers]*, Band 3464 der Reihe *Lecture Notes in Computer Science*, Berlin, 2005. Springer.

[BW01] BRANDT, FELIX und GERHARD WEISS: *Vicious Strategies for Vickrey Auctions*. In: *Proceedings of the 5th International Conference on Autonomous Agents (AGENTS'01)*, Seiten 71–72, New York, NY, USA, 2001. ACM.

[CCFG01] CONTRERAS, J., O. CANDILES, J. I. DE LA FUENTE und T. GOMEZ: *Auction Design in Day-ahead Electricity Markets*. IEEE Transactions on Power Systems, 16(1):88–96, 2001.

[CDGM97] CHAVEZ, ANTHONY, DANIEL DREILINGER, ROB GUTTMAN und PATTIE MAES: *A Real-Life Experiment in Creating an Agent Marketplace*. In: *Soft-*

	ware Agents and Soft Computing: Towards Enhancing Machine Intelligence, Concepts and Applications, Seiten 160–179, London, UK, 1997. Springer.
[CF07]	CLARKE, BRENTON R. und ANDREAS FUTSCHIK: *On the Convergence of Newton's Method when Estimating Higher Dimensional Parameters.* Journal of Multivariate Analysis, 98(5):916–931, 2007.
[CIT01]	CIT: *Risks and Chances for Small Scale Combined Heat and Power in the Liberalized Market.* Webseite, 2001. Online verfügbar unter *ttp://www.cogen.org/publications/other_publications.htm*; aufgerufen am 11. Februar 2009.
[CLRS01]	CORMEN, THOMAS H., CHARLES E. LEISERSON, RONALD L. RIVEST und CLIFFORD STEIN: *Introduction to Algorithms.* MIT Press, Cambridge, MA, USA, 2001.
[CM99]	CHATURVEDI, ALOK R. und SHAILENDRA R. MEHTA: *Simulations in Economics and Management.* Communications of the ACM, 42(3):60–61, 1999.
[Dem05]	DEMAND, DYNAMIC: *A Dynamically-Controlled Refrigerator - Results of a Preliminary Test Run.* Webseite, 2005. Online verfügbar unter *http://www.dynamicdemand.co.uk/pdf_fridge_test.pdf*; aufgerufen am 11. Februar 2009.
[DEN05]	DENA: *Energiewirtschaftliche Planung für die Netzintegration von Windenergie in Deutschland an Land und Offshore bis zum Jahr 2020.* Webseite, 2005. Online verfügbar unter *http://www.dena.de/fileadmin/user_upload/Download/Dokumente/Studien_ _Umfragen/dena-netzstudie_1_haupttext.pdf*; aufgerufen am 11. Februar 2009.
[DFWN[+]01]	DIPIPPO, LISA CINGISER, VICTOR FAY-WOLFE, LEKSHMI NAIR, ETHAN HODYS und OLEG UVAROV: *A Real-Time Multi-Agent System Architecture for E-Commerce Applications.* In: *Proceedings of the Fifth International Symposium on Autonomous Decentralized Systems (ISADS'01)*, Seite 357, Washington, DC, USA, 2001. IEEE.
[DVG00]	DVG: *Der Grid-Code: Netz- und Systemregeln der deutschen Übertragungsnetzbetreiber.* Webseite, May 2000. Online verfügbar unter *http://www.bine.info/pdf/magazin/gridcode2000.pdf*; aufgerufen am 11. Februar 2009.
[EG97]	EG: *Richtlinie 96/92/EG des Europäischen Parlaments und des Rates vom 19. Dezember 1996 betreffend gemeinsame Vorschriften für den Elektrizitätsbinnenmarkt.* Webseite, 1997. Online verfügbar unter *http://www.verivox.de/Power/gesetze/Richtlinie_fuer_den_Elektrizitaetsbinn enmarkt.pdf*; aufgerufen am 11. Februar 2009.
[EnW05]	ENWG: *Gesetz über die Elektrizitäts- und Gasversorgung (Energiewirtschaftsgesetz).* Webseite, 2005. Online verfügbar unter

http://bundesrecht.juris.de/enwg_2005/gesamt.pdf; aufgerufen am 11. Februar 2009.

[EUR05] EUR: *Towards Smart Power Networks - Lessons learned from European research FP5 projects*. Webseite, 2005. Online verfügbar unter *http://ec.europa.eu/research/energy/pdf/towards_smartpower_en.pdf*; aufgerufen am 11. Februar 2009.

[EWE07] EWEA: *Delivering Offshore Wind Power in Europe*. Webseite, 2007. Online verfügbar unter *http://www.ewea.org/fileadmin/ewea_documents/ images/publications/offshore_report/ewea-offshore_report.pdf*; aufgerufen am 11. Februar 2009.

[Fei07] FEITELSON, DROR G.: *Introduction to the Special Issue on Experimental Computer Science of the Communications of the ACM*. Communiactions of the ACM, 50(11):24–26, 2007.

[FS79] FELDMAN, JEROME A. und WILLIAM R. SUTHERLAND: *Rejuvenating Experimental Computer Science: A Report to the National Science Foundation and Others*. Communications of the ACM, 22(9):497–502, 1979.

[GBAR05] GALIANA, F.D., F. BOUFFARD, J.M. ARROYO und J.F. RESTREPO: *Scheduling and Pricing of Coupled Energy and Primary, Secondary, and Tertiary Reserves*. Proceedings of the IEEE, 93(11):1970–1983, 2005.

[GJ94] GRAINGER, JOHN J. und WILLIAM STEVENSON JR.: *Power System Analysis*. McGraw-Hill Education, New York, NY, USA, 1994.

[GK99] GREENWALD, AMY R. und JEFFREY O. KEPHART: *Shopbots and Pricebots*. In: *Proceedings of the 16th International Joint Conference on Artificial Intelligence (IJCAI'99)*, Seiten 506–511, San Francisco, CA, USA, 1999. Morgan Kaufmann Publishers Inc.

[Han87] HANDSCHIN, E.: *Elektrische Energieübertragungssysteme*. Hüthig-Verlag, Heidelberg, 2 Auflage, 1987.

[Han01] HANDSCHIN, E.: *Integration, Control and Management of Dispersed Generation*. In: *Proceedings of INTERTECH*, Washington, DC, USA, May 2001. IEEE.

[Har95] HARTMANIS, JURIS: *On Computational Complexity and the Nature of Computer Science*. ACM Computing Surveys, 27(1):7–16, 1995.

[HKZ00] HILL, D.J., R.J. KAYE und M.A.B. ZAMMIT: *Designing Ancillary Services Markets for Power System Security*. IEEE Transactions on Power Systems, 15(2), May 2000.

[Hoa78] HOARE, C. A. R.: *Communicating Sequential Processes*. Communications of the ACM, 21(8):666–677, 1978.

[Hoo94] HOOKER, J. N.: *Needed: An Empirical Science of Algorithms*. Operations Research, 42:201–212, 1994.

Literaturverzeichnis

[IAC+05] ILIC, M.D., E.H. ALLEN, J.W. CHAPMAN, C.A. KING, J.H. LANG und E. LITVINOV: *Preventing Future Blackouts by Means of Enhanced Electric Power Systems Control: From Complexity to Order*. Proceedings of the IEEE, 93(11):1920–1941, 2005.

[Inc99] INC., RETICULAR SYSTEMS: *Using Intelligent Agents to Implement an Electronic Auction for Buying and Selling Electric Power*. Technischer Bericht 1999, Reticular Systems Inc., 1999. Online verfügbar unter http://www.agentbuilder.com/Documentation/EPRI/epri.pdf; aufgerufen am 11. Februar 2009.

[ISE05] ISET: *Windenergie Report Deutschland 2005*. Webseite, 2005. Online verfügbar unter http://www.wind-energie.de/fileadmin/dokumente/Presse_Hintergrund/HG_Kosten_Effizienz_Windenergie.pdf; aufgerufen am 11. Februar 2009.

[IWR05] IWR: *International Economic Platform for Renewable Energies Official Homepage*. Webseite, 2005. Online verfügbar unter http://www.iwr.de; aufgerufen am 11. Februar 2009.

[JBR99] JACOBSON, IVAR, GRADY BOOCH und JAMES RUMBAUGH: *The Unified Software Development Process*. Addison-Wesley, Boston, MA, USA, 1999.

[Kau93] KAUFFMAN, STUART A.: *The Origins of Order: Self-Organization and Selection in Evolution*. Oxford University Press, Oxford, UK, 1993.

[Ker02] KERKERINCK, PETER SPRICKMANN: *Die Essential-Facilities-Doktrin unter besonderer Berücksichtigung des geistigen Eigentums, dargestellt am Beispiel des Eisenbahnsektors*. Peter Lang, Frankfurt am Main, 1 Auflage, 2002.

[KL97] KEMPTON, WILLETT und STEVEN E. LETENDRE: *Electric Vehicles as a new Power Source for Electric Utilities*. Transportation Research Part D: Transport and Environment, 2(3):157–175, 1997.

[Kle06] KLEEMANN, MICHAEL: *Aufbau einer Steuerung und Visualisierung für eine Netzsimulationsanlage*. Diplomarbeit, Technische Universität Dortmund, Dortmund, September 2006.

[KLH+09] KRAUSE, OLAV, SEBASTIAN LEHNHOFF, EDMUND HANDSCHIN, CHRISTIAN REHTANZ und HORST F. WEDDE: *On Feasibility Boundaries of Electrical Power Grids in Steady State*. International Journal of Electrical Power & Energy Systems, 31(9):437–444, 2009. 16th Power Systems Computation Conference (PSCC), 2008.

[KLR+08] KRAUSE, OLAV, SEBASTIAN LEHNHOFF, CHRISTIAN REHTANZ, EDMUND HANDSCHIN und HORST F. WEDDE: *On-line Stable State Determination in Decentralized Power Grid Management*. In: *Proceedings of the 16th Power Systems Computation Conference (PSCC'08)*, Washington, DC, USA, 2008. IEEE.

[KM06] KORNERUP, PETER und JEAN-MICHEL MULLER: *Choosing Starting Values for Certain Newton-Raphson Iterations*. Theoretical Computer Science, 351(1):101–110, 2006.

[Kra09] KRAUSE, OLAV: *Belastbarkeit von Verteilnetzen im stationären Zustand*. Doktorarbeit, Technische Universität Dortmund, Dortmund, 2009.

[KRL+07] KRAUSE, OLAV, CHRISTIAN REHTANZ, SEBASTIAN LEHNHOFF, HORST F. WEDDE und EDMUND HANDSCHIN: *Realzeit Netzüberwachung auf Basis hochdimensionaler Körper*. In: *Tagungsband VDE-ETG Kongress*, Karlsruhe, 2007. VDE.

[KT05] KEMPTON, WILLETT und JASNA TOMIC: *Vehicle-to-Grid Power Implementation: From Stabilizing the Grid to Supporting Large-Scale Renewable Energy*. Journal of Power Sources, 144(1):280–294, 2005.

[KWK05] KOK, J. K., C. J. WARMER und I. G. KAMPHUIS: *PowerMatcher: Multiagent Control in the Electricity Infrastructure*. In: *Proceedings of the 4th International Joint Conference on Autonomous Agents and Multiagent Systems (AAMAS'05)*, Seiten 75–82, New York, NY, USA, 2005. ACM.

[KZR+08] KRAUSE, O., K. ZHAO, CHRISTIAN REHTANZ, EDMUND HANDSCHIN, SEBASTIAN LEHNHOFF und HORST F. WEDDE: *Grid Sensitivity Analysis for Coordinated Voltage Control*. In: *Proceedings of the 3rd International Conference on Electric Utility Deregulation and Restructuring and Power Technologies (DRPT08)*, Washington, DC, USA, 2008. IEEE.

[lid08] *LiDO: Der Linux-HPC-Cluster an der Technischen Universität Dortmund*. Webseite, 2008. Online verfügbar unter *http://lido1.hrz.uni-dortmund.de/lido/*; aufgerufen am 11. Februar 2009.

[LT08] LOENGAROV, ANDREAS und VALERY TERESHKO: *Phase Transitions and Bistability in Honeybee Foraging Dynamics*. Artificial Life, 14(1):111–120, 2008.

[Mah96] MAHADEVAN, SRIDHAR: *Average Reward Reinforcement Learning: Foundations, Algorithms, and Empirical Results*. Machine Learning, 22(1-3):159–195, 1996.

[Mar02] MARTIN, ROBERT CECIL: *Agile Software Development. Principles, Patterns, and Practices*. Prentice Hall, Upper Saddle River, NJ, USA, 2002.

[May02] MAYRHUBER, J.: *Technologien für zukünftige Energiesysteme*. Webseite, 2002. Symposium Energieinnovation, online verfügbar unter *http://energytech.at/pdf/mayrhube.pdf*; aufgerufen am 11. Februar 2009.

[McG07] MCGEOCH, CATHERINE C.: *Experimental Algorithmics*. Communications of the ACM, 50(11):27–31, 2007.

[McM70] MCMULLEN, P.: *The Maximum Number of Faces of a Convex Polytope*. Mathematika, 17:179–184, 1970.

[MDC+07a] MCARTHUR, S., E. DAVIDSON, V. CATTERSON, A. DIMEAS, N. HATZIARGYRIOU, F. PONCI und T. FUNABASHI: *Multi-Agent Systems for Power Engineering Applications—Part I: Concepts, Approaches, and Technical Challenges*. IEEE Transactions on Power Systems, 22(4):1743–1752, Nov 2007.

[MDC+07b] MCARTHUR, S., E. DAVIDSON, V. CATTERSON, A. DIMEAS, N. HATZIARGYRIOU, F. PONCI und T. FUNABASHI: *Multi-Agent Systems for Power Engineering Applications—Part II: Technologies, Standards, and Tools for Building Multi-agent Systems*. IEEE Transactions on Power Systems, 22(4):1753–1759, Nov 2007.

[Mou67] MOURSUND, DAVID G.: *Optimal Starting Values for Newton-Raphson Calculation of $\sqrt{x}$*. Communications of the ACM, 10(7):430–432, 1967.

[MRSV05] MAKAROV, Y.V., V.I. RESHETOV, V.A. STROEV und N.I. VOROPAI: *Blackout Prevention in the United States, Europe, and Russia*. Proceedings of the IEEE, 93(11):1942–1955, 2005.

[Mue03] MUELLER, LORENZ: *Bilanzkreisregelung zur Frequenzhaltung unter Berücksichtigung verteilter Erzeugung*. Doktorarbeit, Technische Universität Dortmund, 2003.

[Neu07] NEUMANN, HENDRIK: *Zweistufige stochastische Optimierung eines virtuellen Kraftwerks*. Doktorarbeit, Technische Universität Dortmund, Dortmund, 2007.

[NEV05] NEV: *Verordnung über die Entgelte für den Zugang zu Elektrizitätsversorgungsnetzen (Stromnetzentgeltverordnung)*. Webseite, 2005. Online verfügbar unter *http://bundesrecht.juris.de/bundesrecht/stromnev/gesamt.pdf*; aufgerufen am 11. Februar 2009.

[NOR09] NORDEL: *Organisation for the Nordic Transmission System Operators*. Webseite, 2009. Online verfügbar unter *http://www.nordel.org*; aufgerufen am 15. April 2009.

[NR06] NAILIS, DOMINIC und MICHAEL RITZAU: *Studie zur Marktgestaltung der Regel- und Ausgleichsenergie vor dem Hintergrund des neuen EnWG*. Technischer Bericht 2006, Büro für Energiewirtschaft und technische Planung GmbH, Aachen, 2006. Online verfügbar unter *http://www.bet-aachen.de/download/060116%20RAE-Studie%20Endg%FCltig.pdf*; aufgerufen am 30. April 2009.

[Nyq02] NYQUIST, HARRY: *Certain Topics in Telegraph Transmission Theory*. In: Proceedings of the IEEE, Band 90(2), Seiten 280–305, 2002.

[oS94] SCIENCES, NATIONAL ACADEMY OF: *Academic Careers for Experimental Computer Scientists and Engineers*. Communications of the ACM, 37(4):87–90, 1994.

[Pch03] PCHELKIN, ARTHUR: *Efficient Exploration in Reinforcement Learning Based on Utile Suffix Memory*. Informatica, 14(2):237–250, 2003.

[Pet62] PETRI, CARL ADAM: *Kommunikation mit Automaten*. Doktorarbeit, Institut für Instrumentelle Mathematik, Bonn, 1962.

[Pet80] PETRI, CARL ADAM: *Concurrency*. Lecture Notes in Computer Science, Net Theory and Applications, 84:251–260, 1980.

[Pet87] PETRI, CARL ADAM: *Concurrency Theory*. Lecture Notes in Computer Science, Petri Nets: Central Models and Their Properties, Advances in Petri Nets, 254:4–24, 1987.

[PS87] PETRI, CARL ADAM und E. SMITH: *Concurrency and Continuity*. Lecture Notes in Computer Science, Advances in Petri Nets, 266:273–292, 1987.

[Rin76] RINOOY, KAN A.H.G.: *Machine Scheduling Problems: Classification, Complexity and Computation*. Nijhoff, Den Haag, NL, 1976.

[Rus96] RUST, JOHN P.: *Dealing with the Complexity of Economic Calculations*. Webseite, 1996. Working Paper Series, online verfügbar unter: *http://ssrn.com/paper=40780*; aufgerufen am 11. Februar 2009.

[SB98] SUTTON, RICHARD S. und ANDREW G. BARTO: *Reinforcement Learning: An Introduction*. MIT Press (Bradford Book), New York, NY, USA, 1998.

[Sch07] SCHULZ, WOLDEMAR: *Strategien zur effizienten Integration der Windenergie in den deutschen Elektrizitätsmarkt*. Doktorarbeit, Technische Universität Dortmund, Göttingen, 2007.

[Sen08] SENERTEC: *Senertec Kraft-Wärme-Energiesysteme*. Webseite, 2008. Online verfügbar unter *http://www.senertec.de*; aufgerufen am 11. Februar 2009.

[SKW05] SCHULZ, C., M. KURRAT und H. WAITSCHAT: *Untersuchungen zu Einsatzmöglichkeiten von Mini-Blockheizkraftwerken*. ew – das magazin für die energiewirtschaft, 5:11–19, 2005.

[Smi89] SMITH, EINAR: *Zur Bedeutung der Concurrency-Theorie für den Aufbau hochverteilter Systeme*. Doktorarbeit, Universität Hamburg, Hamburg, 1989.

[Spr03] SPRING, ECKHARD: *Elektrische Energienetze*. VDE Verlag, Berlin, 2003.

[SW07] SHORE, JIM und SHANE WARDEN: *The Art of Agile Development*. O'Reilly, Sebastopol, CA, USA, 2007.

[Tai90] TAILLARD, E.: *Some Efficient Heuristic Methods for the Flow Shop Sequencing Problem*. European Journal of Operational Research, 47:64–76, 1990.

[Tai93] TAILLARD, E.: *Benchmarks for Basic Scheduling Problems*. European Journal of Operational Research, 64:65–67, 1993.

[UCP98] UCPTE: *Spielregeln zur primären und sekundären Frequenz- und Wirkleistungsregelung*, 1998.

Literaturverzeichnis 263

[UCT05] UCTE: *Operation Handbook*. Webseite, 2005. Online verfügbar unter http://www.ucte.org/resources/publications/ophandbook/; aufgerufen am 11. Februar 2009.

[Vah01] VAHRENHOLT, FRITZ: *Globale Marktpotentiale für erneuerbare Energien*. Technischer Bericht, Deutsche Shell AG, Hamburg, 2001.

[Var94] VARIAN, H.R.: *Mikroökonomie*. R. Oldenbourg Verlag, München, 3 Auflage, 1994.

[VDI08] VDI: *Regenerative Energien in Deutschland*. Webseite, 2008. Online verfügbar unter http://www.vdi.de/fileadmin/vdi_de/redakteur_dateien/ get_dateien/Regenerative_Energien/Zusammenfassung-Statusbericht2008-In ternetFA-RE.pdf; aufgerufen am 11. Februar 2009.

[VDN06] VDN: *VDN Jahresbericht 2005*. Webseite, 2006. Online verfügbar unter http://www.vdn-berlin.de/global/downloads/Publikationen/VDN-JB2005.pdf; aufgerufen am 11. Februar 2009.

[Ver00] VERSTEEGEN, GERHARD: *Projektmanagement mit dem Rational Unified Process*. Springer, Berlin, 2000.

[WBWH02] WATSON, JEAN-PAUL, LAURA BARBULESCU, L. DARRELL WHITLEY und ADELE E. HOWE: *Contrasting Structured and Random Permutation Flow-Shop Scheduling Problems: Search-Space Topology and Algorithm Performance*. INFORMS Journal on Computing, 14(2):98–123, 2002.

[WEC07] WEC: *Deciding the Future: Energy Policy Scenarios to 2050*. Webseite, 2007. Online verfügbar unter http://www.worldenergy.org/documents/ scenarios_study_es_online.pdf; aufgerufen am 11. Februar 2009.

[Weg96] WEGENER, INGO: *Effiziente Algorithmen für grundlegende Funktionen*. Teubner, Stuttgart, 1996.

[Wel93] WELLMAN, MICHAEL P.: *A Market-Oriented Programming Environment and its Application to Distributed Multicommodity Flow Problems*. Journal of Artificial Intelligence Research, 1:1–23, 1993. Online verfügbar unter http://www.jair.org/; aufgerufen am 11. Februar 2009.

[WL97] WEDDE, HORST F. und JON A. LIND: *Building Large, Complex, Distributed Safety-Critical Operating Systems*. Real-Time Systems, 13(3):277–302, 1997.

[WLHK06a] WEDDE, H. F., S. LEHNHOFF, E. HANDSCHIN und O. KRAUSE: *Real-Time Multi-Agent Support for Decentralized Management of Electric Power*. In: *Proceedings of the 18th Euromicro Conference on Real-Time Systems (ECRTS'06)*, Seiten 43–51, Washington, DC, USA, 2006. IEEE.

[WLHK06b] WEDDE, HORST F., SEBASTIAN LEHNHOFF, EDMUND HANDSCHIN und OLAV KRAUSE: *Real-Time Multi-Agent Support for Decentralized Management of Electric Power*. Technischer Bericht 809, Technische Universität Dortmund, 2006. DEZENT.

[WLHK07a] WEDDE, HORST F., SEBASTIAN LEHNHOFF, EDMUND HANDSCHIN und OLAV KRAUSE: *Autonomous Real-Time Management of Unpredictable Power Needs and Supply*. Technischer Bericht 810, Technische Universität Dortmund, 2007. DEZENT.

[WLHK07b] WEDDE, HORST F., SEBASTIAN LEHNHOFF, EDMUND HANDSCHIN und OLAV KRAUSE: *Dezentrale vernetzte Energiebewirtschaftung im Netz der Zukunft*. Wirtschaftsinformatik, Juni 2007.

[WLM+08] WEDDE, HORST F., SEBASTIAN LEHNHOFF, KAI M. MORITZ, EDMUND HANDSCHIN und OLAV KRAUSE: *Distributed Learning Strategies for Collaborative Agents in Adaptive Decentralized Power Systems*. In: *Proceedings of the 15th Annual IEEE International Conference and Workshop on the Engineering of Computer Based Systems (ECBS '08)*, Seiten 26–35, Washington, DC, USA, 2008. IEEE.

[WLRK08a] WEDDE, HORST F., SEBASTIAN LEHNHOFF, CHRISTIAN REHTANZ und OLAV KRAUSE: *Bottom-Up Self-Organization of Unpredictable Demand and Supply under Decentralized Power Management*. In: *Proceedings of the Second IEEE international Conference on Self-Adaptive and Self-Organizing Systems (SASO'08)*, Seiten 74–83, Washington, DC, USA, 2008. IEEE.

[WLRK08b] WEDDE, HORST F., SEBASTIAN LEHNHOFF, CHRISTIAN REHTANZ und OLAV KRAUSE: *Distributed Embedded Real-Time Systems and Beyond: A Vision of Future Road Vehicle Management*. In: *Proceedings of the 34th Euromicro Conference on Software Engineering and Advanced Applications 2008 (SEAA08)*, Washington, DC, USA, 2008. IEEE.

[WLRK08c] WEDDE, HORST F., SEBASTIAN LEHNHOFF, CHRISTIAN REHTANZ und OLAV KRAUSE: *Von eingebetteten Systemen zu Cyber-Physical Systems - Eine neue Forschungsdimension für verteilte eingebettete Realzeitsysteme*. In: *PEARL 2008: Informatik Aktuell*, Berlin, 2008. Springer.

[WMB05] WU, FELIX F., KHOSROW MOSLEHI und ANJAN BOSE: *Power System Control Centers: Past, Present, and Future*. Proceedings of the IEEE, 93(11):1890–1908, 2005.

[WSA07] WINKELS, LUDGER, TANJA SCHMEDES und HANS-JÜRGEN APPELRATH: *Dezentrale Energiemanagementsysteme*. Wirtschaftsinformatik, Juni 2007.

[WWHB02] WHITLEY, D., J. P. WATSON, A. HOWE und L. BARBULESCU: *Testing, Evaluation and Performance of Optimization and Learning Systems*. Technischer Bericht, Colorado State University, Fort Collins, CO, USA, 2002. GENITOR Research Group in Genetic Algorithms and Evolutionary Computation.

SPRINGER NATURE

GPSR Compliance

The European Union's (EU) General Product Safety Regulation (GPSR) is a set of rules that requires consumer products to be safe and our obligations to ensure this.

If you have any concerns about our products, you can contact us on ProductSafety@springernature.com

In case Publisher is established outside the EU, the EU authorized representative is:

Springer Nature Customer Service Center GmbH
Europaplatz 3
69115 Heidelberg, Germany

The manufacturer's authorised representative in the EU is Springer Nature Customer Service Centre GmbH, Europaplatz 3, 69115 Heidelberg, Germany. If you have any concerns regarding our products, please contact ProductSafety@springernature.com

Printed and bound by CPI Group (UK) Ltd, Croydon, CR0 4YY
25/03/2026
02078220-0001